国家紧缺人才工程试点专业核心课程
全国高职高专工作过程导向规划教材

数控加工编程与操作

郭庆梁　浦艳敏　主编

中国轻工业出版社

图书在版编目（CIP）数据

数控加工编程与操作/郭庆梁，浦艳敏主编. —北京：中国轻工业出版社，2010.5

全国高职高专工作过程导向规划教材

ISBN 978-7-5019-7561-7

Ⅰ.①数… Ⅱ.①郭…②浦… Ⅲ.①数控机床-程序设计-高等学校：技术学校-教材 Ⅳ.①TG659

中国版本图书馆CIP数据核字（2010）第042834号

责任编辑：张晓媛 王 淳

策划编辑：王 淳 责任终审：孟寿萱 封面设计：锋尚设计

版式设计：王超男 责任校对：李 靖 责任监印：张 可

出版发行：中国轻工业出版社（北京东长安街6号，邮编：100740）

印 刷：河北高碑店市德裕顺印刷有限责任公司

经 销：各地新华书店

版 次：2010年5月第1版第1次印刷

开 本：787×1092 1/16 印张：15.5

字 数：330千字

书 号：ISBN 978-7-5019-7561-7 定价：28.50元

邮购电话：010-65241695 传真：65128352

发行电话：010-85119835 85119793 传真：85113293

网 址：http://www.chlip.com.cn

Email：club@chlip.com.cn

如发现图书残缺请直接与我社邮购联系调换

91144J2X101ZBW

前　言

本书是普通高等教育高职高专面向21世纪机械类专业规划教材。是根据《教育部关于全面提高高等职业教育教学质量的若干意见》(教高［2006］16号文件) 中“加强教材建设，重点建设好3000种左右国家规划教材，与行业企业共同开发紧密结合生产实际的实训教材，并确保优质教材进课堂”的有关要求，本着“以能力培养为主线，打造高技能实用性人才”为原则组织编写的。

本教材包括三篇内容：第一篇数控加工工艺分析及编程，第二篇数控加工实训指导和第三篇数控机床操作工职业技能培训与鉴定考核。其中，第一篇是本课程的基础理论部分，通过学习使学生掌握基本的数控加工工艺知识和编程知识，可用于课堂教学；第二篇是本课程的实训部分，通过学习使学生学会数控车床和数控铣床的基本操作方法；第三篇是职业技术资格证书部分，通过学习使学生对考取数控机床操作工职业资格证书过程中需要重点掌握的知识能力形成一定的认识和了解。

本教材体现了现阶段我国高职院校数控课程教学中，使用较普遍的两种数控系统，并以FANUC系统为例介绍了数控车，以华中系统为例介绍了数控铣。教材具有如下特点：

(1) 教材中的实例大部分取材于生产实际，可以强化学生的工程意识；

(2) 采用理论-实践-考证三结合的方式编写，通过一本教材即把学生在校学习数控课程可能遇到的问题全部加以解决，并起到融会贯通的效果；

(3) 附有大量的思考与练习题，方便学生学习。

全书共分八章。其中，第一、五章由辽宁石油化工大学职业技术学院郭庆梁编写；导论、第二、六章由辽宁石油化工大学职业技术学院浦艳敏编写；第三、四章由辽宁石油化工大学职业技术学院赵杰编写；第七、八章由辽宁石油化工大学职业技术学院衣娟编写。全书由郭庆梁、浦艳敏任主编。本书在编写过程中得到林琦、王彦勋、王雷、黄冬梅、张岸芬、张利颖、威本志、于景福、刘冠军、高红霞等老师的大力帮助，并参考了一些同类教材和著作，在此一并表示诚挚的谢意。

由于时间仓促加之作者水平有限，书中难免有不妥和错误之处，恳请读者和同行批评指正。

作者

2010.3

目　录

导论 …… 1

一、数控加工的基本概念 …… 1

二、数控编程的编程方法 …… 3

三、坐标系的确定 …… 4

四、编程格式及内容 …… 6

第一篇　数控加工工艺分析及编程 …… 9

第一章　FANUC 0i 数控车床 …… 9

第一节　数控车削加工工艺 …… 9

一、数控车削加工工艺分析 …… 9

二、数控车削刀具的选择 …… 13

三、数控车削切削用量的选择和工艺文件的制定 …… 17

四、典型零件的数控车削工艺分析 …… 20

第二节　数控车床编程基础 …… 22

一、FANUC 0i 数控车床的编程指令 …… 22

二、FANUC 0i 数控车床基本指令的用法 …… 24

第三节　数控车床的刀具补偿功能 …… 28

一、刀具位置补偿 …… 28

二、刀尖圆弧半径补偿 …… 29

第四节　数控车床单一循环指令 …… 31

一、G90 指令的编程方法及应用 …… 31

二、G94 指令的编程方法及应用 …… 32

第五节　数控车床复合循环指令 …… 34

一、外圆粗车复合循环 G71 指令 …… 34

二、端面粗车复合循环 G72 指令 …… 34

三、固定形状粗车复合循环 G73 指令 …… 35

四、精车循环 G70 指令 …… 36

五、复合循环编程示例 …… 36

第六节　普通三角形螺纹数控编程 …… 39

一、G32 指令的编程方法及应用 …… 39

二、G92 指令的编程方法及应用 …… 42

三、G76 指令的编程方法及应用 …… 43

第七节　数控车床子程序和宏程序的编制 …… 44

一、数控车床的子程序 …… 44

二、数控车床的宏程序 …… 46

本章项目实操　编程能力综合训练 …… 50

思考题与习题 …… 54
第二章 华中世纪星数控铣床 …… 58
第一节 数控铣削的零件加工工艺分析 …… 58
一、数控铣床的加工对象 …… 58
二、数控铣床加工工艺分析 …… 60
三、刀具选择 …… 62
四、夹具的选择 …… 64
五、数控铣床进给路线的确定 …… 66
六、数控铣床切削用量的选择 …… 69
七、确定对刀点与换刀点 …… 72
八、典型零件的加工工艺分析 …… 72
第二节 数控铣床的编程基础 …… 75
一、编程指令简介 …… 75
二、数控铣床基本编程指令的用法与应用 …… 77
第三节 进给控制指令 …… 82
一、快速定位方式 G00 …… 82
二、直线插补 G01 …… 83
三、圆弧插补 G02/G03 …… 84
四、螺旋线插补 …… 86
五、暂停指令 G04 …… 87
第四节 数控铣床刀具补偿 …… 87
一、刀具半径补偿指令 G41、G42、G40 …… 87
二、刀具长度偏置指令 G43、G44、G49 …… 90
第五节 简化编程 …… 93
一、子程序调用 …… 93
二、镜像功能 G24、G25 …… 93
三、比例缩放 G51、G50 …… 95
四、坐标旋转 G68、G69 …… 96
第六节 孔的加工 …… 96
一、钻孔加工 …… 98
二、螺纹加工 …… 100
三、镗孔加工 …… 101
第七节 宏指令编程 …… 104
一、宏变量及常量 …… 104
二、宏变量的运算 …… 105
三、变量赋值 …… 105
四、分支和循环语句 …… 106
本章项目实操 数控铣床编程能力综合训练 …… 109
思考题与习题 …… 112
第三章 华中世纪星加工中心 …… 114
第一节 加工中心的零件加工工艺分析 …… 114

一、工艺特点 …… 114
二、加工中心加工零件的工艺性分析 …… 115
三、零件的装夹 …… 115
四、刀具的选择 …… 117
第二节 加工中心的数控程序编制 …… 117
一、编程要点 …… 118
二、加工中心换刀程序的编写 …… 119
本章项目实操 加工中心编程实例 …… 120
思考题与习题 …… 122
第四章 数控电火花线切割机床 …… 124
第一节 数控电火花线切割加工工艺 …… 124
一、数控电火花线切割加工机床及其组成 …… 124
二、数控电火花线切割加工的特点及应用 …… 125
三、数控电火花线切割加工的工艺要点 …… 126
第二节 数控电火花线切割加工编程 …… 130
一、3B格式程序 …… 130
二、ISO标准G代码程序 …… 131
三、典型零件线切割编程综合实例 …… 133
思考题与习题 …… 135
第二篇 数控加工实训指导 …… 136
第五章 数控车床加工实训指导 …… 136
第一节 数控车床的基本操作 …… 136
一、FANUC 0i数控车床操作面板 …… 136
二、FANUC 0i数控车床的操作 …… 141
第二节 简单零件的数控车削加工综合训练 …… 149
第三节 内外圆表面的数控车削加工综合训练 …… 152
第四节 调头件的加工训练 …… 155
第五节 配合件的加工综合训练 …… 158
本章项目实操 数控车削加工实训课题 …… 167
第六章 数控铣床加工实训指导 …… 171
第一节 HNC 21M数控铣床操作面板 …… 171
第二节 HNC 21M数控铣床操作 …… 175
第三节 对刀操作 …… 182
一、对刀方法 …… 183
二、对刀注意事项 …… 185
第四节 零件加工操作实例 …… 186
一、工艺分析 …… 186
二、程序设计 …… 187
三、机床操作 …… 187
四、工件安装前注意事项 …… 191

五、工件安装注意事项 …………………………………… 192
六、工件试切注意事项 …………………………………… 192
七、工件加工过程注意事项 ……………………………… 193
第五节 简单零件的数控铣削加工 ……………………… 193
一、内外轮廓铣削实例 …………………………………… 193
二、槽形零件的编程与加工 ……………………………… 195
三、型腔加工实例 ………………………………………… 197
四、圆台、孔加工实例 …………………………………… 199
第六节 复杂零件的数控铣削加工 ……………………… 202
本章项目实操 数控铣削加工实训课题 ………………… 209
第三篇 数控机床操作工职业技能培训与鉴定考核 …… 214
第七章 数控车床、铣床操作工职业资格培训与鉴定 …… 214
第一节 数控车床操作工职业资格培训与鉴定 ………… 214
一、本职业的知识与技能要求 …………………………… 214
二、本职业培训与鉴定的主要内容 ……………………… 217
第二节 数控铣床操作工职业资格培训与鉴定 ………… 219
一、本职业的知识与技能要求 …………………………… 219
二、本职业培训与鉴定的主要内容 ……………………… 222
第八章 数控车工职业资格鉴定样题 ………………… 224
第一节 中级理论考核样题 ……………………………… 224
第二节 高级理论考核样题 ……………………………… 230
第三节 中级数控车工操作考核样题 …………………… 237
第四节 高级数控车工操作考核样题 …………………… 239
参考文献 ……………………………………………… 241

导　论

随着数控技术的发展，数控机床不仅在宇航、造船、军工等领域广泛使用，而且也进入了汽车、家电等民用制造行业。目前在机械制造中，单件、小批量的生产模式所占的比例越来越大，机械产品的精度和质量也在不断地提高。所以，普通机床越来越难以满足加工精密零件的需要。同时，由于生产水平的提高，数控机床的价格在不断下降，因此，数控机床在机械行业中的使用已很普遍。

一、数控加工的基本概念

（一）数控技术

数控（Numerical Control）技术是指用数字化的信息实现加工自动化的控制技术。控制对象不仅可以是位移、角度、速度等机械量，也可以是温度、压力、流量、颜色等物理量，这些量的大小不仅是可以测量的，而且可以经 A/D 或 D/A 转换，用数字信号来表示。数控技术是近代发展起来的一种自动控制技术，是机械加工现代化的重要基础与关键技术。

（二）数控加工

1. 数控加工定义

数控加工是指采用数字信息对零件加工过程进行定义，并控制机床进行自动运行的一种自动化加工方法。数控加工技术是 20 世纪 40 年代后期为适应加工复杂外形零件而发展起来的一种自动化技术。1947 年，美国帕森斯（Parsons）公司为了精确地制作直升机机翼、浆叶和飞机框架，提出了用数字信息来控制机床自动加工外形复杂零件的设想，他们利用电子计算机对机翼加工路径进行数据处理，并考虑到刀具直径对加工路径的影响，使得加工精度达到±0.0015in（0.0381mm），这在当时的水平来看是相当高的。1949 年美国空军为了能在短时间内制造出经常变更设计的火箭零件，与帕森斯公司和麻省理工学院（MIT）伺服机构研究所合作，于 1952 年研制成功世界上第一台数控机床——三坐标立式铣床，可控制铣刀进行连续空间曲面的加工，揭开了数控加工技术的序幕。

2. 数控加工特点

（1）具有复杂形状加工能力　复杂形状零件在飞机、汽车、造船、模具、动力设备和国防军工等制造部门具有重要地位，其加工质量直接影响整机产品的性能。数控加工运动的任意可控性使其能完成普通加工方法难以完成或者无法进行的复杂型面加工。

（2）高质量　数控加工是用数字程序控制实现自动加工，排除了人为误差因素，且加工误差还可以由数控系统通过软件技术进行补偿校正。因此，采用数控加工可以提高零件加工精度和产品质量。

（3）高效率　与采用普通机床加工相比，采用数控加工一般可提高生产率 2～3 倍，在加工复杂零件时生产率可提高十几倍甚至几十倍。特别是五面体加工中心和柔性制造单元等设备，零件一次装夹后能完成几乎所有表面的加工，不仅可消除多次装夹引起的定位误差，还可大大减少加工辅助操作，使加工效率进一步提高。

（4）高柔性　只需改变零件程序即可适应不同品种的零件加工，且几乎不需要制造专用工装夹具，因而加工柔性好，有利于缩短产品的研制与生产周期，适应多品种、中小批量的现代生产需要。

（5）减轻劳动强度，改善劳动条件　数控加工是按事先编好的程序自动完成的，操作者不需要进行繁重的重复手工操作，劳动强度和紧张程度大为改善，劳动条件也相应得到改善。

（6）有利于生产管理　数控加工可大大提高生产率，稳定加工质量，缩短加工周期，易于在工厂或车间实行计算机管理。数控加工技术的应用，使机械加工的大量前期准备工作与机械加工过程联为一体，使零件的计算机辅助设计（CAD）、计算机辅助工艺规划（CAPP）和计算机辅助制造（CAM）的一体化成为现实，便于实现现代化的生产管理。

（7）数控机床价格高，维修较难　数控机床是一种高度自动化机床，必须配有数控装置或电子计算机，机床加工精度因受切削用量大、连续加工发热多等影响，使其设计要求比通用机床更严格，制造要求更精密，因此数控机床的制造成本较高。此外，由于数控机床的控制系统比较复杂，一些元件、部件精密度较高以及一些进口机床的技术开发受到条件的限制，所以对数控机床的调试和维修都比较困难。

（三）数控机床

数控机床就是按加工要求预先编制程序，由控制系统发出以数字量作为指令信息进行工作的机床。数控机床将零件加工过程所需的各种操作（如主轴变速、主轴起动和停止、松夹工件、进刀退刀、冷却液开或关等）和步骤以及刀具与工件之间的相对位移量都用数字化的代码来表示，由编程人员编制成规定的加工程序，通过输入介质（磁盘等）送入计算机控制系统，由计算机对输入的信息进行处理与运算，发出各种指令来控制机床的运动，使机床自动地加工出所需要的零件。

现代数控机床综合应用了微电子技术、计算机技术、精密检测技术、伺服驱动技术以及精密机械技术等多方面的最新成果，是典型的机电一体化产品。

（四）数控编程

1. 数控编程的概念

在数控机床上加工零件，首先要进行程序编制，将零件的加工顺序、工件与刀具相对运动轨迹的尺寸数据、工艺参数（主运动和进给运动速度、切削深度等）以及辅助操作等加工信息，用规定的文字、数字、符号组成的代码，按一定的格式编写成加工程序单，并将程序单的信息通过控制介质输入到数控装置，由数控装置控制机床进行自动加工。从零件图纸到编制零件加工程序和制作控制介质的全部过程称为数控程序编制。

2. 数控编程的步骤

数控编程的一般步骤如图 0-1 所示。

（1）分析图样、确定加工工艺过程　在确定加工工艺过程时，编程人员要根据图样对工件的形状、尺寸、技术要求进行分析，然后选择加工方案、确定加工顺序、加工路线、装卡方式、刀具及切削参数，同时还要考虑所用数控机床的指令功能，充分发挥机床的效能，加工路线要短，要正确选择对刀点、换刀点，减少换刀次数。

（2）数值计算　根据零件图的几何尺寸、确定的工艺路线及设定的坐标系，计算零件

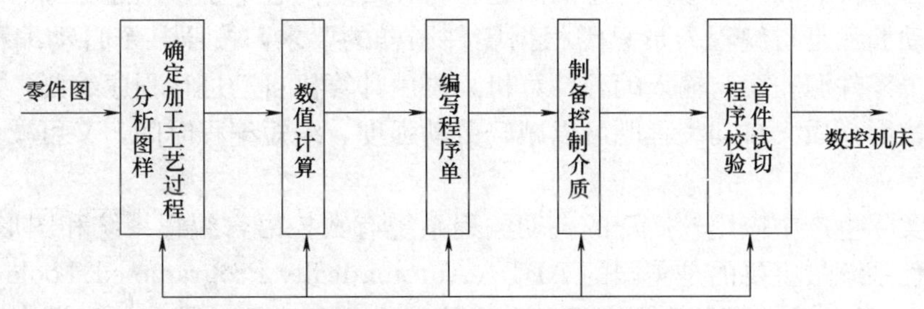

图 0-1 数控编程的步骤

粗、精加工各运动轨迹，得到刀位数据。对于点位控制的数控机床（如数控冲床），一般不需要计算。只是当零件图样坐标系与编程坐标系不一致时，才需要对坐标进行换算。对于形状比较简单的零件（如直线和圆弧组成的零件）的轮廓加工，需要计算出几何元素的起点、终点、圆弧的圆心、两几何元素的交点或切点的坐标值，有的还要计算刀具中心的运动轨迹坐标值。对于形状比较复杂的零件（如非圆曲线、曲面组成的零件），需要用直线段或圆弧段逼近，根据要求的精度计算出其节点坐标值，这种情况一般要用计算机来完成数值计算的工作。

(3) 编写零件加工程序单　加工路线、工艺参数及刀位数据确定以后，编程人员可以根据数控系统规定的功能指令代码及程序段格式，逐段编写加工程序单。此外，还应填写有关的工艺文件，如数控加工工序卡片、数控刀具卡片、数控刀具明细表、工件安装和零点设定卡片、数控加工程序单等。

(4) 制备控制介质　制备控制介质就是把编制好的程序单上的内容记录在控制介质（穿孔带、磁带、磁盘等）上作为数控装置的输入信息。目前，随着计算机网络技术的发展，可直接由计算机通过网络与机床数控系统通讯。

(5) 程序校验与首件试切　程序单和制备好的控制介质必须经过校验和试切才能正式使用。校验的方法是直接将控制介质上的内容输入到数控装置中，让机床空运转，以检查机床的运动轨迹是否正确。还可以在数控机床的显示器上模拟刀具与工件切削过程的方法进行检验，但这些方法只能检验出运动是否正确，不能查出被加工零件的加工精度。因此有必要进行零件的首件试切。当发现有加工误差时，应分析误差产生的原因，找出问题所在，加以修正。所以作为一名编程人员，不但要熟悉数控机床的结构、数控系统的功能及标准，而且还必须是一名好的工艺人员，要熟悉零件的加工工艺、装夹方法、刀具、切削用量的选择等方面的知识。

二、数控编程的编程方法

数控编程可分为手工编程和自动编程两类。

(1) 手工编程时，整个程序的编制过程由人工完成。这就要求编程人员不仅要熟悉数控代码及编程规则，而且还必须具备机械加工工艺知识和一定的数值计算能力。手工编程对简单零件通常是可以胜任的，但对于一些形状复杂的零件或空间曲面零件，编程工作量十分巨大，计算繁琐，花费时间长，而且非常容易出错。不过，根据目前生产实际情况，手工编程在相当长的时间内还会是一种行之有效的编程方法。手工编程具有很强的技巧性，并有其自身特点和一些应该注意的问题，将在后续内容中予以阐述。

（2）自动编程是指编程人员只需根据零件图样的要求，按照某个自动编程系统的规定，编写一个零件源程序，输入编程计算机，再由计算机自动进行程序编制，并打印程序清单和制备控制介质。自动编程既可以减轻劳动强度，缩短编程时间，又可减少差错，使编程工作简便。

目前，实际生产中应用较广泛的自动编程系统有数控语言编程系统和图形编程系统。数控语言编程系统最主要的是美国的 APT（Automatically Programmed Tools——自动化编程工具），它是一种发展最早、容量最大、功能全面又成熟的数控编程语言，能用于点位、连续控制系统以及 2～5 坐标数控机床，可以加工极为复杂的空间曲面。数控图形编程系统是利用图形输入装置直接向计算机输入被加工零件的图形，无需再对图形信息进行转换，大大减少了人为错误，比语言编程系统具有更多的优越性和广泛的适应性，提高了编程的效率和质量。另外，由于 CAD（Computer Aided Design）的结果是图形，故可利用 CAD 系统的信息生成 NC（Numerical Control）程序单。所以，它能实现 CAD/CAM（Computer Aided Manufacturing）的集成化。正因为图形编程的这些优点，现在乃至将来一段时间内，它都是自动编程的发展方向，必将在自动编程方面占主导地位。目前，生产实际中应用较多的商品化的 CAD/CAM 系统主要有国外引进的 UnigraphicsⅡ、Pro/Engineer、CATIA、Solidworks、Mastercam、SDRC/I-DEAS、DELCAM 等，技术较为成熟的国产 CAD/CAM 系统是北航海尔的 CAXA。在机械制造方面，CAD/CAM 系统的内容一般包含：二维绘图、三维线架、曲面、实体建模、真实感显示、特征设计、有限元前后置处理、运动机构造型、几何特性计算、数控加工和测量编程、工艺过程设计、装配设计、钣金件展引和排样、加工尺寸精度控制、过程仿真和干涉检查、工程数据管理等。其中，对产品模型进行计算机辅助分析，包括运动学及动力学分析与仿真（Kinematics & Dynamics）、有限元分析与仿真 FEA（Finite Element Analysis）、优化设计 OPT（OPTimization），又称为计算机辅助工程 CAE（Computer Aided Engineering）。

综上所述，对于几何形状不太复杂的零件和点位加工，所需的加工程序不多，计算也较简单，出错的机会较少，这时用手工编程还是经济省时的，因此，至今仍广泛地应用手工编程方法来编制这类零件的加工程序。但是对于复杂曲面零件；几何元素并不复杂，但程序量很大的零件（如一个零件上有数千个孔）；以及铣削轮廓时，数控装置不具备刀具半径自动偏移功能，而只能按刀具中心轨迹进行编程等情况。由于计算相当繁琐及程序量大，手工编程就很难胜任，即使能够编出来，也耗时长，效率低，易出错。据国外统计，用手工编程时，一个零件的编程时间与在机床上实际加工时间之比，平均约为 30：1。数控机床不能开动的原因中有 20%～30%是由于加工程序不能及时编制出来而造成的，因此，必须要求编程自动化。

三、坐标系的确定

1. 坐标系

为了简化编制程序的方法和保证记录数据的互换性。对数控机床的坐标和方向的命名国际上很早就制定有统一标准，我国于 1982 年制定了 JB3051-82《数字控制机床坐标系和运动方向的命名》标准。在标准中统一规定采用右手直角笛卡儿坐标系对机床的坐标系进行命名。用 X，Y，Z 表示直线进给坐标轴，X，Y，Z 坐标轴的相互关系由右手法则决定，如图 0-2 所示。图中大拇指的指向为 X 轴的正方向，食指指向为 Y 轴的正方向，中指指向为 Z 轴的正方向。

2. 坐标轴的正方向

围绕 X，Y，Z 轴旋转的圆周进给坐标轴分别用 A，B，C 表示。根据右手螺旋定则，以大拇指指向 $+X$，$+Y$，$+Z$ 方向，则食指、中指等的指向是圆周进给运动的 +A，+B，+C 方向。数控机床的进给运动，有的由主轴带动刀具运动来实现，有的由工作台带着工件运动来实现。通常在编程时，不论机床在加工中是刀具移动，还是被加工工件移动，都一律假定被加工工件相对静止不动，而刀具在移动，并规定刀具远离工件的方向作为坐标的正方向。

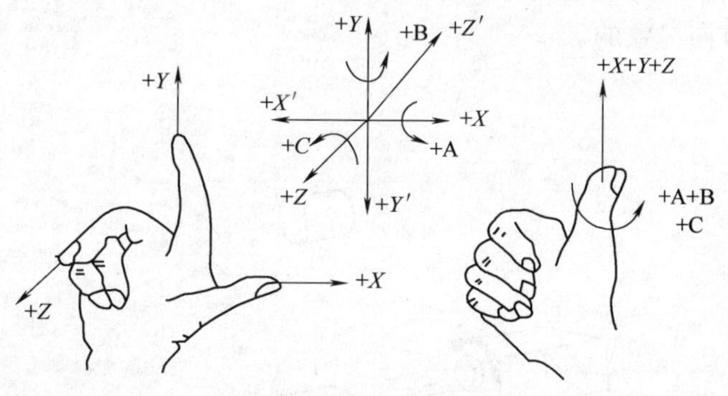

图 0-2　坐标轴

3. 运动方向的确定

在 JB3051-82 中规定：机床某一部件运动的正方向，是增大工件和刀具之间的距离的方向。

（1）Z 坐标的运动　Z 坐标的运动，是由传递切削力的主轴所决定，与主轴轴线平行的坐标轴即为 Z 坐标。对于工件旋转的机床，如车床、外圆磨床等，平行于工件轴线的坐标为 Z 坐标。而对于刀具旋转的机床，如铣床、钻床、镗床等，则平行于旋转刀具轴线的坐标为 Z 坐标，如图 0-3、图 0-4 所示。如果机床没有主轴（如牛头刨床），Z 轴垂直于工件装卡面，如图 0-6 所示。Z 坐标的正方向为增大工件与刀具之间距离的方向。如在钻镗加工中，钻入和镗入工件的方向为 Z 坐标的负方向，而退出为正方向。

（2）X 坐标的运动　规定 X 坐标为水平方向，且垂直于 Z 轴并平行于工件的装夹面。X 坐标是在刀具或工件定位平面内运动的主要坐标。对于工件旋转的机床（如车床、磨床等），X 坐标的方向是在工件的径向上，且平行于横滑座。刀具离开工件旋转中心的方向为 X 轴正方向，如图 0-3 所示。对于刀具旋转的机床（如铣床、镗床、钻床等），如 Z 轴是垂直的，当从刀具主轴向立柱看时，X 运动的正方向指向右，如图 0-4 所示。如 Z 轴（主轴）是水平的，当从主轴向工件方向看时，X 运动的正方向指向右方，如图 0-5 所示。

（3）Y 坐标的运动　Y 坐标轴垂直于 X、Z 坐标轴，其运动的正方向根据 X 和 Z 坐标的正方向，按照右手直角笛卡儿坐标系来判断。

（4）旋转运动 A、B、C　如图 0-2 所示，A、B、C 相应地表示其轴线平行于 X、Y、Z 的旋转运动。A、B、C 的正方向，相应地表示为在 X、Y 和 Z 坐标正方向上，右旋螺纹前进的方向。

（5）附加坐标　如果在 X、Y、Z 主要坐标以外，还有平行于它们的坐标，可分别指定为 U、V、W。如还有第三组运动，则分别指定为 P、Q、R。

（6）对于工件运动的相反方向　对于工件运动而不是刀具运动的机床，其坐标轴代号用带“′”的字母表示，如 $+X'$ 表示工件相对于刀具正向运动指令。而不带“′”的字母，如

＋X则表示刀具相对于工件的正向运动指令。二者表示的运动方向正好相反。如图 0-4～图 0-6 所示。

（7）主轴旋转运动方向　主轴旋转运动的正方向（正转），是与右旋螺纹旋入工件的方向一致的。

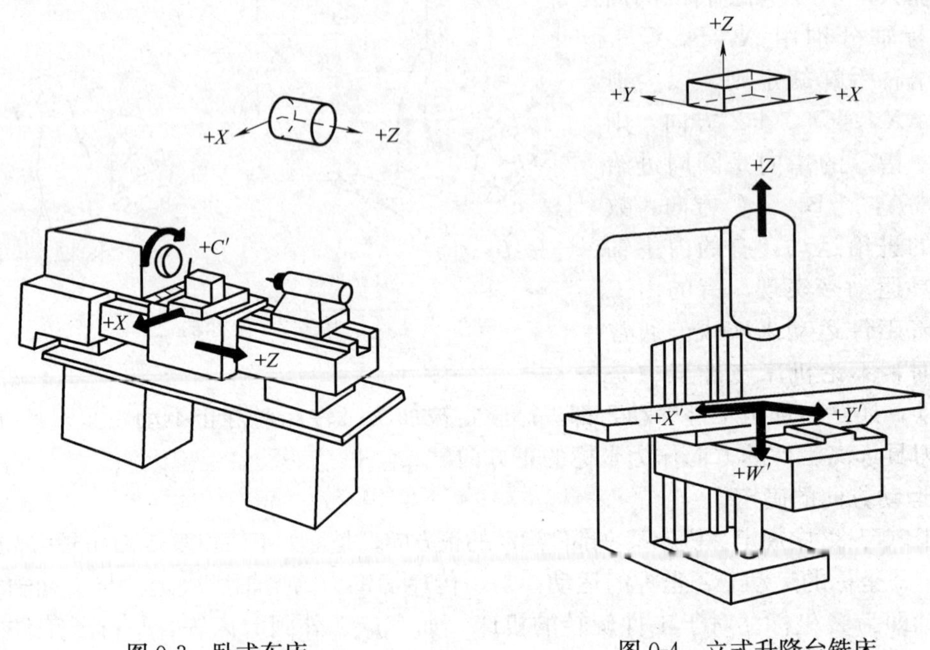

图 0-3　卧式车床　　图 0-4　立式升降台铣床

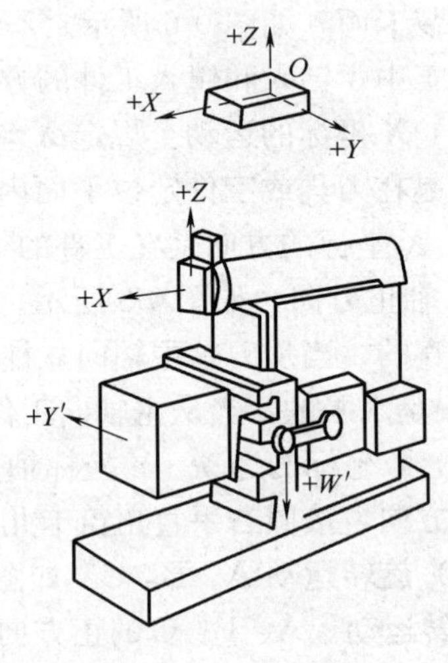

图 0-5　卧式升降台铣床　　图 0-6　牛头刨床

四、编程格式及内容

由于生产厂家使用标准不完全统一，使用数控代码、指令含义也不完全相同，因此在做数控编程工作时，一般需要参照机床编程手册进行。现对数控编程中，具有共性的地方介绍如下。

1. 数控程序的结构

一个完整的数控程序由程序号、程序内容和程序结束三部分组成。

例如，某个数控加工程序如下：

```
%
O0029
N10 G00 Z100；
N20 G17 T02；
N30 G00 X70 Y65 Z2 S800；
N40 G01 Z-3 F50；
N50 G03 X20 Y15 I-10 J-40；
N60 G00 Z100；
N70 M30；
%
```

(1) 程序名　程序名是一个程序必需的标识符，由地址符后带若干位数字组成。地址符常见的有："%"、"O"、"P" 等，视具体数控系统而定。国产华中 I 型系统采用 "%"，日本 FANUC 系统采用 "O"。后面所带的数字一般为 4～8 位。如：%2000。

(2) 程序体　它表示数控加工要完成的全部动作，是整个程序的核心。它由许多程序段组成，每个程序段由一个或多个指令构成。

(3) 程序结束　程序结束是以程序结束指令 M02、M30 或 M99（子程序结束）作为程序结束的符号，用来结束零件加工。

2. 程序段格式

零件的加工程序是由许多程序段组成的，每个程序段由程序段号、若干个数据字和程序段结束字符组成，每个数据字是控制系统的具体指令，它是由地址符、特殊文字和数字集合而成，它代表机床的一个位置或一个动作。

程序段格式是指一个程序段中字、字符和数据的书写规则。目前国内外广泛采用字-地址可变程序段格式。例如：N20 G01 X25 Z-36 F100 S300 T02 M03；

程序段内各个字的说明：

(1) 程序段序号（简称顺序号）　用以识别程序段的编号。用地址码 N 和后面的若干位数字来表示。如 N20 表示该语句的语句号为 20。

(2) 准备功能 G 指令　是使数控机床作某种动作的指令，用地址 G 和两位数字所组成，从 G00～G99 共 100 种。G 功能的代号已标准化。

(3) 坐标字　由坐标地址符（如 X、Y 等）、+、－符号及绝对值（或增量）的数值组成，且按一定的顺序进行排列。坐标字的 "+" 可省略。其中坐标字的地址符含义如表 0-1 所示。

(4) 进给功能 F 指令　用来指定各运动坐标轴及其任意组合的进给量或螺纹导程。

(5) 主轴转速功能字 S 指令　用来指定主轴的转速，由地址码 S 和在其后的若干位数字组成。

表 0-1　　　　　　　　　　　　地址符含义

地　址　码	意　　义
X—　Y—　Z—	基本直线坐标轴尺寸
U—　V—　W—	第一组附加直线坐标轴尺寸
P—　Q—　R—	第二组附加直线坐标轴尺寸
A—　B—　C—	绕 X、Y、Z 旋转坐标轴尺寸
I—　J—　K—	圆弧圆心的坐标尺寸
D—　E—	附加旋转坐标轴尺寸
R—	圆弧半径值

(6) 刀具功能字 T 指令　主要用来选择刀具，也可用来选择刀具偏置和补偿，由地址码 T 和若干位数字组成。

(7) 辅助功能字 M 指令　辅助功能表示一些机床辅助动作及状态的指令。由地址码 M 和后面的两位数字表示。从 M00～M99 共 100 种。

(8) 程序段结束　写在每个程序段之后，表示程序结束。当用 EIA 标准代码时，结束符为“CR”，用 ISO 标准代码时为“NL”或“LF”，有的用符号“;”或“*”表示。

第一篇　数控加工工艺分析及编程

第一章　FANUC 0i 数控车床

数控车床是应用最广泛的一种数控机床，主要用于加工轴类、盘类等回转体零件。它能够通过程序控制自动完成内外圆柱面、内外圆锥面、圆弧特形面、螺纹等工序的切削加工，并能进行切槽、钻孔、扩孔和铰孔等工作。现代数控车床都具备刀具位置和刀尖圆弧半径的补偿功能以及固定循环加工功能。其主要特点是：加工精度稳定件好、加工灵活、通用性强，能适应多品种、小批生产自动化的要求，特别适合形状复杂的轴类或盘类零件加工。

FANUC 0i 的 T 系列是目前在我国数控车床上应用较多的一种数控系统，它的编程方法和指令格式具有一定的代表性。

本章学习目标是：掌握数控车削加工工艺编制方法及数控车床编程基本指令的用法；学会数控车床刀具补偿功能、普通三角形螺纹的编程以及数控车床单一和复合循环指令的应用；了解数控车床宏程序的编制，使学生初步掌握编写数控车削程序的方法和技能。

第一节　数控车削加工工艺

一、数控车削加工工艺分析

（一）数控车床加工对象的选择

（1）精度要求高的回转体零件。由于数控车床刚性好、制造精度高，能方便和精确地进行人工补偿和自动补偿，所以能加工精度要求高的零件，甚至可以以车代磨。

（2）表面粗糙度要求高的回转体零件。使用数控车床的恒线速度切削功能，就可选用最佳切削速度来切削锥面和端面，使切削后的工件表面粗糙度既小又一致。数控车床还适合加工各表面粗糙度要求不同的工件。表面粗糙度要求大的部位选用较大的进给量，表面粗糙度要求小的部位选用小的进给量。

（3）轮廓形状特别复杂和难以控制尺寸的回转体零件。由于数控车床具有直线和圆弧插补功能，部分车床数控装置还有某些非圆曲线和平面曲线插补功能，所以可以加工形状特别复杂或难于控制尺寸的回转体零件。

（4）带特殊螺纹的回转体零件。数控车床不但能车削任何等导程的直、锥面螺纹和端面螺纹，而且还能车变螺距螺纹和高精度螺纹。

（二）数控车床加工工艺的主要内容

（1）选择适合在数控车床上加工的零件，确定工序内容；

（2）分析被加工零件的图纸，明确加工内容及技术要求；

（3）确定零件的加工方案，制定数控加工工艺路线；

（4）设计加工工序，选取零件的定位基准、确定装夹方案、划分工步、选择刀具和确定切削用量等；

（5）调整数控加工程序，选取对刀点和换刀点、确定刀具补偿及加工路线等。

（三）数控车床加工零件的工艺性分析

1. 零件图的分析

零件图分析是工艺制定中的首要工作，主要包括以下几个方面：

（1）尺寸标注方法分析　通过对标注方法的分析，确定设计基准与编程基准之间的关系，尽量做到基准统一。

（2）轮廓几何要素分析　通过分析零件各要素，确定需要计算的节点坐标，对各要素进行定义，以便确定编程需要的代码，为编程做准备。

（3）精度及技术要求分析　只有通过对精度进行分析，才能正确合理地选择加工方法、装夹方法、刀具及切削用量等，保证加工精度。

2. 结构工艺性分析

零件的结构工艺性是指零件对加工方法的适应性，即所设计的零件结构应便于加工。在数控车床上加工零件时，应根据数控车床的特点，合理地设计零件结构。如图 1-1（a）所示的零件有宽度不同的 3 个槽，不便于加工；若改为图 1-1（b）所示的结构，则可以减少刀具数量，减少占用刀位，还可以节省换刀时间。

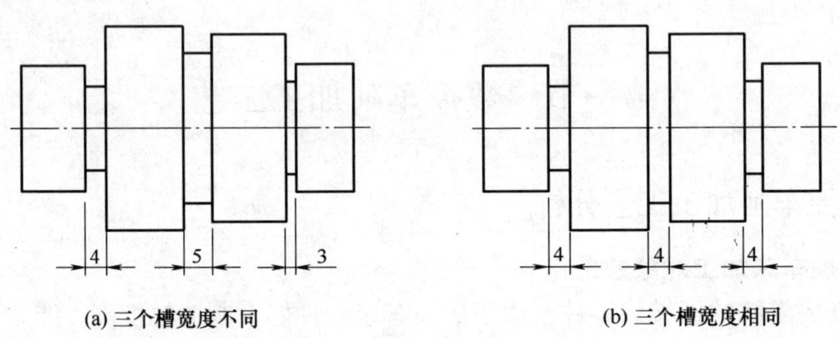

(a) 三个槽宽度不同　　(b) 三个槽宽度相同

图 1-1　零件结构工艺性

（四）数控车削加工工艺路线的拟订

在制定加工工艺路线之前，首先要确定加工定位基准和加工工序。

1. 零件设计基准和加工基准的选择

（1）设计基准　车床上所能加工的工件都是回转体工件，通常径向设计基准为回转中心，轴向设计基准为工件的某一端面或几何中心。

（2）定位基准　定位基准即加工基准，数控车床加工轴套类及轮盘类零件的定位基准，只能是被加工表面的外圆面、内圆面或零件端面中心孔。

（3）测量基准　测量基准用于检测机械加工工件的精度，包括尺寸精度、形状精度和位置精度。

2. 零件加工工序的确定

在数控车床上加工工件，应按工序集中的原则划分工序，即在一次安装下尽可能完成大部分甚至全部的加工工作。根据零件的结构形状不同，通常选择外圆和端面或内孔和端面装夹，并力求设计基准、工艺基准和编程原点的统一。在批量生产中，常使用下列两种方法划分工序。

（1）按零件加工表面划分　将位置精度要求高的表面安排在一次安装下完成，以免多次安装产生的安装误差影响形状和位置精度。

（2）按粗、精加工划分　对毛坯余量比较大和加工精度比较高的零件，应将粗车和精车分开，划分成两道或更多的工序。将粗加工安排在精度较低、功率较大的机床上；将精加工安排在精度相对较高的数控车床上。

3. 零件加工顺序的确定

在分析了零件图样和确定了工序、装夹方法之后，接下来要确定零件的加工顺序。制订加工顺序应遵循下列原则：

（1）先粗后精　按照粗车→半精车→精车的顺序进行，逐步提高加工精度。粗车的任务是在较短的时间内，把工件毛坯上的大部分余量切除，一方面提高加工效率，另一方面满足精车余量的均匀性要求。若粗车后，所留余量的均匀性满足不了精度要求时，则要安排半精加工。精车的任务是保证加工精度要求，按照图样上的尺寸用一个刀次连续切出零件轮廓。如图 1-2 所示，粗加工时先将双点画线内的材料切去，为后面的精加工做好准备，使精加工余量尽可能均匀一致。

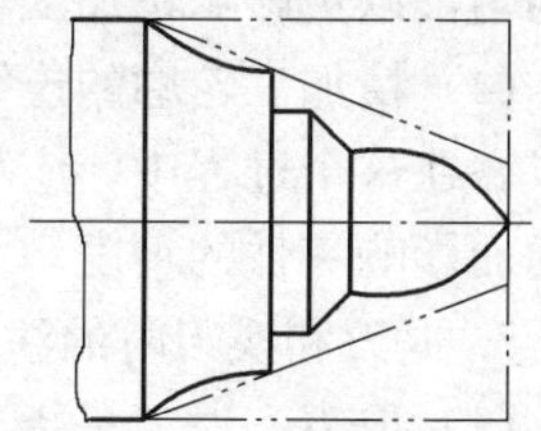

图 1-2　先粗后精示例

（2）先近后远　按加工部位相对于对刀点的距离大小而定。在一般情况下，离对刀点远的部位后加工，以便缩短刀具移动距离，减小空行程时间。对于车削而言，先近后远还有利于保持坯件或半成品件的刚性，改善其切削条件。例如，加工图 1-3 所示零件时，如果按 $\phi38 \to \phi36 \to \phi34$ 的次序安排车削，不仅会增加刀具返回对刀点所需的空行程时间，而且一开始就削弱了工件的刚性，还可能使台阶的外直角处产生毛刺（飞边）。对这类直径相差不大的台阶轴，当第一刀的背吃刀量（图中最大背吃刀量可为 3mm 左右）未超限时，宜按 $\phi34 \to \phi36 \to \phi38$ 的次序，先近后远地安排车削。

（3）内外交叉　对既有内表面（内型腔），又有外表面需要加工的零件，在安排加工顺序时，应先进行内外表面的粗加工，后进行内外表面的精加工。切不可将工件的一部分表面（外表面或内表面）加工完了以后，再加工其他表面（内表面或外表面）。如图 1-4 所示零件，若将外表面加工好，再加工内表面，这时工件的刚性较差，内孔刀杆刚性又不足，加上排屑困难，在加工孔时，孔的尺寸精度和表面粗糙度就不易得到保证。

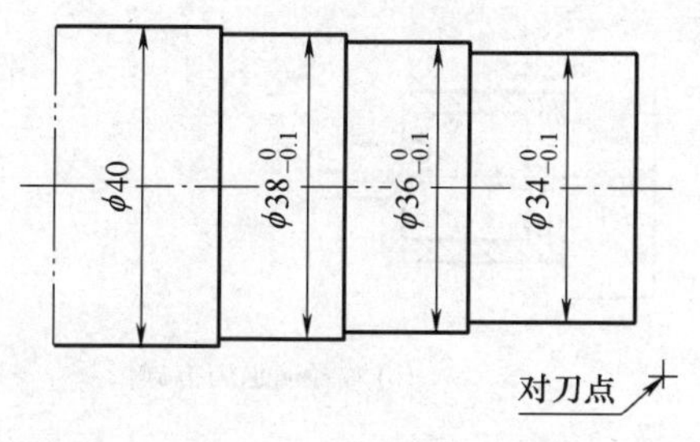

图 1-3　先近后远示例

（4）基面先行　用于精基准的表面应优先

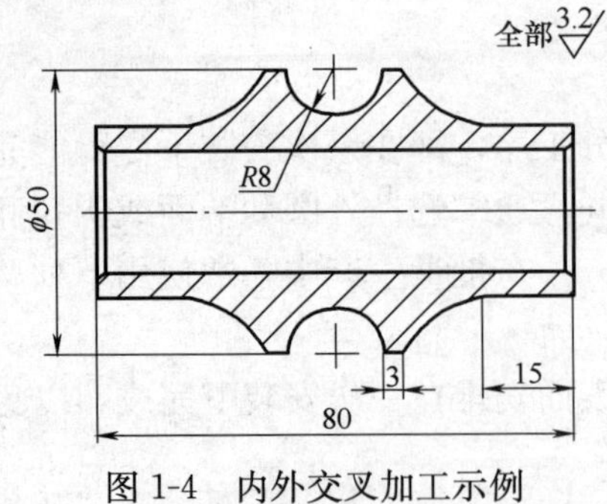

图 1-4　内外交叉加工示例

加工出来，因为定位基准的表面越精确，装夹误差就越小。

（5）进给路线最短　确定加工顺序时，要遵循各工序进给路线的总长度最短原则。

4. 进给路线的确定

确定进给路线，主要是确定粗加工及空行程的进给路线，因为精加工切削过程的进给路线基本都是沿零件的设计轮廓进行的。进给路线指刀具从起刀点开始运动，到完成加工返回该点的过程中，刀具所经过的路线。为了实现进给路线最短，可从以下几点加以考虑：

（1）最短的空行程路线　即刀具在没有切削工件时的进给路线，在保证安全的前提下要求尽量短，包括切入和切出的路线。

（2）最短的切削进给路线　切削路线最短可有效地提高生产效率，降低刀具的损耗。

（3）大余量毛坯的阶梯切削进给路线　实践证明，无论是轴类工件还是套类零件在加工时采用阶梯去除余量的方法是比较高效的。但应注意每一个阶梯留出的精加工余量尽可能均匀，以免影响精加工质量。

（4）精加工轮廓的连续切削进给路线　即精加工的进给路线要沿着工件的轮廓连续地完成。在这个过程中，应尽量避免刀具的切入、切出、换刀和停顿，避免刀具划伤工件的表面而影响零件的精度。

5. 退刀和换刀时的注意事项

（1）退刀　退刀是指刀具切完一刀，退离工件，为下次切削做准备的动作。它和进刀的动作通常以 G00 的方式（快速）运动，以节省时间。数控车床有三种退刀方式：斜线退刀如图 1-5（a）所示；径轴向退刀如图 1-5（b）所示；轴径向退刀如图 1-5（c）所示。退刀路线一定要保证安全性，即退刀的过程中保证刀具不与工件或机床发生碰撞；退刀还要考虑路线最短且速度要快，以提高工作效率。

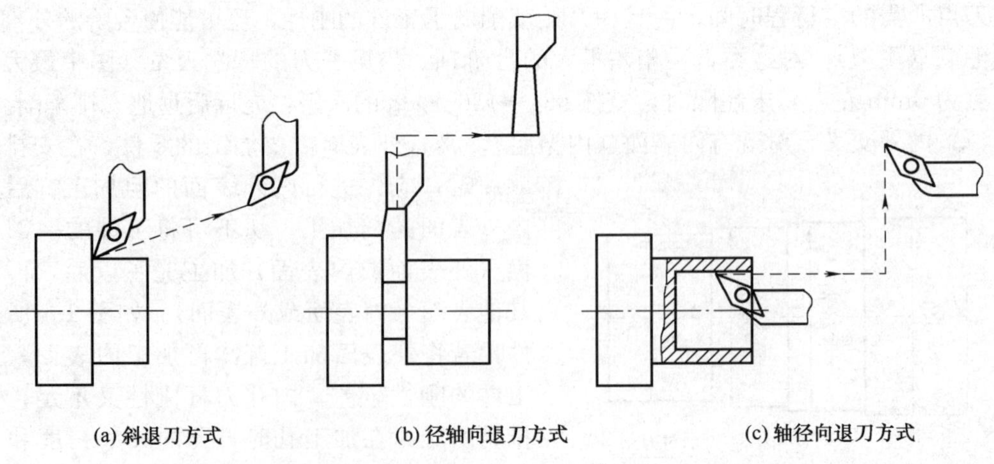

图 1-5　退刀方式

（2）换刀　换刀的关键在换刀点设置上，换刀点必须保证安全性，即在执行换刀动作时，刀架上每一把刀具都不要与工件或机床发生碰撞。而且尽量保证换刀路线最短，即刀具在退离和接近工件时的路线最短。

（五）数控车床坐标系

1. 机床坐标系

在数控车床坐标系中，机床主轴纵向方向是 Z 轴，平行于横向运动方向为 X 轴。车刀远离工件的方向为正方向，接近工件的方向为负方向。前置刀架卧式数控车床坐标系如图 1-6 所示，后置刀架卧式数控车床坐标系中的 X 轴方向相反。

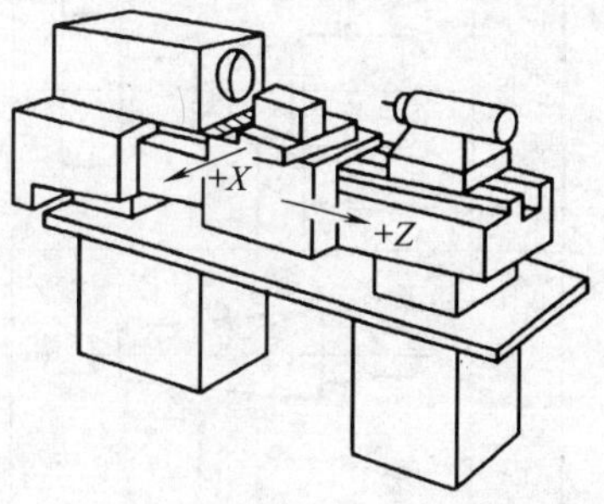

图 1-6　前置刀架卧式车床坐标系

2. 编程坐标系与编程原点

为了方便编程，首先要在零件图上适当位置，选定一个编程原点，该点应尽量设置在零件的工艺设计基准上，并以这个原点作为坐标系的原点，再建立一个新的坐标系称为编程坐标系或零件坐标系。编程坐标系用来确定编程和刀具的起点。

在数控车床上，编程原点一般设在工件右端面与主轴回转中心线的交点 O 上，如图 1-7（a）所示，也可以设在工件的左端面与主轴回转中心线交点 O 上，如图 1-7（b）所示。坐标系以机床主轴线方向为 Z 轴方向，刀具远离工件的方向为 Z 轴的正方向。X 轴位于水平面且垂直于工件回转轴线的方向，刀具远离主轴轴线的方向为 X 轴正向，如图 1-7 所示。

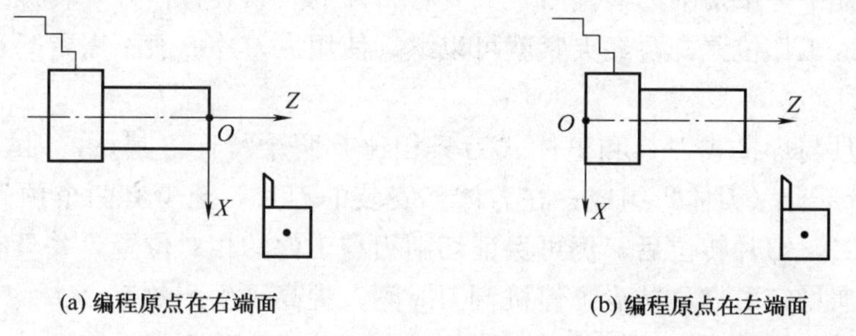

(a) 编程原点在右端面　　(b) 编程原点在左端面

图 1-7　编程原点与工件坐标系

因为对刀时工件右端面更容易找到，所以选用工件右端面与主轴回转中心线的交点为编程原点的情况比较多见。

二、数控车削刀具的选择

（一）数控车削刀具的种类

数控车削刀具按刀具材料分类，可分为高速钢刀具、硬质合金刀具、金刚石刀具、立方氮化硼刀具、陶瓷刀具和涂层刀具等。按刀具结构分类，可分为整体式、镶嵌式、机夹式（又可细分为可转位和不可转位两种）。常用数控车削刀具及对应加工方法，如图 1-8 所示。

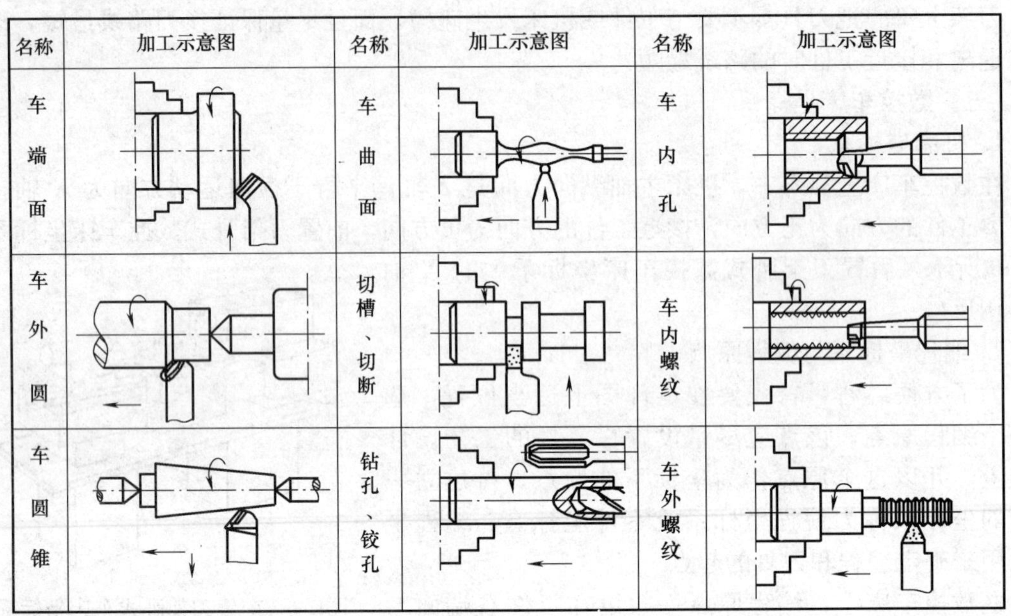

名称	加工示意图	名称	加工示意图	名称	加工示意图
车端面		车曲面		车内孔	
车外圆		切槽、切断		车内螺纹	
车圆锥		钻孔、铰孔		车外螺纹	

图 1-8　数控车削刀具及加工方法示意

（二）可转位刀片的应用及代码

可转位刀具是将预先加工好的多边形刀片，用机械夹固的方法夹紧在刀体上的一种刀具。当使用过程中一个切削刃磨钝后，只要将刀片的夹紧装置松开，转位或更换刀片，使新的切削刃进入工作位置，再经夹紧就可以继续使用。刀片一般不需重磨，有利于涂层刀片的推广使用。

可转位刀具与焊接式刀具和整体式刀具相比有两个特征。其一，刀具是由切削部分（刀片）和夹持部分（刀体）组成，在刀体上安装的刀片，至少有两个预先加工好的切削刃供使用；其二，刀片转位后，仍可保证切削刃与工件的相对位置，并具有相同的几何参数，卷屑、断屑稳定可靠，减少了停机调刀时间，提高了生产效率。

可转位刀片与焊接式刀具相比有以下特点：刀片成为独立的功能元件，其切削性能得到扩展和提高；避免了因焊接而引起的缺陷，在相同的切削条件下刀具切削性能大为提高。更利于根据加工对象选择各种材料的刀片，并充分地发挥其切削性能，从而提高了切削效率；切削刃空间位置相对刀体固定不变，节省了换刀、对刀等所需的辅助时间，提高了机床的利用率。

• 可转位车刀的基本结构：

（1）刀具组成　可转位刀具一般由刀片、刀垫、夹紧元件和刀体组成，如图 1-9 所示。

刀片的夹紧形式及其夹紧力的作用原理，如图 1-10 所示。

（2）可转位刀片型号表示规则　根据国家标准 GB 2076—2007 规定，切削用可转位刀片的型号由给定意义的字母和数字代号，按一定顺序排列的十个号位组成。其排列顺序

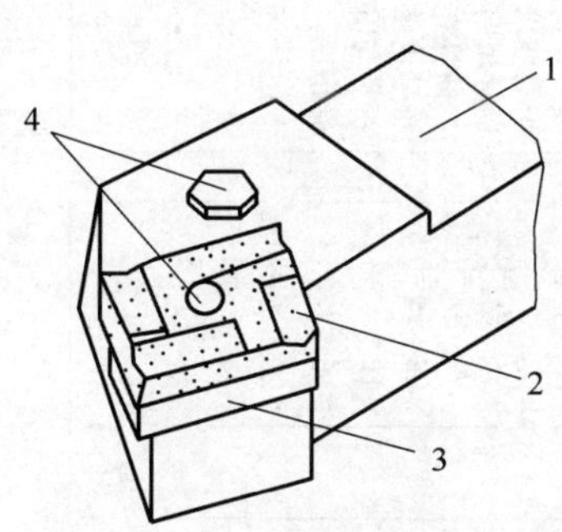

图 1-9　可转位车刀的结构组成
1—刀杆　2—刀片　3—刀垫　4—夹紧元件

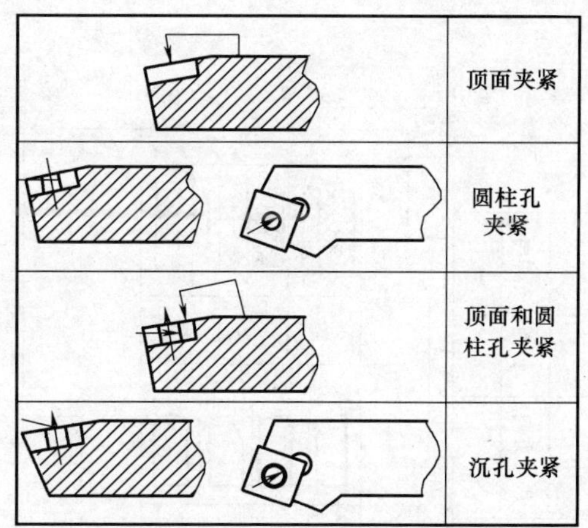

图 1-10　可转位车刀夹紧形式

如下：

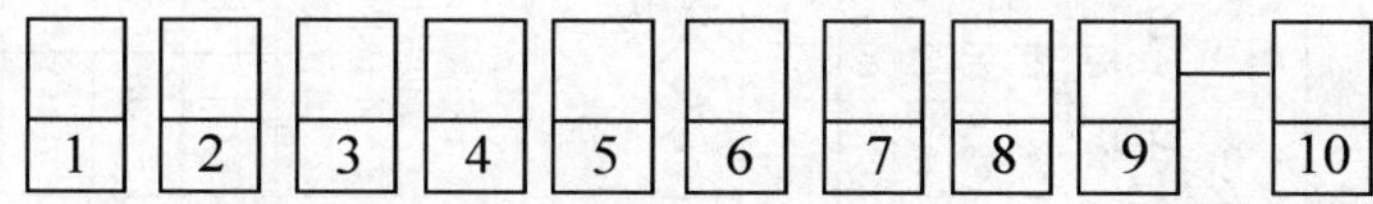

其中每一位字符代表刀片的某种参数，具体意义如下：

1——刀片的几何形状及夹角；

2——刀片主切削刃后角（法后角）；

3——刀片内接圆直径 d 与厚度 s 的精度级别；

4——刀片型式、紧固方法或断屑槽；

5——刀片边长、切削刃长；

6——刀片厚度；

7——刀尖圆角半径 r_ε 或主偏角 k_r 或修光刃后角 α_n；

8——切削刃状态，刀尖切削刃或倒棱切削刃；

9——进刀方向或倒刃角度；

10——厂商的补充代号或倒刃角度。

可转位车刀刀片的标记代号的解释，具体可以参见图 1-11 所示。

（三）数控车削刀具的选择

以半精车和精车钢件材料为例：

1）选择刀片牌号为硬质合金 YT15。

2）选择合适的断屑槽。

3）车端面时，常用 45°主偏角的车刀。

4）车外圆时，粗加工常用 75°主偏角的车刀；精加工时采用 90°～95°主偏角的车刀，可兼顾轴上台阶的车削。

5）车槽时，刀具宜采用正前角以利于排屑，采用较小后角以加强刀尖的强度，宽度一般为槽宽的 80%～90%为宜。

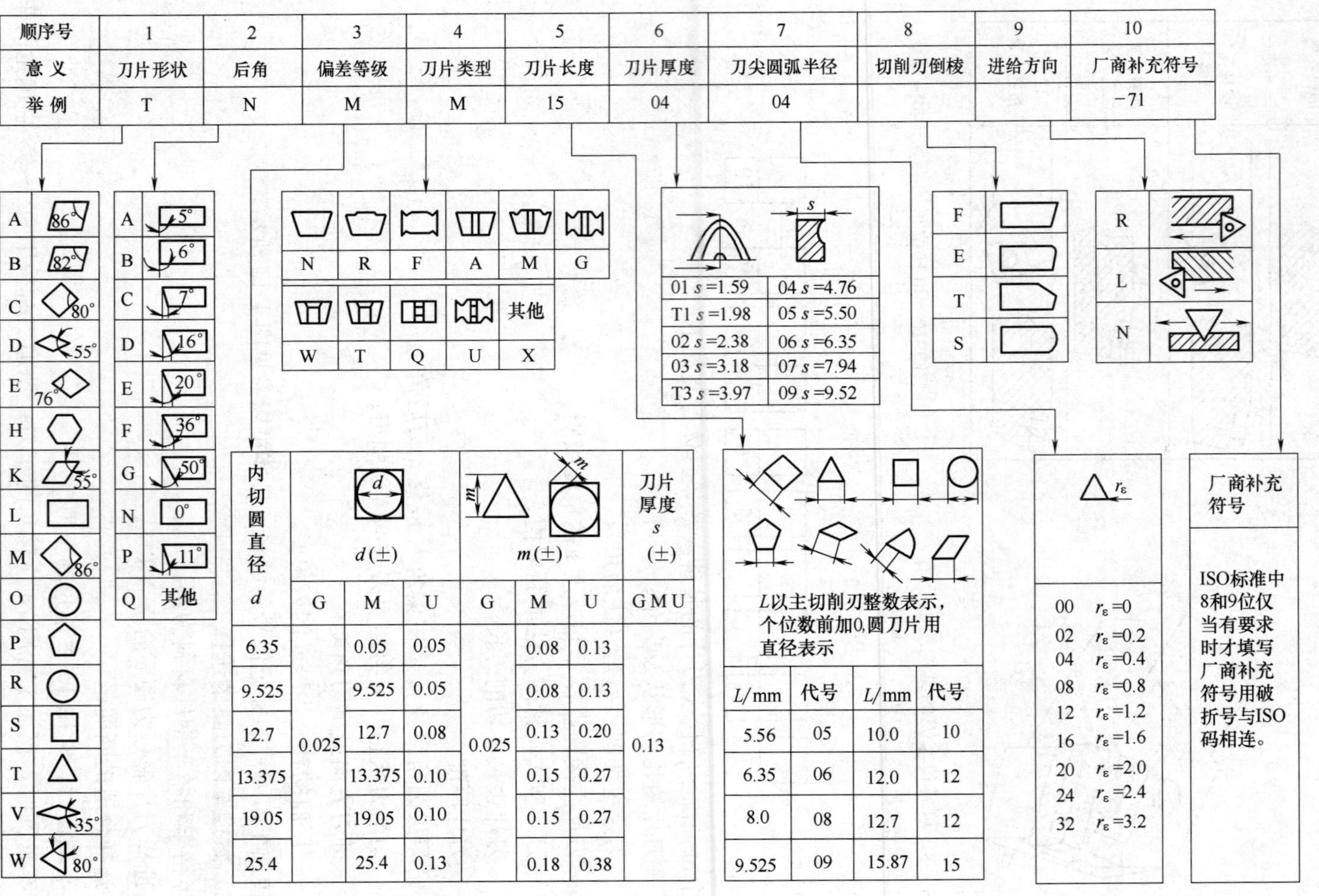

图 1-11 可转位车刀刀片的标记方法

6）车曲面时，采用45°车刀、60°尖刀粗车，用圆弧形车刀精车。圆弧形车刀是以圆度或线轮廓度误差很小的圆弧形切削刃为特征的车刀。该车刀圆弧刃每一点都是圆弧形车刀的刀尖，因此，刀位点不在圆弧上，而在该圆弧的圆心上。圆弧形车刀可以用于车削内外表面，特别适合于车削各种光滑连接（凹形）的成形面。选择车刀圆弧半径时，应考虑车刀切削刃的圆弧半径小于或等于零件凹形轮廓上的最小曲率半径，以免发生加工干涉，且半径不宜选择太小，否则不但制造困难，还会因刀尖强度太弱或刀体散热能力差而导致车刀损坏。精车时刀头前面与工件中心等高，前角为0°，以确保形状准确。

7）车外螺纹时，应控制刀具角度的准确性，以及采用正前角以利于排屑。

以上外形加工的刀具在安装时，注意刀杆的伸出量应在刀杆高度尺寸的1.5倍以内，以保证刀具的刚性。深槽、深孔应采用半月形加强筋加强刀具刚性。

8）车内孔、内螺纹时，刀杆的伸出量（长径比）应在刀杆直径的4倍以内。当伸出量大于4倍或加工刚性差的工件时，应选用带有减振机构的刀柄。如加工很高精度的孔，应选用重金属（如硬质合金）制造的刀柄，如在加工过程中刀尖部需要充分冷却，则应选用有切削液输送孔的刀柄。内孔加工的断屑、排屑可靠性比外圆车刀更为重要，因而刀具头部要留有足够的排屑空间。车内孔、内螺纹刀具长径比为2时切削参数选取的原则是，切削用量应比外形加工降低30%左右；刀具长径比每增加1，切削用量就降低25%。

常用的车刀有三种不同截面形状的刀柄，即圆柄、矩形柄和正方形柄。矩形柄和正方形柄多用于外形加工；内形（孔）加工优先选用圆柄车刀。由于圆柄车刀的刀尖高度是刀柄高度的1/2，且柄部为圆形，有利于排屑，故在加工相同直径的孔时，圆柄车刀的刚性明显高于方柄车刀，所以在条件许可时应尽量采用圆柄车刀。在卧式车床上因受四方形刀架限制，一般多采用正方形或矩形柄车刀。

三、数控车削切削用量的选择和工艺文件的制定

1. 数控车削切削用量的选择

车削用量的大小对切削力、切削功率、刀具磨损、加工质量和加工成本均有显著影响。选择车削用量时，在保证加工质量和刀具耐用度的前提下，应充分发挥机床性能和刀具切削性能，使切削效率最高，加工成本最低。

（1）车削用量的选择原则

1）粗加工时车削用量的选择原则：首先，选取尽可能大的背吃刀量；其次，要根据机床动力和刚性的限制条件等，选取尽可能大的进给量；最后根据刀具耐用度确定最佳的切削速度。

2）精加工时车削用量的选择原则：首先，根据粗加工后的余量确定背吃刀量；其次，根据已加工表面粗糙度要求，选取较小的进给量；最后，在保证刀具耐用度的前提下，尽可能选用较高的切削速度。

（2）车削用量的选择方法

1）背吃刀量的选择。根据加工余量确定，粗加工（表面粗糙度Ra=10～80μm）时，一次进给应尽可能切除全部余量。在中等功率机床上，背吃刀量可达8～10mm。半精加工时（表面粗糙度Ra=1.25～10μm）时，背吃刀量取0.5～2mm。精加工（表面粗糙度Ra=0.32～1.25μm）时，背吃刀量取0.1～0.4mm。在工艺系统刚性不足或毛坯余量很

大或余量不均匀时，粗加工要分几次进给，并且应当把第一、二次进给的背吃刀量尽量取得大一些。

2）进给量的选择。粗加工时，由于对工件表面质量没有太高的要求，这时主要考虑机床进给机构的强度和刚性及刀杆的强度和刚性等限制因素，根据加工材料、刀杆尺寸、工件直径及已确定的背吃刀量来选择进给量。

在半精加工和精加工时，则按表面粗糙度要求，根据工件材料、刀尖圆弧半径、切削速度来选择进给量。

3）切削速度的选择。根据已经选定的背吃刀量、进给量及刀具耐用度选择切削速度。可用经验公式计算，也可根据生产实践经验在机床说明书允许的切削速度范围内查表选取。

切削速度 v_c 确定后，可以算出机床转速 n。在选择切削速度时，还应考虑以下几点：

① 应尽量避开积屑瘤产生的区域；

② 断续切削时，为减小冲击和热应力，要适当降低切削速度；

③ 在易发生振动的情况下，切削速度应避开自激振动的临界速度；

④ 加工大件、细长件和薄壁工件时，应选用较低的切削速度；

⑤ 加工带外皮的工件时，应适当降低切削速度。

初学编程时，车削用量的选取可参考表 1-1。

表 1-1　　车削用量选择参考表

零件材料及毛坯尺寸	加工内容	背吃刀量 a_p /mm	主轴转速 n /(r/min)	进给量 f /(mm/r)	刀具材料
45 钢，直径 $\phi20\sim\phi60$ 坯料，内孔直径 $\phi13\sim\phi20$	粗加工	1～2.5	300～800	0.15～0.4	硬质合金（YT 类）
	精加工	0.25～0.5	600～1000	0.08～0.2	
	切槽、切断（切刀宽度 3～5mm）		300～500	0.05～0.1	
	钻中心孔		300～800	0.1～0.2	高速钢
	钻孔		300～500	0.05～0.2	高速钢

2. 数控车削工艺文件的制定

数控车削加工工艺文件是进行数控车削加工和产品验收的依据。操作人员必须遵守和执行工艺文件，遵守操作规程，才能保证零件的加工精度和表面质量的要求。它是编程及工艺人员按零件加工要求作出的与程序相关的技术文件。数控车削加工的工艺文件种类有多种，常见的有数控加工工序卡片、数控加工刀具卡片和数控加工程序清单等。

（1）数控加工工序卡片　数控加工工序卡片需要反映加工的工艺内容、使用的机床、刀具、夹具、切削用量、切削液等，它是操作人员配合数控程序进行数控加工的主要指导性工艺文件。数控加工工序卡应按已确定的工作顺序填写。

（2）数控加工刀具卡片　数控加工刀具卡片主要反映刀具编号、刀具结构、刀柄规格、刀片型号和材料等。

（3）数控加工程序清单　数控加工程序清单是编程人员经过对零件的工艺分析、数值计算、工序设计后，按照待使用数控机床的代码格式和程序结构格式而编制的。它是记录数控加工工艺过程、工艺参数、位置数值的清单。注意：不同的数控系统，其规定的指令代码和程序格式均不相同，编写程序清单的，一定要预先指明所编写的程序清单将要在什么数控系统上使用。

例如，在加工如图 1-12 所示联接套时，根据具体加工工艺编制的数控加工工序卡片，见表 1-2；数控加工刀具卡片，见表 1-3；数控加工程序清单，见表 1-4。

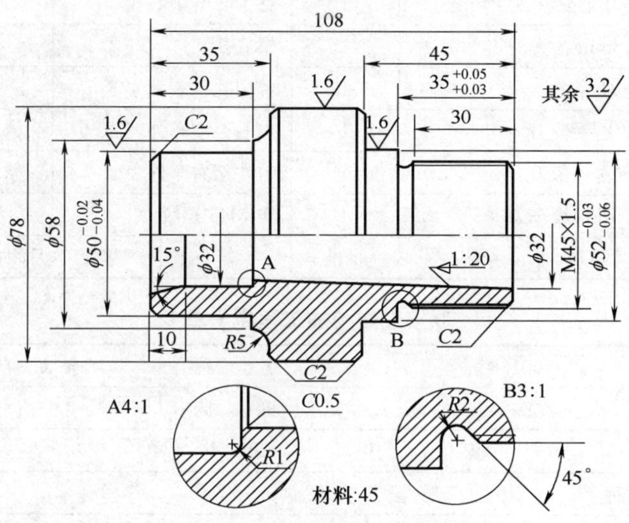

图 1-12　联接套零件图

表 1-2　　**联接套数控加工工序卡片**

工厂名称		产品名称或代号	零件名称	零件图号
		数控车工艺分析实例	联接套	Lethe-01
工序号	程序编号	夹具名称	使用设备	车间
001	Letheprg-01	三爪卡盘和自制心轴	CJK6240	数控中心

工步号	工步内容	刀具号	刀具规格 /mm	主轴转速 /r·min^{-1}	进给速度 /mm·min^{-1}	背吃刀量 /mm	备注
1	平端面	T01	25×25	320		1	手动
2	钻 ϕ5 中心孔	T02	ϕ5	950		2.5	手动
3	钻底孔	T03	ϕ26	200		13	手动
4	粗镗 ϕ32 内孔、15°斜面及 C0.5 倒角	T04	20×20	320	40	0.8	自动
5	精镗 ϕ32 内孔、15°斜面及 C0.5 倒角	T04	20×20	400	25	0.2	自动
6	掉头装夹粗镗 1：20 锥孔	T04	20×20	320	40	0.8	自动
7	精镗 1：20 锥孔	T04	20×20	400	20	0.2	自动
8	心轴装夹自右至左粗车外轮廓	T05	25×25	320	40	1	自动
9	自左至右粗车外轮廓	T06	25×25	320	40	1	自动
10	自右至左精车外轮廓	T05	25×25	400	20	0.1	自动
11	自左至右精车外轮廓	T06	25×25	400	20	0.1	自动
12	卸心轴改为三爪装夹粗车 M45 螺纹	T07	25×25	320	480	0.4	自动
13	精车 M45 螺纹	T07	25×25	320	480	0.1	自动

编制	×××	审核	×××	批准	×××	××年×月×日	共 1 页	第 1 页

表 1-3　　　　联接套数控加工刀具卡片

产品名称或代号		数控车工艺分析实例	零件名称		联接套	零件图号	Lathe-01
序号	刀具号	刀具规格名称	数量	加工表面		刀尖半径/mm	备注
1	T01	45°硬质合金端面车刀	1	车端面		0.5	25×25
2	T02	ϕ5 中心钻	1	钻 ϕ5mm 中心孔			
3	T03	ϕ26mm 钻头	1	钻底孔			
4	T04	镗刀	1	镗内孔各表面		0.4	20×20
5	T05	93°右手偏刀	1	自右至左车外表面		0.2	25×25
6	T06	93°左手偏刀	1	自左至右车外表面			
7	T07	60°外螺纹车刀	1	车 M45 螺纹			
编制	×××	审核 ×××	批准	×××	××年×月×日	共 1 页	第 1 页

表 1-4　　　　联接套数控加工程序清单

工序工步	001.8	名　称	心轴装夹自右至左粗车外轮廓
车　间	数控中心	机　床	CJK6240
程　序　清　单			
程　序　段			说　明
O2345； M03S600； T0101； G00X60Z2； G71U2R1； G71P10Q20U0.3W0.1F0.2； N10G42G01X0； ... ... M05； M30；			程序名 主轴 $n=600$r/min 90°右偏刀 粗车循环 主轴停 程序结束
工艺员		审　核	日　期

四、典型零件的数控车削工艺分析

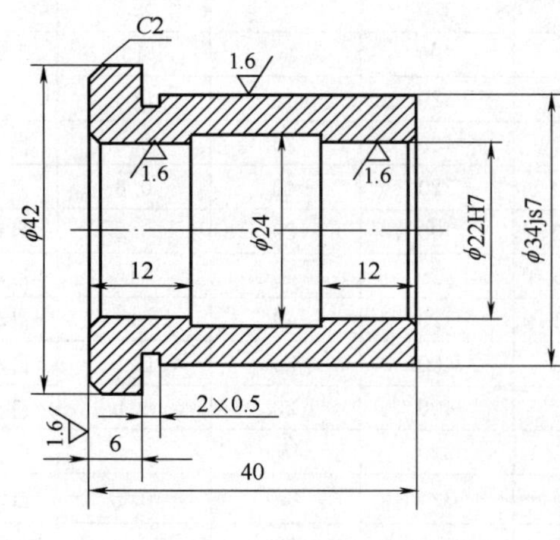

图 1-13　轴承套

如图 1-13 所示为轴承套零件图，图中未注倒角为 C1，未注表面粗糙度为 Ra3.2，材料 45 钢，热处理调质 HRC28～35，加工数量 100 件。试分析其数控加工工艺。

1. 分析零件图，确定零件加工工艺

该零件为轴套类零件，对外圆及内孔都有较为严格的尺寸公差要求和表面粗糙度要求。零件的材料是 45 钢，有一定的热处理要求。从使用要求来分析，内外圆柱面有较严格的同轴度要求，加工数量为 100 件，是小批量生产。

通过分析，初步拟定工艺方案如下：

1）根据零件形状特征，拟选用车削加工。为了保证内外圆柱面的同轴度要求，同时不破坏已加工表面，拟采用先以外圆表面为定位基准加工孔，再以内孔定位加工外表面。

2）因其有热处理工艺要求，所以工艺方案应分为粗、精加工两个阶段。在粗加工之后，精加工之前安排热处理工艺。

3）热处理调质后，工件硬度适中偏硬。刀具材料可采用高速钢或硬质合金。

2. 确定装夹方案

为了提高效率，保证装夹质量，拟采用三爪卡盘定位夹紧外圆，粗、精加工端面及内孔；再以圆柱心轴定位及夹紧，粗、精加工外轮廓的装夹方案。

3. 确定加工顺序及走刀路线

根据确定加工顺序的基本原则，尽量减少换刀次数、避免破坏后道工序的刚性为原则。确定零件加工工艺如下：

1）下料：ϕ45×45。

2）三爪卡盘夹外圆：车平端面；钻 ϕ4 中心孔；钻 ϕ20 通孔做底孔；镗 ϕ22H7 孔，留精加工余量 0.4mm；镗 ϕ24×16 的退刀槽，并孔口倒角至 $C1$。

3）调头，用三爪卡盘夹外圆找正，车另一端面，保证零件全长 40 的长度尺寸。

4）用心轴定位夹紧：粗、精车 ϕ42，合格；粗车 ϕ34js7×34 外圆柱面，留余量 0.4；切槽 2×0.5 至合格；倒角 $C2$ 至合格。

5）热处理调质 HRC28～35。

6）三爪卡盘定位夹紧，精镗 ϕ22H7 至合格。

7）心轴定位夹紧，精车 ϕ34js7×34 外圆柱面至合格。

8）检验。

9）入库。

4. 选择刀具

1）选用 ϕ4 中心钻，打中心孔。

2）选用 ϕ20 高速钢钻头钻底孔。

3）粗精车外轮廓及端面，选用 YT15 硬质合金 90°可转位刀片的偏刀。

4）选用 YT15 硬质合金 90°可转位刀片的镗刀，粗精镗 ϕ22H7 和 ϕ24 的孔。

5. 选择切削用量

根据《金属切削手册》中，对各类刀具的推荐切削用量，确定如下：

1）用 ϕ4 中心钻打中心孔时，选用 v=20m/min；f=0.1mm/r。

2）用 ϕ20 高速钢钻头钻底孔时，选用 v=20m/min；f=0.3mm/r。

3）选用 YT15 硬质合金偏刀粗车外轮廓及端面时，选用 v=110m/min；f=0.2mm/r；a_p=2～3mm。

4）选用 YT15 硬质合金镗刀粗镗 ϕ22H7 和 ϕ24 的孔时，选用 v=60m/min；f=0.5mm/r；a_p=0.5mm。

5）选用 YT15 硬质合金偏刀精车外轮廓时，选用 v=130m/min；f=0.1mm/r；a_p=0.2～0.4mm。

6）选用 YT15 硬质合金镗刀精镗 ϕ22H7 和 ϕ24 的孔时，选用 v=130m/min；f=0.1mm/r；a_p=0.1～0.2mm。

6. 编写工艺文件（略）

第二节　数控车床编程基础

一、FANUC 0i 数控车床的编程指令

1. FANUC 0i 数控车床的准备功能（G 指令）

格式：G××。

它是指定数控系统准备好某种运动和工作方式的一种命令，由地址 G 和后面的两位数字“××”组成。

常用 G 功能指令如表 1-5 所示。

表 1-5　　常用 G 功能指令

代码	组别	功　能	代码	组别	功　能
G00	01	快速点定位	G65	00	宏程序调用
G01		直线插补	G70	00	精车循环
G02		顺圆弧插补	G71		外圆粗车循环
G03		逆圆弧插补	G72		端面粗车循环
G32		螺纹切削	G73		固定形状粗车循环
G04	00	暂停延时	G74		端面转孔复合循环
G20	06	英制单位	G75		外圆切槽复合循环
G21		公制单位	G76		螺纹车削复合循环
G27	00	参考点返回检测	G90	01	外圆切削循环
G28		参考点返回	G92		螺纹切削循环
G40	07	刀具半径补偿取消	G94		端面切削循环
G41		刀具半径左补偿	G96	02	主轴恒线速度控制
G42		刀具半径右补偿	G97		主轴恒转速度控制
G50	00	坐标系的建立、主轴最大速度限定	G98	05	每分钟进给方式
G54-G59	11	零点偏置	G99		每转进给方式

注：表中代码 00 组为非模态代码，只在本程序段中有效；其余各组均为模态代码，在被同组代码取代之前一直有效。同一组的 G 代码可以互相取代；不同组的 G 代码在同一程序段中可以指令多个，同一组的 G 代码出现在同一程序段中，最后一个有效。

2. FANUC 0i 数控车床的辅助功能（M 指令）

格式：M××。

它主要用来表示机床操作时的各种辅助动作及其状态。由 M 及其后面的两位数字“××”组成。

常用 M 功能指令如表 1-6 所示。

3. FANUC 0i 数控车床的刀具功能（T 指令）

格式：T××××。

该功能主要用于选择刀具和刀具补偿号。执行该指令可实现换刀和调用刀具补偿值。

表 1-6　　常用 M 功能指令

代码	功　能	用　途
M00	程序停止	程度暂停，可用 NC 启动命令（CYCLE START）使程序继续运行
M01	选择停止	计划暂停，与 M00 作用相似，但 M01 可以用机床“任选停止按钮”选择是否有效
M02	程序结束	该指令编程于程序的最后一句，表示程序运行结束，主轴停转，切削液关，机床处于复位状态
M03	主轴正转	主轴顺时针旋转
M04	主轴反转	主轴逆时针旋转
M05	主轴停止	主轴旋转停止
M07	切削液开	用于切削液开
M08		用于切削液开
M09	切削液关	用于切削液关
M30	程序结束且复位	程序停止，程序复位到起始位置，准备下一个工件的加工
M98	子程序调用	用于调用子程序
M99	子程序结束及返回	用于子程序的结束及返回

它由 T 和其后的 4 位数字组成，其前两位“××”是刀号，后两位“××”是刀补号。

例如，T0101 表示第 1 号刀的 1 号刀补；T0102 则表示第 1 号刀的 2 号刀补，T0100 则表示取消 1 号刀的刀补。

4. FANUC 0i 数控车床的主轴转速功能（S 指令）

格式：S××××。

它由地址码 S 和其后的若干数字组成，单位为 r/min，用于设定主轴的转数。例如，S320 表示主轴以每分钟 320 转的速度旋转。

1）恒线速控制指令——G96 指令。当数控车床的主轴为伺服主轴时，可以通过指令 G96 来设定恒线速控制。系统执行 G96 指令后，便认为用 S 指定的数值表示切削速度。例如，G96S150，表示切削速度为 150m/min，单位变成了 m/min。

2）恒转速控制指令——G97 指令。G97 是取消恒线速控制指令，程序出现 G97 以后，S 指定的数值表示主轴每分钟的转速。单位由 G96 指令的 m/min 变回 G97 指令的 r/min。

3）主轴最高转速限制指令——G50 指令。G50 指令除有工件坐标系设定功能外，还有主轴最高转速限制功能。例如，G50S2000，表示主轴最高转速设定为 2000r/min，用于限制在使用 G96 恒线速切削时，避免刀具在靠近轴线时主轴转速会无限增大而出现飞车事故。

5. FANUC 0i 数控车床的进给功能（F 指令）

格式：F××。

进给功能 F 表示刀具中心运动时的前进速度。由地址码 F 和其后的若干数字组成。F 功能用于设定直线（G01）和圆弧（G02、G03）插补时的进给速度。一般情况下，数控车床进给方式有以下两种。

1）分进给——用 G98 指令。进给单位为 mm/min，即按每分钟前进的距离来设定进刀速度，进给速度仅跟时间有关。例如，G98F100 表示进给量设定为 100mm/min。

2）转进给——用G99指令。进给单位为mm/r，即按主轴旋转一周刀具沿进给方向前进的距离来设定进刀速度，进给速度与主轴转速建立了联系。例如，G99F0.2表示进给量为0.2mm/r。

6. 数控车床坐标尺寸在编程时的注意事项

（1）绝对编程和相对编程　绝对编程是指程序段中的坐标值均是相对于工件坐标系的坐标原点来计量的，用 X、Z 来表示。相对编程是指程序段中的坐标值均是相对于起点来计量的，用 U、W 来表示。如对图1-14所示的由 A 点到 B 点的移动，分别用绝对方式和相对方式编程，其程序如下。

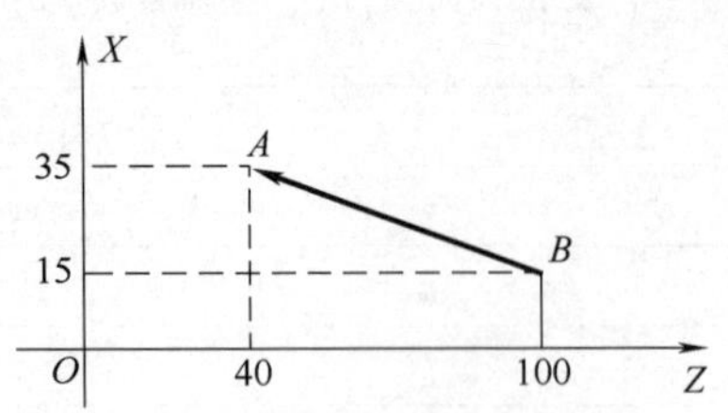

图1-14　绝对编程与相对编程示例

绝对编程：X35.0 Z40.0；

相对编程：U20.0 W－60.0；

（2）直径编程和半径编程　当地址 X 后的坐标值是直径时，称直径编程；当地址 X 后的坐标值是半径时，称半径编程。由于回转体零件图纸上标注的都为直径尺寸，所以在数控车床编程时，我们常采用的是直径编程。但需要注意的是，无论是直径编程还是半径编程，圆弧插补时地址 R、I 和 K 的坐标值都以半径值编程。

（3）公制尺寸编程和英制尺寸编程　数控系统可根据所设定的状态，利用代码把所有的几何值转换为公制尺寸或英制尺寸。公制尺寸用G21设定，英制尺寸用G20设定。使用公制/英制转换时，必须在程序开头一个独立的程序段中指定上述G代码，然后才能输入坐标尺寸。

二、FANUC 0i数控车床基本指令的用法

1. 快速点定位（G00）

指令格式如下：

绝对编程：G00 X__ Z__；

相对编程：G00 U__ W__；

G00指令用于快速定位刀具到指定的目标点（X，Z）或（U，W）。

例1-1　如图1-15所示，刀具从起始点 A 点快速定位到 B 点准备车外圆，分别用绝对和相对坐标编写该指令段。

绝对编程：G00 X40.0 Z40.0；

相对编程：G00 U-40.0 W-30.0；

说明：

（1）使用G00时，快速移动的速度是由系统内部参数设定的，跟程序中指定的F进给速度无关，且受到修调倍率的影响在系统设定的最小和最大速度之间变化。G00不能用于切削工件，只能用于刀具在工件外的快速定位。

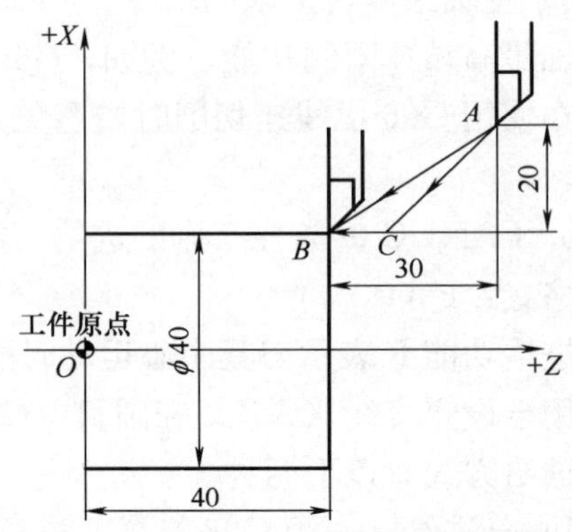

图1-15　快速定位及直线插补示例

（2）在执行 G00 指令段时，刀具沿 X、Z 轴分别以该轴的最快速度向目标点运行，故运行路线通常为折线。如图 2-2 所示，刀具由 A 点向 B 点运行的路线是 $A \to C \to B$。所以使用 G00 时一定要注意刀具的折线路线，避免与工件碰撞。

2. 直线插补（G01）

指令格式如下：

绝对编程：G01 X __ Z __ F __；

相对编程：G01 U __ W __ F __；

G01 指令用于直线插补加工到指定的目标点（X，Z）或（U，W），插补速度由 F 后的数值指定。

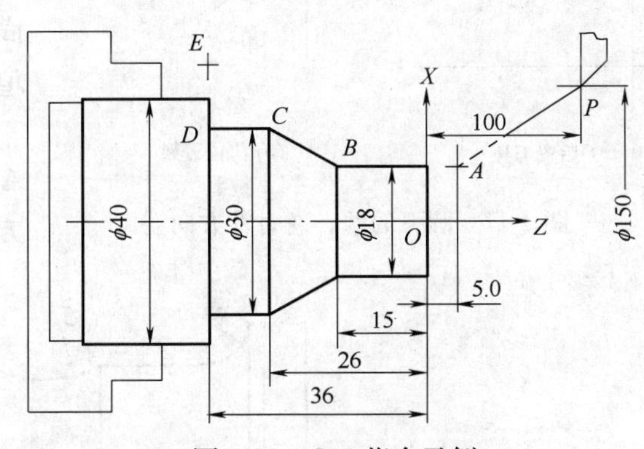

图 1-16　G01 指令示例

例 1-2　如图 1-16 所示，零件各表面已完成粗加工，试分别用绝对坐标方式和增量坐标方式编写精车外圆的程序段。

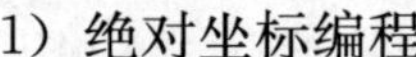

1）绝对坐标编程

```
G50 X150.0 Z100.0;              设定坐标系
G00 X18.0  Z5.0;                快速定位 P→A
G01 X18.0  Z-15.0 F0.2;         切削 A→B
    X30.0  Z-26.0;              切削 B→C
    Z-36.0;                     切削 C→D
    X42.0;                      切出退刀 D→E
G00 X150.0 Z100.0;              快速回到起点 E→P
```

2）增量坐标编程

```
G00 U-132.0 W-95.0;             快速定位 P→A
G01 W-20.0 F0.2;                切削 A→B
    U12.0 W-11.0;               切削 B→C
    W-10.0;                     切削 C→D
    U12.0;                      切削 D→E
G00 U108.0 W136.0;              快速回到起点 E→P
```

3. 圆弧插补（G02、G03）

指令格式如下：

G02(G03) X __ Z __ I __ K __(R __)F __；

G02(G03)U __ W __ I __ K __(R __)F __；

G02、G03 指令表示刀具以 F 进给速度从圆弧起点向圆弧终点进行圆弧插补。

（1）G02 为顺时针圆弧插补指令，G03 为逆时针圆弧插补指令。圆弧的顺、逆方向的判断方法是：朝着与圆弧所在平面垂直的坐标轴的负方向看，刀具顺时针运动为 G02，逆时针运动为 G03。车床前置刀架和后置刀架对圆弧顺时针与逆时针方向的判断，如图 1-17 所示。

（2）采用绝对坐标编程时，X、Z 为圆弧终点坐标值；采用增量坐标编程时，U、W

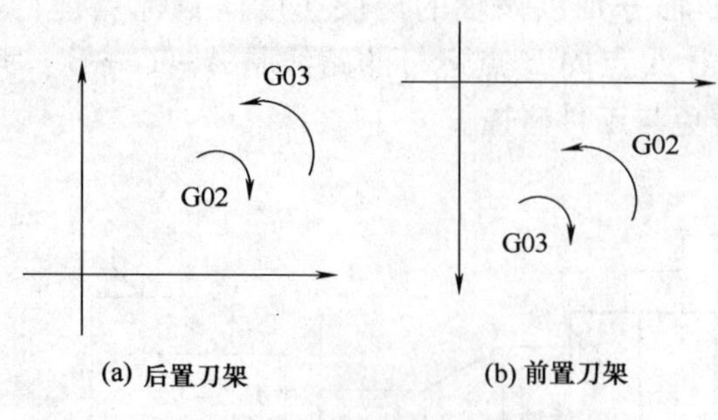

图 1-17　圆弧的顺、逆时针方向

为圆弧终点相对于圆弧起点的坐标增量。R 是圆弧半径，当圆弧所对圆心角为 0～180° 时，R 取正值；当圆心角为 180°～360°时，R 取负值。I、K 分别为圆心在 X、Z 轴方向上相对于圆弧起点的坐标增量（用半径值表示），I、K 为零时可以省略。

例 1-3　如图 1-18 所示，走刀路线为 $A \to B \to C \to D \to E \to F$，试分别用绝对坐标方式和增量坐标方式编程。

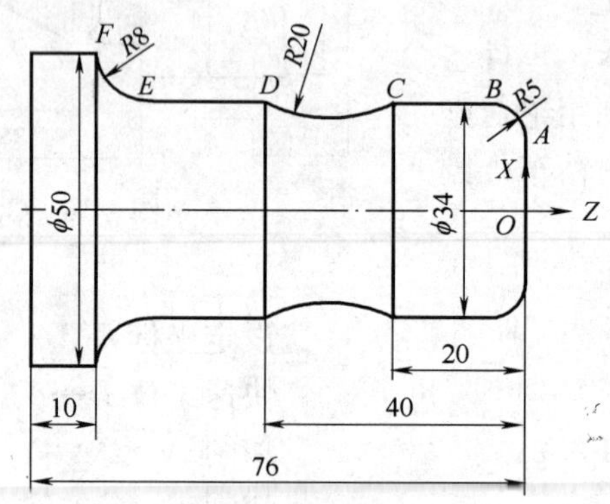

图 1-18　圆弧插补示例

1）绝对坐标编程

G03 V34.0 Z－5.0 K－5.0(或 R5.0)F0.1；　　　　$A \to B$

G01 Z－20.0；　　　　$B \to C$

G02 Z－40.0 R20.0；　　　　$C \to D$

G01 Z－58.0；　　　　$D \to E$

G02 X50.0 Z－66.0 I8.0(或 R8.0)；　　　　$E \to F$

2）增量坐标编程

G03 U10.0 W－5.0 K－5.0(或 R5.0) F0.1；　　　　$A \to B$

G01 W－15.0；　　　　$B \to C$

G02 W－20.0 R20.0；　　　　$C \to D$

G01 W－18.0；　　　　$D \to E$

G02 U16.0 W－8.0 I8.0(或 R8.0)；　　　　$E \to F$

4. 自动倒角（倒圆）指令（G01）

指令格式：

G01X＿ Z＿ C＿（R＿）F＿；

FANUC 0i 系统中 G01 指令还可以用于在两相邻轨迹线间，自动插入倒角和倒圆的控制功能。使用时在指定直线插补的程序段终点坐标后加上：

C＿；自动倒角控制功能；

R＿；自动倒圆控制功能。

说明：C 后面的数值表示倒角的起点或终点距未倒角前两相邻轨迹线交点的距离；R 后的数值表示倒圆半径。

例 1-4　如图 1-19 所示的工件，试使用自动倒角功能编写加工程序。

加工程序如下：

```
……
G01 W－75.0 R6.0 F0.2;
    U120.0 W－10.0 C3.0;
    W－80.0;
……
```

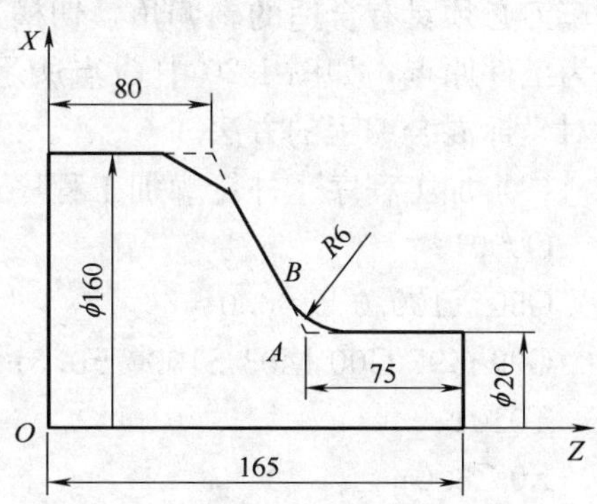

图 1-19　倒角、倒圆指令示例

说明：

(1) 第二直线段必须从点 B 而不是从点 A 开始。

(2) 在螺纹切削程序段中不能出现倒角控制指令。

(3) 当 X、Z 轴指定的移动量比指定的 R 或 C 小时，系统将报警。

5. 暂停延时指令（G04）

指令格式：

G04P __；后跟整数值，单位为 ms（微秒）

或 G04X __（U __）；后跟带小数点的数，单位为 s（秒）

该指令可使刀具短时间无进给地进行光整加工。主要用于车槽、钻盲孔以及自动加工螺纹等工序。

例 1-5　要求刀具暂停 2.5s，试编写加工程序。

加工程序如下：

```
G04X2.5;
或 G04U2.5;
或 G04P2500;
```

6. 数控车床基本指令综合举例

例 1-6　试编写如图 1-20 所示零件的轮廓精车和槽加工程序。

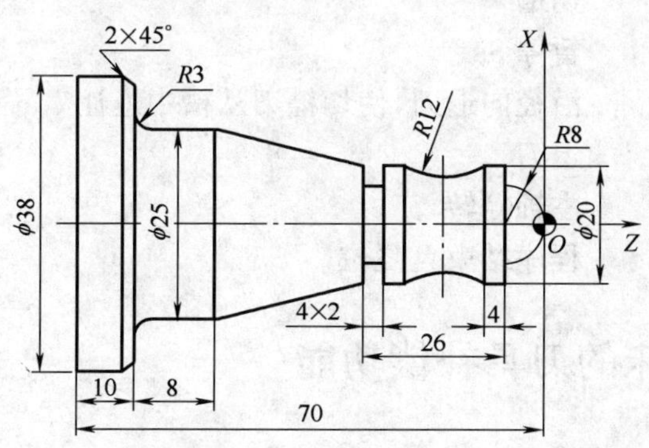

图 1-20　数控车床基本指令综合示例

(1) 数控车床编程说明　一个完整的加工程序是由程序头、程序主干和程序尾组成。不同的程序段要完成不同的加工任务。一般地，数控车床程序头要完成以下设置任务：选定程序名、建立工件坐标系、选定刀具及刀补值、启动主轴、设定进刀方式和开启切削液，还要使刀具快进到工件切削起点的附近等。程序的主干则是由具体的车削轮廓的各程序段组成，各程序段可由基本指令、单循环、复合固定循环和子程序等组成。程序尾则必须要有退刀、主轴停止、切削液停止和程序结束且复位等指令段。

（2）简单工艺分析　此工件包括外轮廓和槽的加工，所以要使用两把刀，即外轮廓车刀和切槽刀。轮廓的精加工余量通常要连续一次性去除。因轮廓中有凹弧存在，所以外轮廓车刀必须具有合适的副偏角，切槽刀选用刀宽为4mm的切断刀。选择工件的右端面中心为工件原点，如图1-20中O点所示。根据图中尺寸的标注特点，此程序宜采用绝对和相对坐标混合编程的方法。

（3）加工程序　外轮廓加工程序：

```
O0001;                              程序名
G50 X100.0 Z100.0;                  建立工件坐标系
G99 G97 G00 M03 S1000 F0.3;         设定进给方式、启动主轴和进给速度
T0101;                              选择刀具，建立刀补
X0 Z3.0;                            快速定位到毛坯的右端
G01 Z0 F0.15;                       以车削速度进刀到圆弧的起始点
G03 X16.0 Z-8.0 R8.0;               车R8逆圆弧
G01 X20.0;                          车端面
W-4.0;                              车φ20×4外圆
G02 W-14.0 R12.0;                   车R12圆弧
G01 W-8.0;                          车φ20×8外圆
X25.0 W-18.0;                       车锥面
W-8.0 R3.0;                         车φ25×8外圆且倒R3圆角
X38.0 C2.0;                         车端面且倒2×45°倒角
W-10.0;                             车φ38×10外圆
G00 X100.0 Z150.0 M09;              退刀保证换刀安全，切削液关
```

切槽程序：

```
T0202 S200 F0.05;                   换刀，换主轴转速和进给速度
G00 X22.0 Z-34.0;                   快速定位到切槽位置
G01 X16.0;                          切槽
G04 X3.0;                           暂停3s
G00 X22.0;                          沿径向退刀，使切槽刀从槽中退让
X100.0 Z150.0;                      退刀
M05;                                主轴停转
M30;                                程序结束且复位
```

第三节　数控车床的刀具补偿功能

一、刀具位置补偿

刀具位置补偿用来补偿实际刀具与编程中的假想刀具（基准刀具）的偏差。如图1-21所示的X轴偏置量和Z轴偏置量。

在 FANUC 0i 系统中，刀具偏移由 T 代码指定，程序格式为：T 加四位数字。其中前两位是刀具号，后两位是补偿号。刀具偏移可分为刀具几何偏移和刀具磨损偏移，后者用于补偿刀尖磨损，如图 1-22 所示。

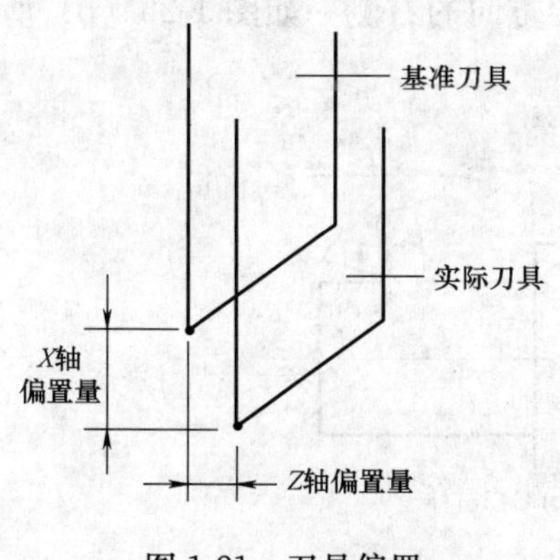

图 1-21 刀具偏置

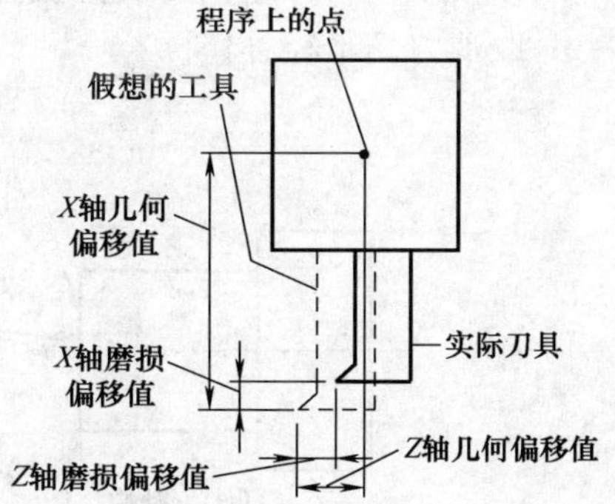

程序上的点
假想的工具
X轴几何偏移值
实际刀具
X轴磨损偏移值
Z轴几何偏移值
Z轴磨损偏移值

图 1-22 刀具几何补偿偏移和刀具磨损偏移

刀具补偿号由两位数字组成，用于存储刀具位置偏移补偿值，存储界面如图 1-23 所示，该界面上的 X、Z 地址用于存储刀具位置偏移补偿值。

工具补正　　O　　N

番号	X	Z	R	T
01	0.000	0.000	0.000	0
02	0.000	0.000	0.000	0
03	0.000	0.000	0.000	0
04	0.000	0.000	0.000	0
05	0.000	0.000	0.000	0
06	0.000	0.000	0.000	0
07	0.000	0.000	0.000	0
08	0.000	0.000	0.000	0

现在位置(相对坐标)
U -200.000 W -100.000
>　S 0　T
REF **** *** ***
[NO检索] [测量] [C. 输入] [+输入] [输入]

图 1-23 数控车床的刀具补偿设置界面

二、刀尖圆弧半径补偿

编程时，常用车刀的刀尖代表刀具的位置，称刀尖为刀位点。实际上，刀尖不是一个点，而是由刀尖圆弧构成的，如图 1-24 中的刀尖圆弧半径为 r。车刀的刀尖点并不存在，称其为假想刀尖。为方便操作，采用假想刀尖对刀，用假想刀尖确定刀具位置，程序中的刀具轨迹就是假想刀尖的轨迹。

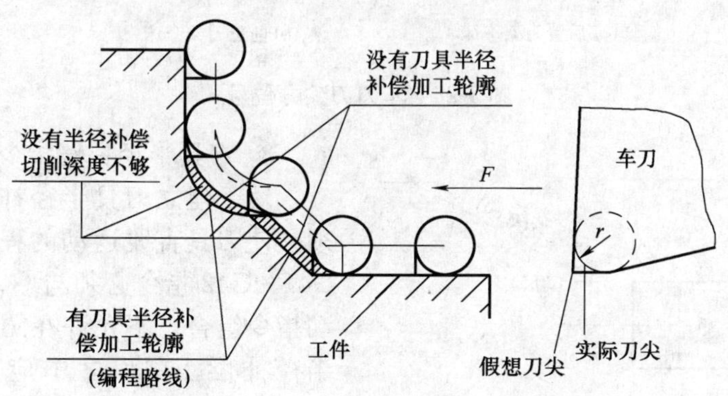

图 1-24 刀尖半径补偿的刀具轨迹

如图 1-24 所示的假想刀尖的编程轨迹，在加工工件的圆锥面和圆弧面时，由于刀尖圆弧的影响，导致切削深度不够（见图 1-24 中画剖面线部分），而程序中的刀具半径补偿指令可以改变刀尖圆弧中心的轨迹（见图 1-24 中虚线部分），补偿相应误差。

1. 刀具半径补偿指令

G41——刀具半径左补偿，刀尖圆弧圆心偏在进给方向的左侧，如图 1-25（a）所示。

G42——刀具半径右补偿，刀尖圆弧圆心偏在进给方向的右侧，如图 1-25（b）所示。

G40——取消刀具半径补偿。

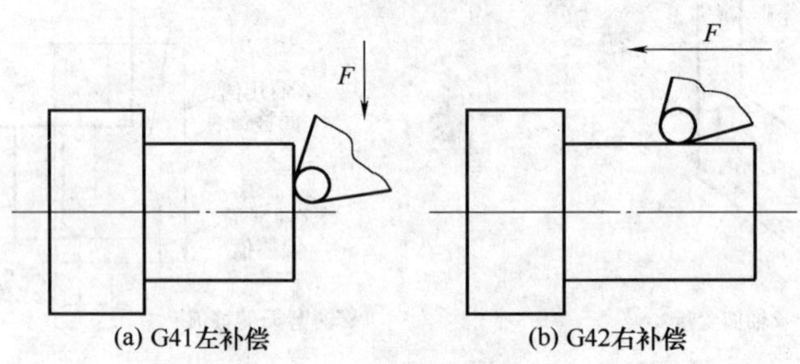

图 1-25　车刀刀尖圆弧半径补偿指令

2. 刀具半径补偿值、刀尖方位号

刀具半径补偿值也存储于刀具补偿号中，如图 1-23 所示。该界面上的 R 地址用于存储刀尖圆弧半径补偿值，界面上的 T 地址用于存储刀尖方位号。

车刀刀尖方位用 0～9 十个数字表示，如图 1-26 所示，其中 1～8 表示在 XZ 面上车刀刀尖的位置，0、9 表示在 XY 面上车刀刀尖的位置。

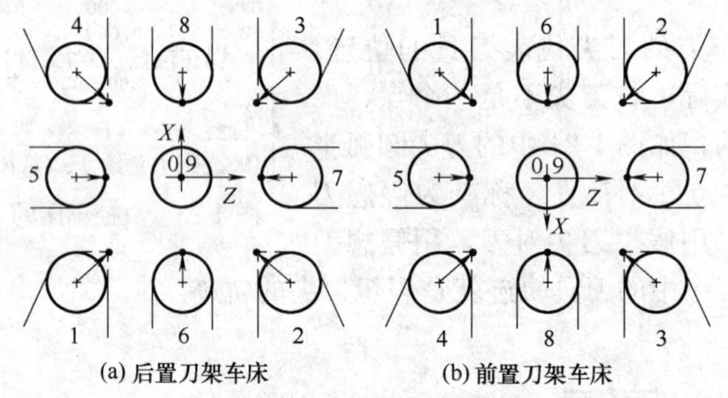

图 1-26　车刀刀尖方位号

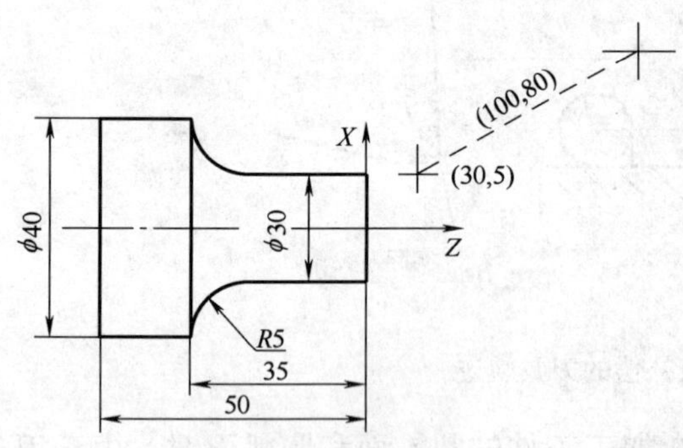

图 1-27　刀尖半径补偿示例

3. 刀具半径补偿指令的使用要求

用于建立刀具半径补偿的程序段，必须是使刀具直线运动的程序段，也就是说 G41、G42 指令必须与 G00 或 G01 直线运动指令组合，不允许在圆弧程序段中建立半径补偿。在程序中应用 G41、G42 偿后，必须用 G40 取消补偿。

例 1-7　如图 1-27 所示的零件，已经粗车外圆，试应用刀尖半径补偿功能编写精车外圆程序。

```
O1234;
G50 X100.0 Z80.0;                 设定工件坐标系
M03 S1000;
T0202;                            选 2 号精车刀,刀补表中设有刀尖圆弧半径
G00 G42 X30.0 Z5.0;               建立刀具半径右补偿
G01 Z-30.0 F0.15;                 车 φ20 外圆
G02 X40.0 Z-35.0 R5.0;            车 R5 圆弧面
G01 Z-50.0;                       车 φ40 外圆
G00 G40 X100.0 Z80.0;             取消刀尖半径补偿,退刀
M05;
M30;
```

第四节　数控车床单一循环指令

一、G90 指令的编程方法及应用

把相关的几段走刀路线用一条指令完成，这样的指令称为循环指令，其中循环一次就完成的指令称为单一循环指令，循环指令简化了编程过程。

G90 是外圆切削循环指令，如图 1-28 所示。切削一次外圆需要 4 段路线：①刀具从循环起点快速进刀；②按给定进给速度切削外圆；③按给定进给速度切削台阶面；④最后快速返回到循环起点，从而完成一次切削外圆。而用 G90 指令则可以一条指令完成这 4 段走刀路线。

程序格式：G90　X(U)__　Z(W)__　R __　F __;

功能：圆柱面切削循环，刀具循环路线如图 1-28（a）所示；圆锥面切削循环，刀具循环路线如图 1-28（b）所示。

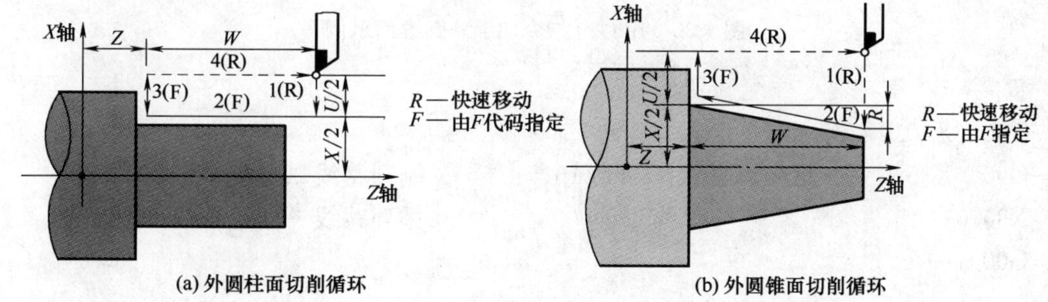

(a) 外圆柱面切削循环　(b) 外圆锥面切削循环

图 1-28　G90 单一循环指令

图 1-28 中，虚线（R）表示刀具快速移动，实线（F）表示刀具按 F 指定的进给速度移动。程序段中，*X*、*Z* 表示切削终点坐标值，*U*、*W* 表示切削终点相对于循环起点的坐标增量。切削圆锥面时，*R* 表示切削起点与切削终点在 *X* 轴方向的坐标增量（半径值），切削圆柱面时，*R* 为零，可省略；*F* 表示进给速度。

例 1-8　如图 1-29 所示，毛坯为 φ30 的圆钢，用外圆切削循环指令编程，切削尺寸为

ϕ20 的外圆。

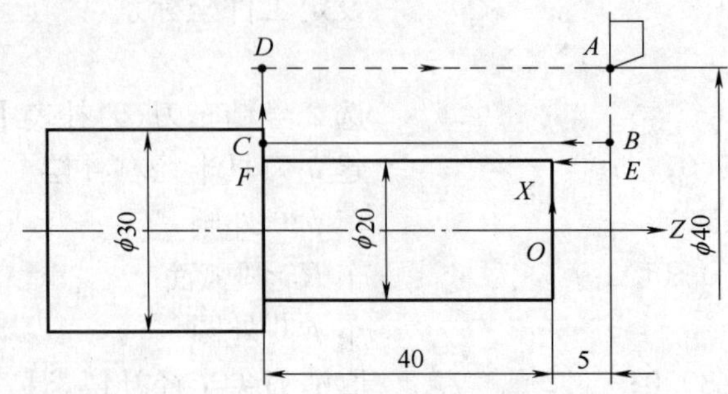

图 1-29　用 G90 指令加工外圆柱面示例

程序：

G00　X40.0　Z5.0；

G90　X25.0　Z－40.0　F0.15；　　循环路线 $A \to B \to C \to D \to A$

X20.0；　　循环路线 $A \to E \to F \to D \to A$

G00　……

G90 是模态码，所以在下一程序段中仍然有效，执行外圆切削循环加工。

例 1-9　如图 1-30 所示，毛坯为 ϕ30 的圆钢，用外圆切削循环指令 G90 编程，切削圆锥面。

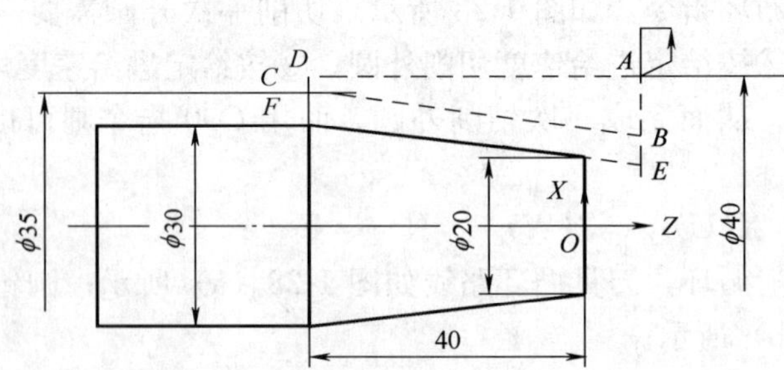

图 1-30　用 G90 指令加工外圆锥面示例

程序：

G00　X40.0　Z5.0；

G90　X35.0　Z－40.0　R5.0　F0.15；　　循环路线 $A \to B \to C \to D \to A$

X30.0；　　循环路线 $A \to E \to F \to D \to A$

G00　……

二、G94 指令的编程方法及应用

G94 为端面车削单一循环指令。其指令格式如下：

绝对编程：G94　X__　Z__　(R__)　F__；

相对编程：G94　U__　W__　(R__)　F__；

该指令用于加工径向尺寸较大的工件端面或锥面。如图 1-31 所示，G94 固定循环的走刀路线为从循环起点开始走矩形（车直端面）或直角梯形（车锥端面），最后再回到循

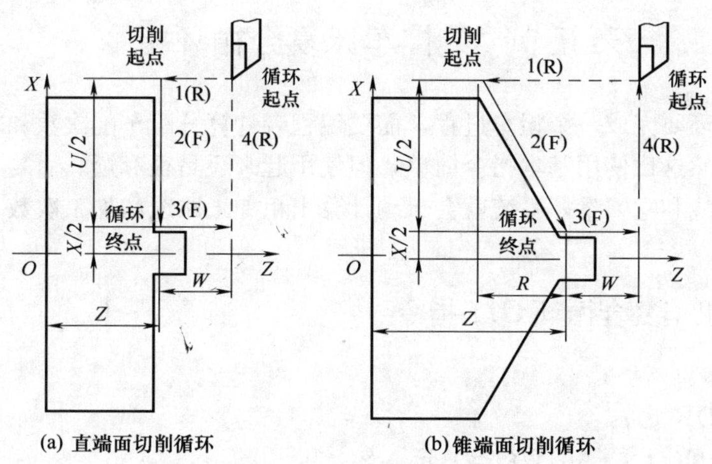

图 1-31　G94 循环路线

环起点。其加工路线按 1→2→3→4 进行，也分别对应应用基本指令编程的“进刀→切削→退刀→返回”四个程序段。

（1）*X*、*Z* 表示循环终点坐标值，*U*、*W* 为循环终点相对循环起点的坐标增量值。*R* 为加工圆锥面时切削起点（非循环起点）与循环终点的轴向（*Z* 向）坐标差值，如图 1-31（b）所示。

（2）图中虚线表示快速运动，用“R”标出；实线表示刀具以 F 指定的速度运行，用“F”标出。

（3）G94 运行路线区别于 G90 的“径向进刀，轴向车削”，而是“轴向进刀，径向车削”。

（4）加工直端面时 *R* 为 0，省略不写。加工锥端面时 *R* 不为 0，且有正负，*R* 的正负可按以下原则判断：当“切削起点”的 *Z* 向坐标值小于“循环终点”的 *Z* 向坐标值时，*R* 取负值；反之为正。

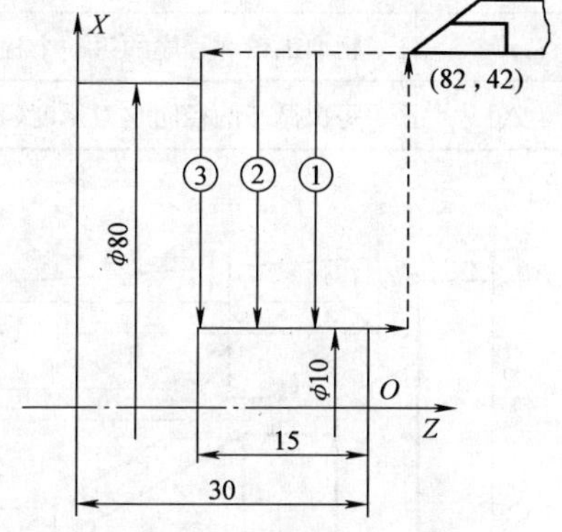

图 1-32　G94 指令示例

例 1-10　试编写如图 1-32 所示工件的加工程序。

加工程序如下：

```
02345；
G50  X100.0  Z100.0；
G99  G97  M03  S500  F0.2
T0101
G00  X82.0  Z2.0；                 快速定位到循环起点
G94  X10.0  Z—5.0                  第一次循环
Z—10.0；                           第二次循环
Z—15.0；                           第三次循环
G00  X100.0  Z100.0；
M05；
M30；
```

第五节　数控车床复合循环指令

单一固定循环要完成一个粗车过程，需要编程者计算分配车削次数和吃刀量，再一段一段地实现，虽然这比使用基本指令简单，但使用起来还是很麻烦。而复合固定循环则只需指定精加工路线和吃刀量，系统就会自动计算出粗加工路线和加工次数，因此可大大简化编程工作。

一、外圆粗车复合循环 G71 指令

指令格式：

G71　U(Δd)R(e)；

G71　P(ns)Q(nf)U(Δu)W(Δw)(F＿S＿T＿)；

Nns……F＿S＿T＿；

……；

Nnf……；

指令中各参数的意义见表 1-7。

表 1-7　　G71 指令中各参数的意义

地址	含　义	地址	含　义
ns	粗加工轮廓程序的第一个程序段段名	Δu	径向精加工余量(直径值)，车外圆时为正值，车内孔时为负值
nf	精加工轮廓程序的第一个程序段段名	Δw	轴向精加工余量
Δd	每次循环的径向吃刀深度(半径值)	e	回刀时径向退刀量

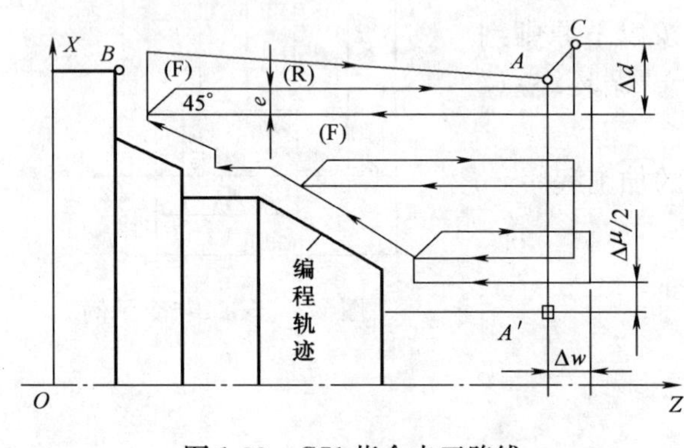

图 1-33　G71 指令走刀路线

该指令适用于圆柱毛坯料（棒料）的粗车外圆和圆筒毛坯料粗车内径的加工，工件类型多为长轴类工件。G71 的走刀路线如图 1-33 所示，与精加工程序段的编程顺序一致，按顺时针方向循环，即每一个循环都是沿“径向进刀，轴向切削”。其中，Nns 和 Nnf 两行号之间的程序是描述零件最终轮廓的精加工轨迹。

二、端面粗车复合循环 G72 指令

指令格式：

G72　W(Δd)R(e)；

G72　P(ns)Q(nf)U(Δu)W(Δw)(F＿S＿T＿)；

Nns……F＿S＿T＿；

……；

Nnf……；

G72 循环参数与 G71 基本相同，其中 Δd 是每次循环轴向切深，其他见表 1-7。

该指令适用于径向尺寸较大的粗车端面的加工，工件类型多为轮盘类工件。其走刀路线如图 1-34 所示，与精加工程序段的编程顺序一致，与 G71 相反，按逆时针方向循环。即每一个循环都是沿“轴向进刀，径向切削”。

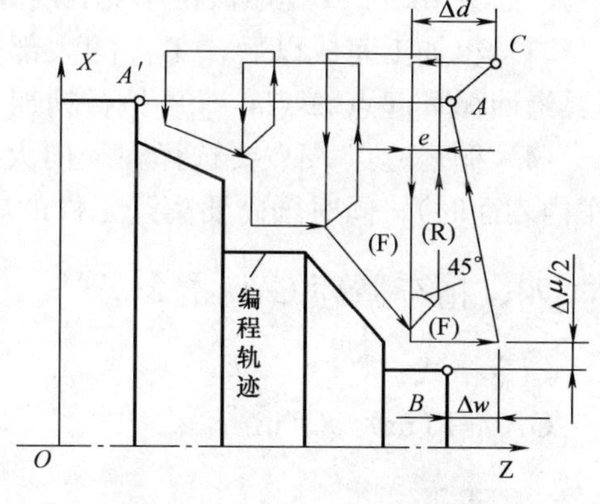

图 1-34　G72 指令走刀路线

三、固定形状粗车复合循环 G73 指令

指令格式：

G73　U(Δi)W(Δk)R(d)；

G73　P(ns)Q(nf)U(Δu)W(Δw)(F＿ S＿ T＿)；

Nns……F＿ S＿ T＿；

……；

Nnf……；

指令中各参数的意义，见表 1-8。

表 1-8　G73 指令中各参数的意义

地址	含　义	地址	含　义
Δi	X 方向总的退刀距离(半径值)，一般是毛坯径向需切除的最大厚度	nf	精加工轮廓程序的第一个程序段段名
Δk	Z 方向总的退刀量，一般是毛坯轴向需去除的最大厚度	d	粗加工的循环次数
		Δu	径向精加工余量(直径值)
ns	精加工轮廓程序的第一个程序段段名	Δw	轴向精加工余量

该指令适用于对毛坯料是铸造或锻造而成的，且毛坯的外形与工件的外形相似但加工余量还相当大的工件的加工。它的走刀路线如图 1-35 所示，与 G71、G72 不同，每一次循环路线沿工件轮廓进行；精加工循环程序段的编程顺序与 G71 相同，按顺时针方向进行。

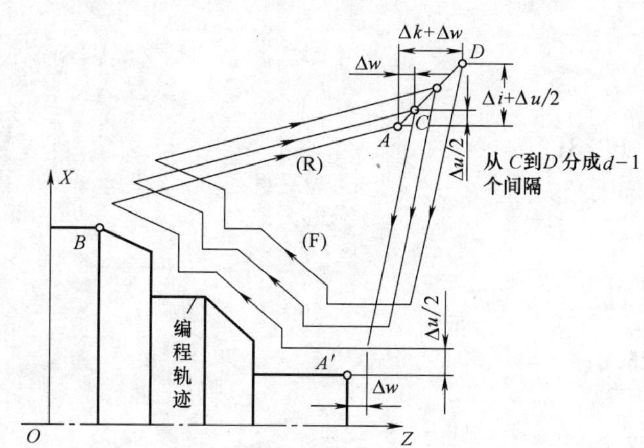

图 1-35　G73 指令走刀路线

说明：

（1）G71、G72、G73 程序段中的 F＿ S＿ T＿是在粗加工时有效，而精加工循环程序段中的 F＿ S＿ T＿在执行精加工程序时有效。

（2）精加工循环程序段的段名 ns 到 nf 需从小到大变化，而且不要有重复，否则系统会产生报警。精加工程序段的编程路线如图1-33、

图 1-34 和图 1-35 所示，由 $A\rightarrow A'\rightarrow B$ 用基本指令（G00、G01、G02 和 G03）沿工件轮廓编写。而且 ns 到 nf 程序段中不能含有子程序。

(3) 粗加工完成以后，工件的大部分余量被去除，留出精加工预留量 $\Delta u/2$ 及 Δw。刀具退回循环起点 A 点，准备执行精加工程序。

(4) 循环起点 A 点要选择在径向大于毛坯最大外圆（车外表面时）或小于最小孔径（车内表面时），同时轴向要离开工件的右端面的位置，以保证进刀和退刀安全。

四、精车循环 G70 指令

指令格式：

G70　P(ns)　Q(nf)；

该指令用于执行 G71、G72 和 G73 粗加工循环指令以后的精加工循环。只需要在 G70 指令中指定粗加工时编写的精加工轮廓程序段的第一个程序段的段号和最后一个程序段的段号，系统就会按照粗加工循环程序中的精加工路线切除粗加工时留下的余量。

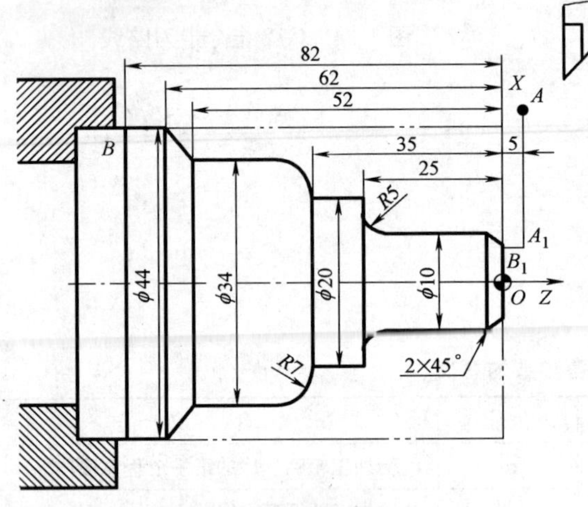

图 1-36　复合循环加工示例

五、复合循环编程示例

试编写如图 1-36 所示零件的加工程序，选择工件的右端面的中心作为工件原点，毛坯为 ϕ46 棒料，分别采用 G71、G72、G73 和 G70 指令编写。

(1) 用 G71 粗车工件的程序如下

```
O0001
G50   X100.0  Z200.0;
G00   G99   G97   M03   S500   F0.3;
T0101;
X46.0   Z5.0   M08;
G71   U3.0   R1.0;
G71   P10   Q20   U1.0   W0.2   F0.3;
N10   G00   X6.0   S800;
      G01   Z0   F0.15;
      X10.0   Z-2.0;
      Z-20.0;
      G02   X20.0   Z-25.0   R5.0;
      G01   Z-35.0;
      G03   X34.0   Z-42.0   R7.0;
      G01   Z-52.0;
```

```
        X44.0  Z-62.0;
N20  G01  Z-82.0;
G00  X100.0  Z200.0  M09;
M05;
M30;
```

注意：

① 程序中 N10～N20 为精加工轮廓程序段，按 $A \to A_1 \to B_1 \to B \to A$ 路线编程。

② 该程序采用的是用 G50 指令建立工件坐标系。

（2）用 G72 粗车工件的程序如下

```
O0002
G00  G99  G97  M03  S500  F0.3;
T0101;
X46.0  Z5.0  M08;
G72  W5.0  R2.0;
G72  P60  Q150  U1.0  W0.2  F0.3;
N60  G00  Z-82.0  S800;
     G01  X44.0  F0.2;
     Z-62.0;
     X34.0  Z-52.0;
     Z-42.0;
     G02  X20.0  Z-35.0  R7.0;
     G01  Z-25.0;
     G03  X10.0  Z-20.0  R5.0;
     G01  Z-2.0;
N150  X6.0  Z0;
G00  X100.0  Z200.0  M09;
M05;
M30;
```

注意：

① 程序中 N60～N150 为精加工轮廓程序段，按 $A \to B \to B_1 \to A$ 路线编程。这里采用的是 G50 指令建立工件坐标系。

② 该程序在加工时，采用单纯的刀具偏置设定工件坐标系，对刀方法与前一程序不同。

③ G71 指令后的 ns 程序段中，只能有 X 方向的运动；而 G72 指令后的 ns 程序段中，只能有 Z 方向的运动。若同时设有其他方向运动，则机床会报警。

（3）用 G73 粗车工件的程序如下

```
O0003
G00  G99  G97  M03  S500  F0.3;
T0101;
```

```
X46.0  Z5.0  M08;
G73  U19.0  W2.0  R5;
G73  P100  Q200  U1.0  W0.2  F0.3;
N100  G00  X4.0  Z1.0  S800;
      G01  X10.0  Z-2.0  F0.15;
      Z-20.0;
      G02  X20.0  Z-25.0  R5.0;
      G01  Z-35.0;
      G03  X34.0  Z-42.0  R7.0;
      G01  Z-52.0;
      X44.0  Z-62.0;
N200  G01  Z-82.0;
G00  X100.0  Z200.0  M09;
M05;
M30;
```

注意:

① N100～N200 为精加工轮廓程序段，按 $A \rightarrow A_1 \rightarrow B_1 \rightarrow B \rightarrow A$ 路线编程。

② G73 U(Δi)W(Δk)R(d)，即 G73 U19.0 W2.0 R5 程序段中的数值确定方法如下：

$$\Delta i=\frac{\text{毛坯最大直径}-\text{零件最小直径}}{2}-1=\frac{46-6}{2}-1=19$$

这里的减 1 是为了防止空走刀。

$$d=\frac{\Delta i}{\text{每刀的背吃刀量}}=\frac{19}{4}\approx 5$$

Δk 的值为 Z 轴方向加工余量一般按照经验值选取，这里取 2.0；

(4) 用 G70 精车工件的程序如下（接用 G71 指令粗车之后）

```
O0004
G00  G99  G97  M03  S800  F0.3;
T0101;
X46.0  Z5.0  M08;
G70  N10  Q20;
G00  X100.0  Z200.0  M09;
M05;
M30;
```

注意：

① G70 指令中的 ns 和 nf 段号一定要与粗加工中的段号保持一致。

② 也可将 G70 精车程序段放在粗车程序中 nf 程序段的后面，在粗车完成以后直接进行精车，使工件的粗、精加工由一个程序控制完成。

例 1-11 加工如图 1-37 所示的零件。毛坯：ϕ55mm×80mm；材料：45 钢；刀具：外圆粗车刀，刀尖圆弧半径 0.8mm，刀位号 3；外圆精车刀，刀尖圆弧半径 0.4mm，刀位号 3。

该题目主要练习的是带刀尖圆弧半径补偿时的复合循环指令的使用。两把刀具的刀尖圆弧半径值，分别设在机床刀补表的 01 和 02 号刀具之中。工件原点在零件右端点。加工程序如下：

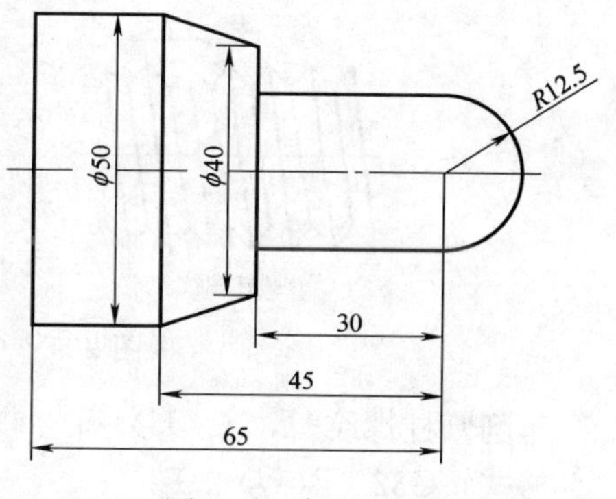

图 1-37　例 1-11 图

```
O0028
M03   S800;
T0101;
G00   X55.0Z3.0;
G71   U1.5   R1.0;
G71   P10   Q20   U0.4   W0.1   F0.2;
N10   G42   G01   X0;
Z0;
G03   X25.0   Z-12.5   R12.5;
G01   Z-42.5;
X40.0;
X50.0   Z-45.0;
N20   Z-65.0;
G00   X100.0   Z100.0;
T0202;
G70   P10   Q20;
G00   G40   X100.0   Z100.0;
M05;
M30;
```

第六节　普通三角形螺纹数控编程

螺纹切削是数控车床上常见的加工任务。螺纹的形成实际上是刀具的直线运动距离和主轴转数按预先输入的比例同时运动所致。切削螺纹使用的是成型刀具，螺距和尺寸精度受机床精度影响，牙型精度则由刀具精度保证。

一、G32 指令的编程方法及应用

使用 G32 指令可以车削如图 1-38 所示的圆柱螺纹、圆锥螺纹和端面螺纹。

指令格式：

G32　X(U)__ Z(W)__ F __；

其中：*X*，*Z* 为绝对编程时的终点位置值；*U*，*W* 为增量编程方式时在 *X* 和 *Z* 方向上的增量值；*F* 为螺纹导程值。车削图 1-38（b）所示的锥面螺纹时，当其斜角<45°时，螺纹导程以导程在 *Z* 轴方向的投影值指定；斜角≥45°时，以导程在 *X* 轴方向的投影值指定。

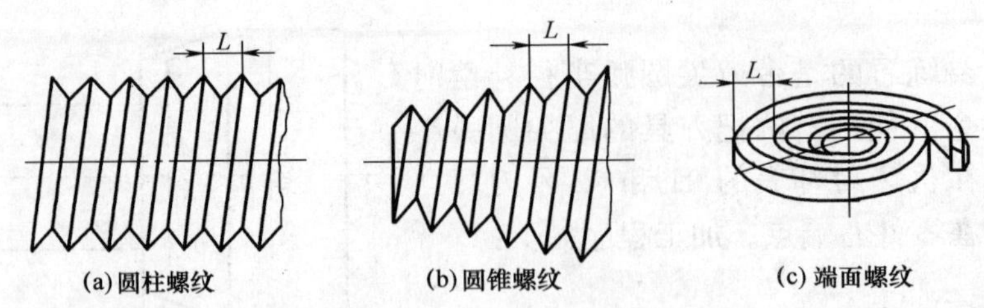

(a) 圆柱螺纹　(b) 圆锥螺纹　(c) 端面螺纹

图 1-38　G32 指令可加工的螺纹种类

车削圆柱螺纹时，X（U）可省略。

格式：G32　Z(W)__ F __；

车削端面螺纹时，Z（W）可省略。

格式：G32　X(U)__ F __；

说明：

① 螺纹车削时，为保证切削正确的螺距，不能使用 G96 恒线速控制指令；

② 在编写螺纹加工程序时，始点坐标和终点坐标应考虑切入距离和切出距离；

由于螺纹车刀是成形刀具，所以刀刃与工件接触线较长，切削力也较大；为避免切削力过大造成刀具损坏或在切削中引起刀具振动，通常在切削螺纹时需要多次进刀才能完成。如图 1-39 所示，每次进给的背吃刀量根据螺纹深度按递减规律分配。

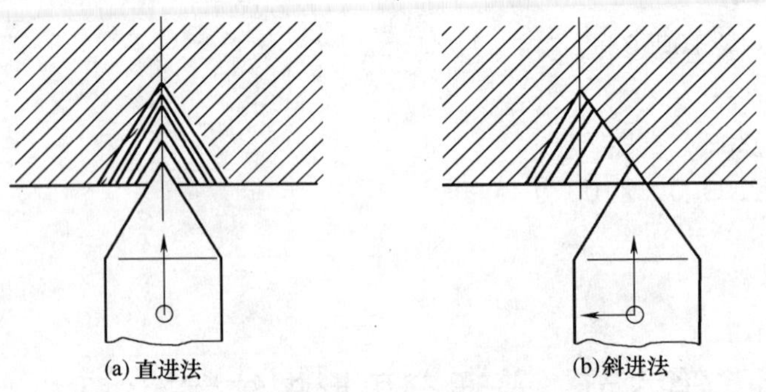
(a) 直进法　(b) 斜进法

图 1-39　螺纹切削进刀方法

切削常用公制螺纹的进给次数与背吃刀量的关系，见表 1-9。

表 1-9　**切削螺纹的进给次数与背吃刀量的关系**　单位：mm

公制螺纹　牙深＝0.6495P（P 为螺距）								
螺距		1.0	1.5	2.0	2.5	3.0	3.5	4.0
牙深		0.649	0.974	1.299	1.624	1.949	2.273	2.598
进刀次数及背吃刀量	1 次	0.7	0.8	0.9	1.0	1.2	1.5	1.5
	2 次	0.4	0.6	0.6	0.7	0.7	0.7	0.8
	3 次	0.2	0.4	0.6	0.6	0.6	0.6	0.6
	4 次		0.16	0.4	0.4	0.4	0.6	0.6
	5 次			0.1	0.4	0.4	0.4	0.4
	6 次				0.15	0.4	0.4	0.4
	7 次					0.2	0.2	0.4
	8 次						0.15	0.3
	9 次							0.2

普通螺纹基本尺寸的国家标准，见表 1-10。

表 1-10　　普通螺纹的基本尺寸（摘自 GB 196—2003）　　单位：mm

大径 D,d 第1系列	大径 D,d 第2系列	大径 D,d 第3系列	螺距 P	中径 D_2d_2	小径 D_1d_1
6			1 0.75 (0.5)	5.350 5.513 5.675	4.917 5.188 5.459
		7	1 0.75 0.5	6.350 6.512 6.675	5.917 6.188 6.459
8			1.25 1 0.75 (0.5)	7.188 7.350 7.513 7.675	6.647 6.917 7.188 7.459
		9	(1.25) 1 0.75 (0.5)	8.188 8.350 8.513 8.675	7.647 7.917 8.188 8.459
10			1.5 1.25 1 0.75 (0.5)	9.026 9.188 9.350 9.513 9.675	8.376 8.647 8.917 9.188 9.459
		11	(1.5) 1 0.75 0.5	10.026 10.350 10.513 10.675	9.376 9.917 10.188 10.459
12			1.75 1.5 1.25 1 (0.75) (0.5)	10.863 11.026 11.188 11.350 11.513 11.675	10.106 10.376 10.647 10.917 11.188 11.459
	14		2 1.5 1.25 (0.75) (0.5)	12.701 13.026 13.188 13.350 13.513 13.675	11.835 12.375 12.647 12.917 13.188 13.459

大径 D,d 第1系列	大径 D,d 第2系列	大径 D,d 第3系列	螺距 P	中径 D_2d_2	小径 D_1d_1
		15	1.5 (1)		
16			2 1.5 1 (0.75) (0.5)	14.701 15.026 15.350 15.513 15.675	13.835 14.376 14.917 15.188 15.459
		17	1.5 (1)	16.026 16.350	15.376 15.917
	18		2.5 2 1.5 1 (0.75) (0.5)	16.376 16.701 17.026 17.350 17.513 17.675	15.294 15.835 16.376 16.917 17.188 17.459
20			2.5 2 1.5 1 (0.75) (0.5)	18.376 18.701 19.026 19.350 19.513 19.675	17.294 17.335 18.376 18.917 19.188 19.459
	22		2.5 2 1.5 1 (0.75) (0.5)	20.376 20.701 21.026 21.350 21.513 21.675	19.294 19.835 20.376 20.917 21.188 21.459
24			3 2 1.5 1 (0.75)	22.051 22.701 23.026 23.350 23.513	20.752 21.835 22.376 22.917 23.188
		25	2 1.5 (1)	23.701 24.026 24.350	22.835 23.376 23.917

注：1. 直径优先选用第 1 系列，其次是第 2 系列，第 3 系列尽可能不用。

2. 括号内的螺距尽可能不用，用黑体字表示的螺距为粗牙螺距。

例 1-12　加工如图 1-40 所示的圆柱螺纹。

查表 1-9 可知：螺距 P＝1.5mm，牙深 0.974mm。选取主轴转速 650r/min，进刀距离 2mm，退刀距离 1mm；可分 4 次进给，对应的背吃刀量（直径值）依次为：0.8mm、0.6mm、0.4mm 和 0.16mm。

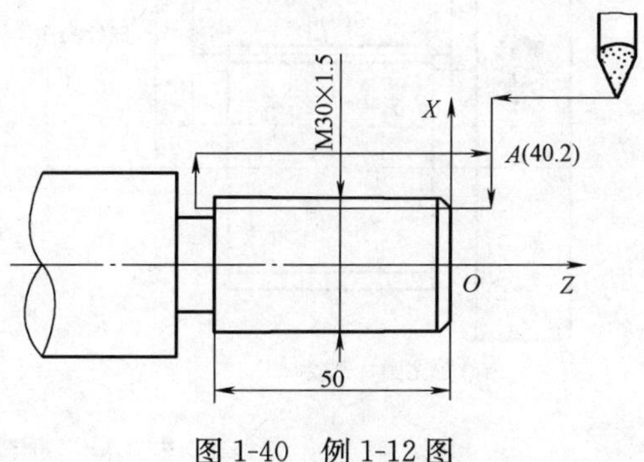

图 1-40　例 1-12 图

切削螺纹部分的加工程序如下：

O0001

```
G50   X80.0  Z50.0;
M03   S500;
T0101;
G00   Z2.0   M08;               沿Z轴快进到螺纹切削始点,冷却液开
X29.2;                          沿X轴快进到螺纹切削始点;
G32   Z—51.0   F1.5;            螺纹车削第一次进给
G00   X40.0;                    沿X轴快速退刀
Z2.0;                           沿Z轴快速退刀
X28.6;                          沿X轴快进到第二次螺纹切削始点
G32   Z—51.0   F1.5;            螺纹车削第二次进给
G00   X40.0;
Z2.0;
X28.2;
G32   Z—51.0   F1.5;            螺纹车削第三次进给
G00 X40.0;
Z2.0;
X28.04;
G32   Z—51.0   F1.5;            螺纹车削第四次进给
G00   X80.0  M09;               退刀,冷却液关
Z50.0  M05;                     回到程序起点
T0100;                          取消刀具偏置补偿
M30;                            程序结束
```

二、G92 指令的编程方法及应用

螺纹单一切削循环指令 G92 把“切入→螺纹切削→退刀→返回”四个动作作为一个循环，用一个程序段来指令，从而简化编程，如图 1-41 所示。

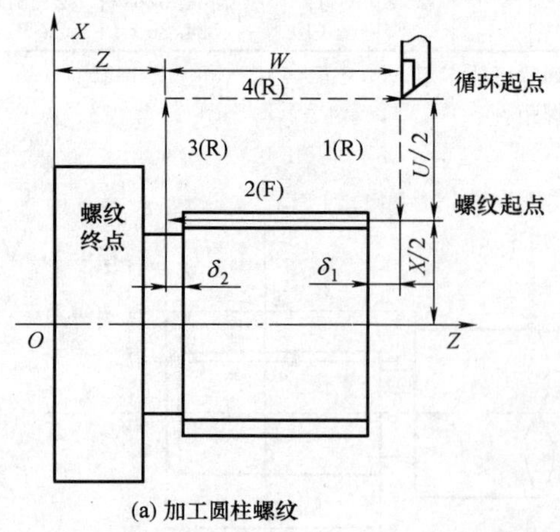

(a) 加工圆柱螺纹

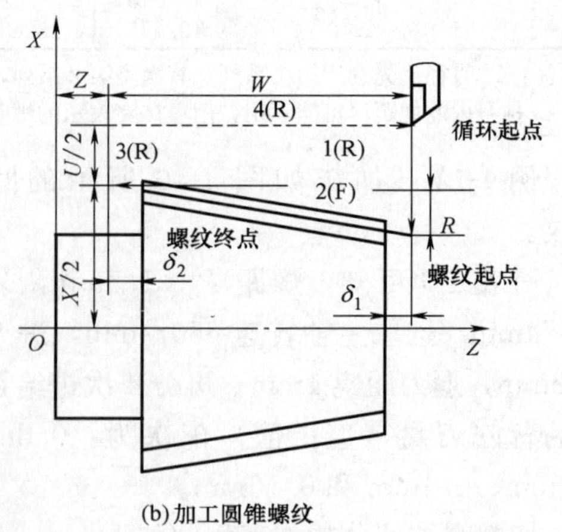

(b) 加工圆锥螺纹

图 1-41　G92 指令加工螺纹的运动轨迹

指令格式：

G92　X(U)＿ Z(W)＿ R＿ F＿；

其中：X(U)，Z(W) 为螺纹切削的终点坐标值，R 为螺纹部分半径之差，即螺纹切削起始点与切削终点的半径差。加工圆柱螺纹时，R＝0；加工圆锥螺纹时，当 X 向切削起始点坐标小于切削终点坐标时，R 为负，反之为正。

例 1-13　用 G92 指令加工如图 1-40 所示的圆柱螺纹。

设循环起点在（X40，Z2）的位置，切削螺纹部分的加工程序如下：

……

G00　X40.0　Z2.0；	快速移动到循环起点
G92　X29.2　Z－51.0　F1.5；	第一刀切削螺纹循环
X28.6；	第二刀切削螺纹循环
X28.2；	第三刀切削螺纹循环
X28.04；	第四刀切削螺纹循环
G00　X100.0　Z50.0；	快速移动到换刀点

……

三、G76 指令的编程方法及应用

复合螺纹切削循环指令 G76，可以完成一个螺纹段的全部加工任务。它的进刀方法有利于改善刀具的切削条件，在编程中应优先考虑应用该指令，其运动轨迹如图 1-42 所示。

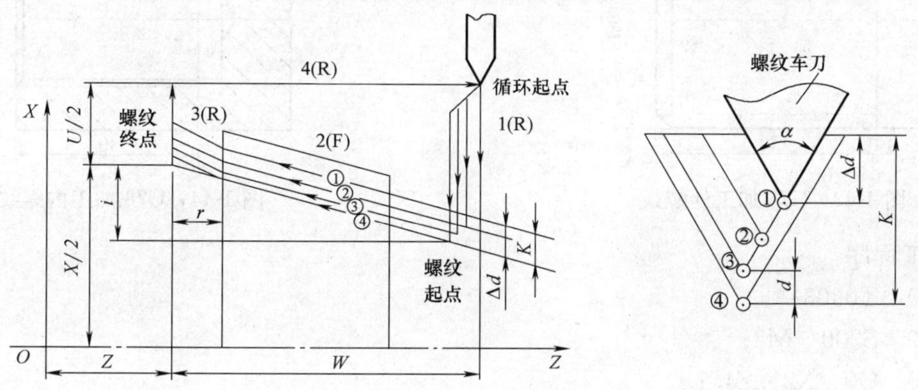

图 1-42　G76 指令加工螺纹的运动轨迹

指令格式：

G76　P(m)　(r)　(α)　Q(Δd_{min})　R(d)；

G76　X(U)　Z(W)　R(i)　P(k)．Q(Δd)　F(L)；

其中：m 为精加工重复次数（1～99）。r 为倒角量。当螺距由 *L* 表示时，可以从 0.0*L* 到 9.9*L* 设定，单位为 0.1*L*（两位数：从 00 到 99）。α 为刀尖角度。可以选择 80°，60°，55°，30°，29°和 0°六种中的一种，由 2 位数规定。m，r 和 α 用地址 P 同时指定。例：当 $m=2$，$r=1.2L$（*L* 是螺距），$\alpha=60°$时，指定如下：P021260。Δd_{min} 为最小切深（用半径值指定，μm）。d 为精加工余量（μm）。X（U）、Z（W）为切削终点坐标值（mm）。i 为螺纹半径差。如果 i＝0，可以进行普通直螺纹切削。加工锥螺纹时，当 X 向切削起始点坐标小于切削终点坐标时，i 为负，反之为正；k 为螺纹高（用半径值规定，

μm)。Δd 为第一刀切削深度（半径值，μm)。L 为螺纹导程（mm）。

例如：当螺纹的底径尺寸为 ϕ60.64，螺纹导程为 6mm，精加工次数为 2 次，牙型角为 60°，切削螺纹终点坐标值为（60.64，30.0)，工件坐标系原点设在工件右端面中心点位置时，用 G76 编写切削螺纹的加工程序如下。

```
G76  P020660  Q100  R100;
G76  X60.64  Z-30.0  P3897  Q1800  F6.0;
```

例 1-14 用 G76 指令加工如图 1-43 所示的外螺纹。

加工程序：

```
N10  T0303;
N20  S300  M3;
N30  G0  X35.Z3.;
N40  G76  P021260  Q100  R100;                螺纹参数设定,R 为正
N50  G76  X26.97  Z-30.R0  P1300  Q200  F2.;
N60  G0  X100.Z100.M5;
N70  M2;
```

例 1-15 用 G76 指令加工如图 1-44 所示的内螺纹。

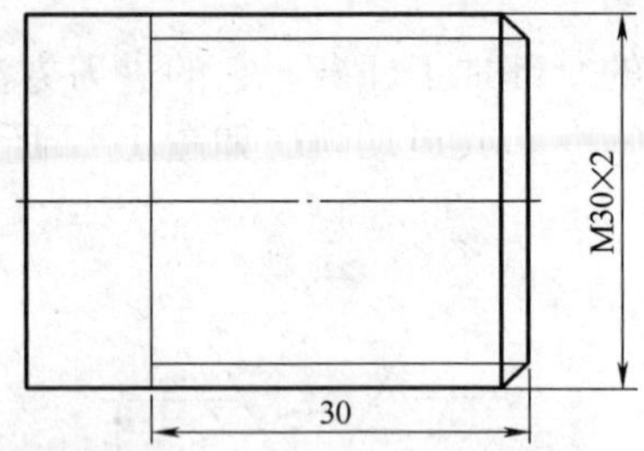

图 1-43 G76 加工外螺纹

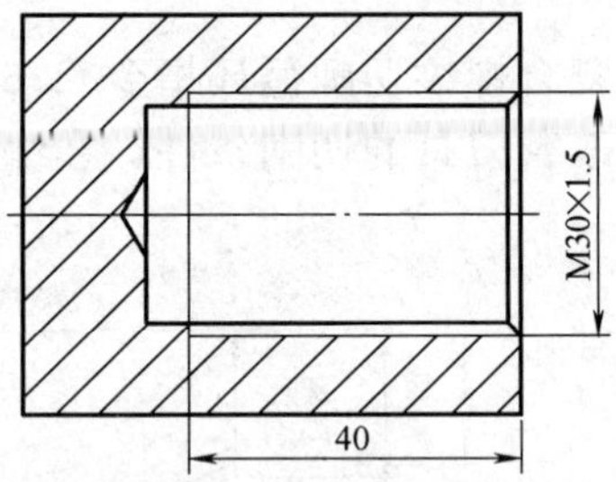

图 1-44 G76 加工内螺纹

加工程序：

```
N10  T0303;
N20  S300  M3;
N30  G0  X25.Z4.;
N40  G76  P021060  Q100  R-100;                螺纹参数设定,R 为负
N50  G76  X30.Z-40.P0974  Q200  F1.5;
N60  G0  X100.Z100.;
N70  M5;
N80  M2;
```

第七节 数控车床子程序和宏程序的编制

一、数控车床的子程序

某些被加工的零件中，常常会出现几何形状完全相同的加工轨迹。在程序编制中，将

有固定顺序和重复模式的程序段，作为子程序存放，可使程序简单化。主程序执行过程中如果需要某一子程序时，可以通过一定格式的子程序调用指令来调用该子程序，执行完后返回到主程序，继续执行后面的程序段。

1. 子程序的编程格式

O××××

……

M99；

子程序的编程格式与主程序的相同，在子程序的开头编制子程序名，在结尾用 M99 指令结束。它作为一个独立的程序而存在，存放在与主程序并列的位置。

2. 子程序的调用格式

M98　P×××　××××

说明：P 后面的前 3 位为重复调用次数，省略时为调用一次，最多可调用 999 次；后 4 位为被调用子程序名，程序名中的“0”不能省略。

3. 子程序的嵌套

子程序的嵌套和执行过程如图 1-45 所示。

4. 子程序应用编程实例

试用子程序编写如图 1-46 所示工件的加工程序。

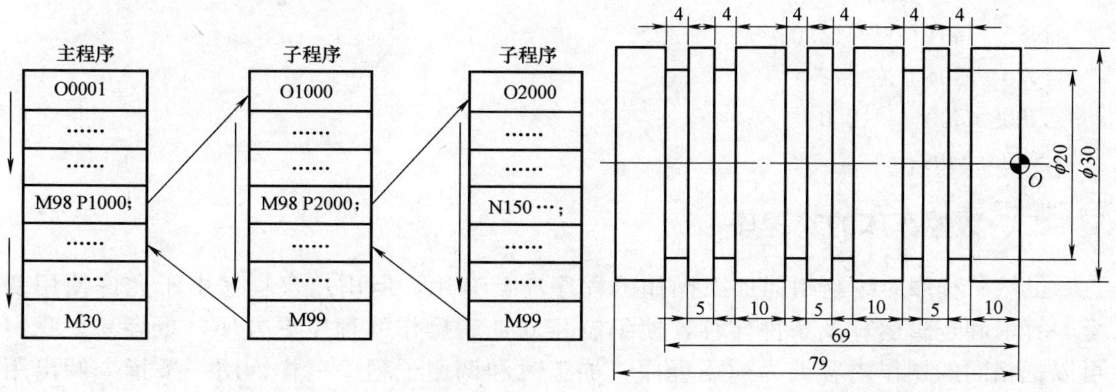

图 1-45　子程序的嵌套和执行过程　　　图 1-46　子程序编程实例

已知毛坯直径 ϕ32mm，长度为 100mm，1 号刀为外圆车刀，2 号刀为切断刀，其宽度为 4mm。加工程序如下：

主程序：

```
O0010
N10   G50   X100.0   Z200.0;
N20   G99   G97   M03   S800   F0.2;
N30   T0101;
N40   X35.0   Z0   M08;
N50   G01   X0;                         车端面
N60   G00   X30.0   Z2.0;
```

```
N70  G01  Z－79.0；                                  车外圆
N80  G00  X100.0  Z200.0  M09；
N90  T0202；
N100  G00  X32.0  Z0  S300  M06；
N110  M98  P30020；                                  调用子程序切槽
N120  G00  Z－83.0；
N130  G01  X0  F0.08；                               切断
N140  G00  X100.0  M09；
N150  Z200.0；
N160  M05；
N170  M30；
```

子程序：

```
O0020
N10  G00  W－14.0
N20  G01  U－12.0  F0.08
N30  G04  X3.0；
N40  G00  U12.0；
N50  W－9.0；
N60  G01  U－12.0；
N70  G04  X3.0；
N80  G00  U12.0；
N90  M99；
```

二、数控车床的宏程序

虽然子程序对编制相同加工操作的程序非常有用，但用户宏程序由于允许使用变量、算术和逻辑运算及条件转移，使编制相同加工操作的程序更方便，更容易。我们可以把相同的操作内容编为通用程序，加工时和调用子程序一样，用一条指令调出用户宏程序。

1. 变量

普通加工程序直接用数值指定 G 代码和移动距离：例如，G01 和 X100.0。使用用户宏程序时，数值可以直接指定或用变量指定。当用变量时，变量值可用程序或用 MDI 面板上的操作改变。例如：

＃1＝＃2＋100；

G01 X＃1 F0.3；

（1）变量的表示　变量用变量符号（＃）和后面的变量号指定，例如：＃1。

表达式可以用于指定变量号。此时，表达式必须封闭在括号中。

例如：＃[＃1＋＃2－12]

注：宏程序中，方括号用于封闭表达式，圆括号只表示注释内容。

（2）变量的类型　变量根据变量号可以分成四种类型，见表 1-11。

表 1-11　　数控系统变量类型

变量号	变量类型	功　能
＃0	空变量	该变量总是空，没有值能赋给该变量
＃1～＃33	局部变量	局部变量只能用在宏程序中存储数据，例如，运算结果。当断电时，局部变量被初始化为空。调用宏程序时，自变量对局部变量赋值
＃100～＃109 ＃500～＃999	公共变量	公共变量在不同的宏程序中的意义相同 当断电时，变量＃500～＃999 的数据保存，即使断电也不丢失
＃1000～	系统变量	系统变量用于读写 CNC 运行时的各种数据，例如，刀具当前位置和补偿

（3）变量的引用　为在程序中使用变量值，指定后跟变量号的地址。当用表达式指定变量时，要把表达式放在括号中。例如：

G0　X[＃1＋＃2]F＃3；

改变引用的变量值的符号，要把负号“－”放在“＃”的前面。

例如：G00X-＃1；

当引用未定义的变量时，变量及地址字都被忽略。

例如：当变量＃1 的值是 0，并且变量＃2 的值是空时，G00X＃1Z＃2 的执行结果为 G00X0；。

2. 算术和逻辑运算

表 1-12 中列出的运算可以在变量中执行。运算符号右边的表达式可包含常量，或由函数或运算符组成的变量。表达式中的变量＃j 和＃k 可以用常数赋值。左边的变量也可以用表达式赋值。

表 1-12　　算术和逻辑运算符及功能

功　能	格　式	备　注
定义	＃i＝＃j	
加法 减法 乘法 除法	＃i＝＃j＋＃k； ＃i＝＃j－＃k； ＃i＝＃j＊＃k； ＃i＝＃i/＃k；	
正弦 反正弦 余弦 反余弦 正切 反正切	＃i＝SIN[＃j]； ＃i＝ASIN[＃j]； ＃i＝COS[＃j]； ＃i＝ACOS[＃j]； ＃i＝TAN[＃j]； ＃i＝ATAN[＃j]/[＃k]；	角度以度指定。90°30′表示为 90.5°
平方根 绝对值 舍入 上取整 下取整 自然对数 指数函数	＃i＝SQRT[＃j]； ＃i＝ABS[＃j]； ＃i＝ROUND[＃j]； ＃i＝FIX[＃j]； ＃i＝FUP[＃j]； ＃i＝LN[＃j]； ＃i＝EXP[＃j]；	
或 异或 与	＃i＝＃jOR＃k； ＃i＝＃jXOR＃k； ＃i＝＃jAND＃j；	逻辑运算一位一位地按二进制数执行

3. 宏程序语句和 NC 语句

下面的程序段为宏程序语句：

包含算术或逻辑运算（=）的程序段。

包含控制语句（例如：GOTO，DO，END）的程序段。

包含宏程序调用指令（例如，用 G65，G66，G67 或其他 G 代码，M 代码调用的宏程序）的程序段。

除了宏程序语句以外的任何程序段都为 NC 语句。

4. 转移和循环

（1）无条件转移（GOTO 语句） 转移到有顺序号 n 的程序段。可用表达式指定顺序号。

格式：

GOTOn；　　　n 为顺序号（1～99999）

例如：

GOTO1；

GOTO＃10；

（2）条件转移（IF 语句） IF 之后指定条件表达式。

格式：

① IF［表达式］GOTOn

如果指定的条件表达式满足时，转移到标有顺序号 n 的程序段。如果指定的条件表达式不满足，执行下一个程序段。

② IF［(表达式)］THEN

如果表达式满足，执行预先决定的宏程序语句。只执行一个宏程序语句。

条件表达式必须包括运算符。运算符插在两个变量中间或变量和常数中间，且用括号（[,]）封闭。表达式可以替代变量。运算符由两个字母组成，用于两个值的比较，以决定它们是相等还是一个值小于另一个值。运算符见表 1-13。

表 1-13　　运算符

运算符	含　义	运算符	含　义
EQ	等于(=)	GE	大于或等于(≥)
NE	不等于(≠)	LT	小于(<)
GT	大于(>)	LE	小于或等于(≤)

下面的程序计算数值 1 到 10 的总和：

```
O9500
＃1=0;                         存储和数变量的初值
＃2=1;                         被加数变量的初值
N1  IF[＃2GT10]  GOTO2;        当被加数大于 10 时转移到 N2
＃1=＃1+＃2;                    计算和数
＃2=＃2+＃1;                    下一个被加数
GOTO1;                         转到 N1
```

N2　M30；　　　　　　　　程序结束

（3）循环（WHILE 语句）　在 WHILE 后指定一个条件表达式，当指定条件满足时，执行从 DO 到 END 之间的程序。否则，转到 END 后的程序段。

这种指令格式适用于 IF 语句。DO 后的号和 END 后的号是指定程序执行范围的标号，标号值为 1，2，3。若用 1，2，3 以外的值会产生报警。

下面的程序计算数值 1 到 10 的总和：

```
O0001;
#1=0;
#2=1;
WHILE[#2  LE  10]  DO1;
#1=#1+#2;
#2=#2+1;
END1;
M30;
```

5. 编程示例

运用宏程序编制如图 1-47 所示零件椭圆弧轮廓段的加工程序。其右端曲线为椭圆，方程式：$\frac{X^2}{15^2}+\frac{Z^2}{25^2}=1$。技术要求：（1）选择前置刀架车床，程序中加入刀尖圆弧半径补偿；（2）毛坯尺寸：ϕ35×60；材料：尼龙棒。

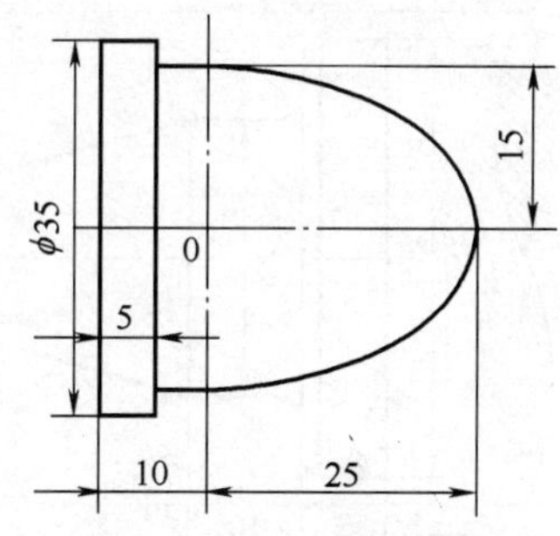

图 1-47　宏程序加工示例

（1）零件分析与编程技巧　根据已知条件椭圆方程为：$X*X/225+Z*Z/625=1$，即 $X=15*SQRT（1-Z*Z/625）$。用公共变量＃101、＃102、＃103、＃104 来编程。＃101 为 Z 坐标变量，＃102 为 X 坐标变量，＃103、＃104 为中间变量。由于椭圆方程的原点不在工件零点处，即，椭圆轮廓向 Z 轴负方向平移 25mm 的距离，因此在计算 Z 坐标时，必须减去 25mm 的距离。把椭圆编程的内容放在 G73 固定循环里，完成粗精加工。

（2）加工工艺　刀具：1 号外圆精车刀，V 型刀片，刀尖圆弧半径 0.4，刀位号 3。

（3）加工程序

```
O0029
M03  S800;
T0101;
G00  X45.0  Z2.0;
G73  U16.0  W3.0  R9;
G73  P10  Q50  U0.3  W0  F0.2;
N10  G42  G01  X0;
#101=25.0;                                设定公式中的Z坐标值变量
N20#102=SQRT [25.0*25.0-#101*#101] *15.0/25.0;
                                          设定公式中的X坐标值变量
```

```
#103=#101-25.0;                  设定工件坐标中的Z坐标值变量
#104=#102*2.0;                   设定工件坐标中的X坐标值变量
G01  X[#104]  Z[#103];           短直线拟合非圆曲线
#101=#101-1.0;                   公式中的Z坐标值每次减小1mm
IF[#101GE0]  GOTO20;             条件判断，如果条件成立，则返回N20执行
G01  W-5.0;
N50  G01  U5.0;
G70  P10  Q50;
G00  G40  X100.0  Z100.0;
M05;
M30;
```

本章项目实操　编程能力综合训练

综合训练一：在数控车床上加工如图1-48所示的零件，试分析加工工艺并编写加工程序。毛坯为$\phi 40$的45号钢棒料。

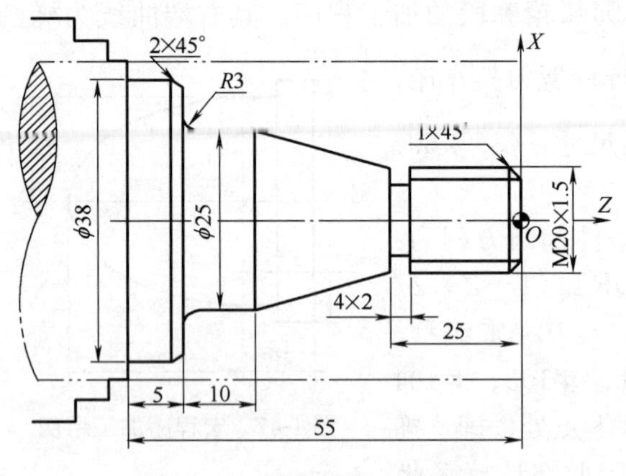

图1-48　综合训练一零件图

1. 分析图样

该零件为实心轴，长度不长，毛坯有较大余量，可采用三爪卡盘夹紧工件毛坯外圆面定位，一次装夹将工件连续加工完成。棒料装夹时伸出卡盘的长度取70mm。此工件的车削加工包括车外圆、倒角、锥面、圆弧面、切槽、车螺纹等。

2. 安排加工工序

该工件可按以下顺序加工：

① 粗车外轮廓，为精加工留出合适的精加工余量；

② 精车外轮廓，将工件各表面加工到图纸尺寸；

③ 加工4×2的退刀槽；

④ 加工M20×1.5的螺纹。

3. 刀具及切削用量的选择

根据工件的加工要求，需选用外圆车刀、切断刀和螺纹车刀各一把。由于工件的精度要求不高，粗车和精车外圆时使用同一把车刀。各刀具的数据，见表1-14。

4. 工件原点的确定

选取工件的右端面中心点O为工件坐标系原点。

5. 螺纹部分参数计算

螺纹部分加工精度要求不高，因此其大、小径可按以下公式计算：

螺纹大径：$D_{大}=D_{公称直径}-0.1\times$螺距$=20\text{mm}-0.1\times1.5\text{mm}=19.85\text{mm}$

表 1-14　　刀具参数和切削用量

刀具		刀具号和刀补号	刀具参数	主轴速度/r·min^{-1}	进给速度/mm·r^{-1}
轮廓车刀	粗车时	T0101	90°偏刀	500	0.3
	精车时			1200	0.15
切槽刀		T0202	刀宽 4mm	300	0.05
螺纹刀		T0303	60°刀尖角	400	1.5

螺纹小径：$D_{小}=D_{公称直径}-1.3\times$螺距$=20\text{mm}-1.3\times1.5\text{mm}=18.05\text{mm}$

螺纹牙高：$H=(D_{大}-D_{小})/2=(19.85\text{mm}-18.05\text{mm})/2=0.9\text{mm}$

螺纹直径方向总余量 2×0.9mm＝1.8mm，分 4 刀车完，每刀切深分别分配为：0.8mm、0.6mm、0.3mm、0.1mm，最后再安排一次无余量的光整加工。

6. 加工程序

```
O7890;
G50  X100.0  Z200.0;                      建立工件坐标系
G00  G99  G97  M03  S500  F0.3;
T0101;                                    选外圆车刀
     X42.0  Z5.0;                         定位到循环起点
G71  U2.0  R1.0;                          粗车外圆复合循环
G71  P10  Q100  U0.3  W0.1;
N10  GOO  X17.85  S1200  F0.15;
G01  Z0;
     X19.85  W-1.0;
     W-24.0;
     X25.0  W-1.0;
     W-7.0;
G02  X31.0  W-3.0  R3.0;
G01  X34.0;
     X38.0  W-2.0;
N100  GO1  W-3.0;
G70  P10  Q100;                           精车外圆循环
G00  X100.0  Z200.0;                      退刀到换刀点
T0202;                                    选切断刀
G00  X22.0  Z-25.0  S300  M08;
G01  X16.0  F0.05;                        切槽
G04  X3.0;                                暂停,光整槽底
G00  X100.0  M09;
     Z200.0;
T0303;                                    选螺纹车刀
G00  X22.0  Z5.0  S400;                   定位到螺纹循环起点
```

```
G92   X19.05   Z-22.0   F1.5;        车螺纹第一刀
      X18.45;                          车螺纹第二刀
      X18.15;                          车螺纹第三刀
      X18.05;                          车螺纹第四刀
      X18.05;                          螺纹光整加工
G00   X100.0   Z200.0;
M05;
M30;
```

综合训练二：在数控车床上加工如图 1-49 所示的零件，试分析加工工艺并编写加工程序。毛坯为 ϕ45mm 的 40Cr 钢棒料。

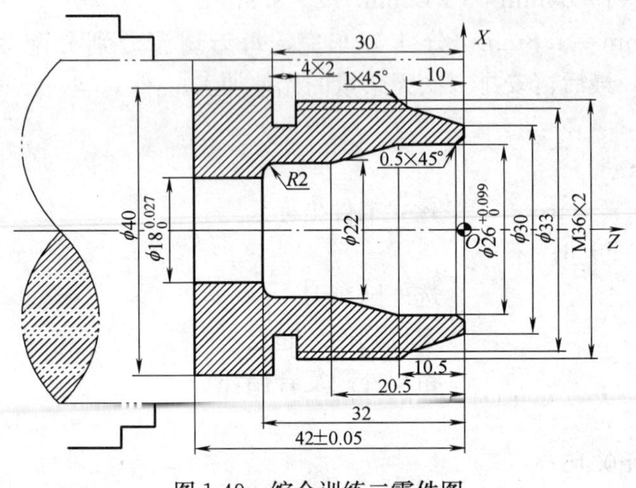

图 1-49　综合训练二零件图

1. 分析图样

该零件是带螺纹的盘类工件，毛坯有一定余量，可采用三爪卡盘直接夹紧工件毛坯面定位，一次装夹完成全部加工。棒料装夹时伸出卡盘的长度取 52mm。此工件的车削加工包括车外轮廓、内轮廓、倒角、锥面、圆弧面、切槽和外螺纹。部分尺寸有较高的精度要求。为了保证精度，编程时对带有公差的尺寸通常取公差两极限尺寸的中间值。

2. 安排加工工序

该工件可按以下顺序加工：

① 手动钻定位中心孔，再用 ϕ17mm 的麻花钻钻深 48mm 的孔；

② 粗车外轮廓，为精加工留出直径方向 0.5mm 的余量；

③ 粗车内轮廓，为精加工留出直径方向 0.5mm 的余量

④ 精车内轮廓，将精加工余量一次性去除；

⑤ 精车外轮廓，将精加工余量一次性去除；

⑥ 加工 4×2 的退刀槽；

⑦ 加工 M36×2 的螺纹。

3. 选择刀具并确定相应的切削用量

根据工件的加工要求，需选用外圆车刀、内孔镗刀、切断刀和螺纹刀各一把。由于工件外轮廓的精度要求不高，故外圆粗车和外圆精车可使用同一把车刀。又因刀架为四工位，为了减少换刀和对刀操作时间，内孔粗车和内孔精车也使用同一把刀。各刀具的数据，见表 1-15。

4. 工件原点的确定

选取工件的右端面中心点 O 为工件坐标系的原点。

表 1-15　　刀具参数和切削用量

刀具		刀具号和刀补号	刀 具 参 数	主轴速度/$r\cdot min^{-1}$	进给速度/$mm\cdot r^{-1}$
外轮廓车刀	粗车时	T0101	90°偏刀	500	0.3
	精车时			1200	0.15
内轮廓车刀	粗车时	T0202	90°内孔镗刀，刀尖到刀杆后侧的长度小于16.5mm，保证在退刀时刀杆不与工件内壁干涉	500	0.2
	精车时			800	0.1
切槽刀		T0303	刀宽 4mm	300	0.05
螺纹刀		T0404	60°刀尖角	400	2

5. 相关数值计算

(1) 螺纹精度不高，所以其大、小径可按以下公式计算：

螺纹大径：$D_{大}=D_{公称直径}-0.1\times$螺距$=36-0.1\times2=35.8$（mm）

螺纹小径：$D_{小}=D_{公称直径}-1.3\times$螺距$=36-1.3\times2=33.4$（mm）

螺纹牙高：$H=(D_{大}-D_{小})/2=(35.8-33.4)/2=1.2$（mm）

螺纹直径方向总余量 2×1.2mm＝2.4mm，分 5 刀车完，每刀切深分别分配为：0.8mm、0.6mm、0.6mm、0.3mm、0.1mm，最后再安排一次无余量的光整加工。

(2) 公差尺寸处理

ϕ18 孔的编程尺寸取为：$[18-(0-0.027)/2]=18.0135$（mm）

ϕ26 孔的编程尺寸取为：$[26-(0-0.099)/2]=26.0495$（mm）

长度 42mm 为对称公差，则编程尺寸取为 42mm。

6. 加工程序

在完成前两个钻孔工序后，运行下面的程序：

```
G50  X150.0  Z200.0;                     建立工件坐标系
G00  G99  G97  M03  S500  F0.3;
X46.0  Z5.0;
G71  U2.0  R1.0;                         粗车外圆循环
G71  P20  Q80  U0.5  W0.1;
N20  G00  X30.0  S1200  F0.15;
G01  Z0;
X33.0  Z-10.0;
X33.8;
X35.8  W-1.0;
Z-30.0;
X40.0;
N80  G01  Z-43.0;
G00  X150.0  Z200.0;
T0202;
G00  X17.0  Z5.0  S500  M08  F0.2;
```

```
G71  U1.0  R0.5;                              粗车内孔循环
G71  P100  Q200  U-0.5  W0.05;
N100  G00  X27.05  S800;
G01  Z0  F0.1;
X26.05  Z-0.5;
Z-10.5;
X22.0  Z-20.5;
Z-30.0;
G03  X18.014  Z-32.0  R2.0;
N200  G01  Z-43.0;
G70  P100  Q200;                              精车内孔循环
G00  X150.0  Z200.0  M09;
T0101;
G00  X46.0  Z5.0;
G70  P20  Q80;                                精车外圆循环
G00  X150.0  Z200.0;
T0303;
G00  X40.5  Z-30.0  S300  M08;
G01  X32.0  F0.05;                            切槽
G04  X3.0;
G00  X150.0  M09;
Z200.0;
T0404;
G00  X38.0  Z6.0  S400;
G92  X35.0  Z-27.0  F2.0;                     车螺纹
     X34.4;
     X33.8;
     X33.5;
     X33.4;
     X33.4;
G00  X150.0  Z200.0;
M05;
M30;
```

思考题与习题

1. 数控车床适合加工什么样的零件？
2. 在数控车床上零件的加工顺序应当遵循什么原则？
3. 退刀和换刀应注意哪些问题？
4. 试画出前置刀架和后置刀架数控车床的坐标系，并分析其所用刀具有什么不同。

5. 解释刀片代号：SNGM160612ER-A3。

6. 什么是模态代码与非模态代码？什么是单一循环指令和复合循环指令？

7. M00 和 M01 都有停止的功能，区别是什么？M02 和 M30 都有程序结束的功能，区别是什么？

8. 什么是直径编程和相对编程，对数控车床编程带来什么方便之处？

9. 说明 G00 指令的运动轨迹是怎样定义的？

10. 试述 G71 和 G73 复合循环指令各适用于加工什么样的工件。

11. 简单编程练习。为如图 1-50～图 1-53 所示的零件编制加工程序，毛坯为 45 钢棒料（尺寸根据图样自行确定），正火状态 HBS90～120。

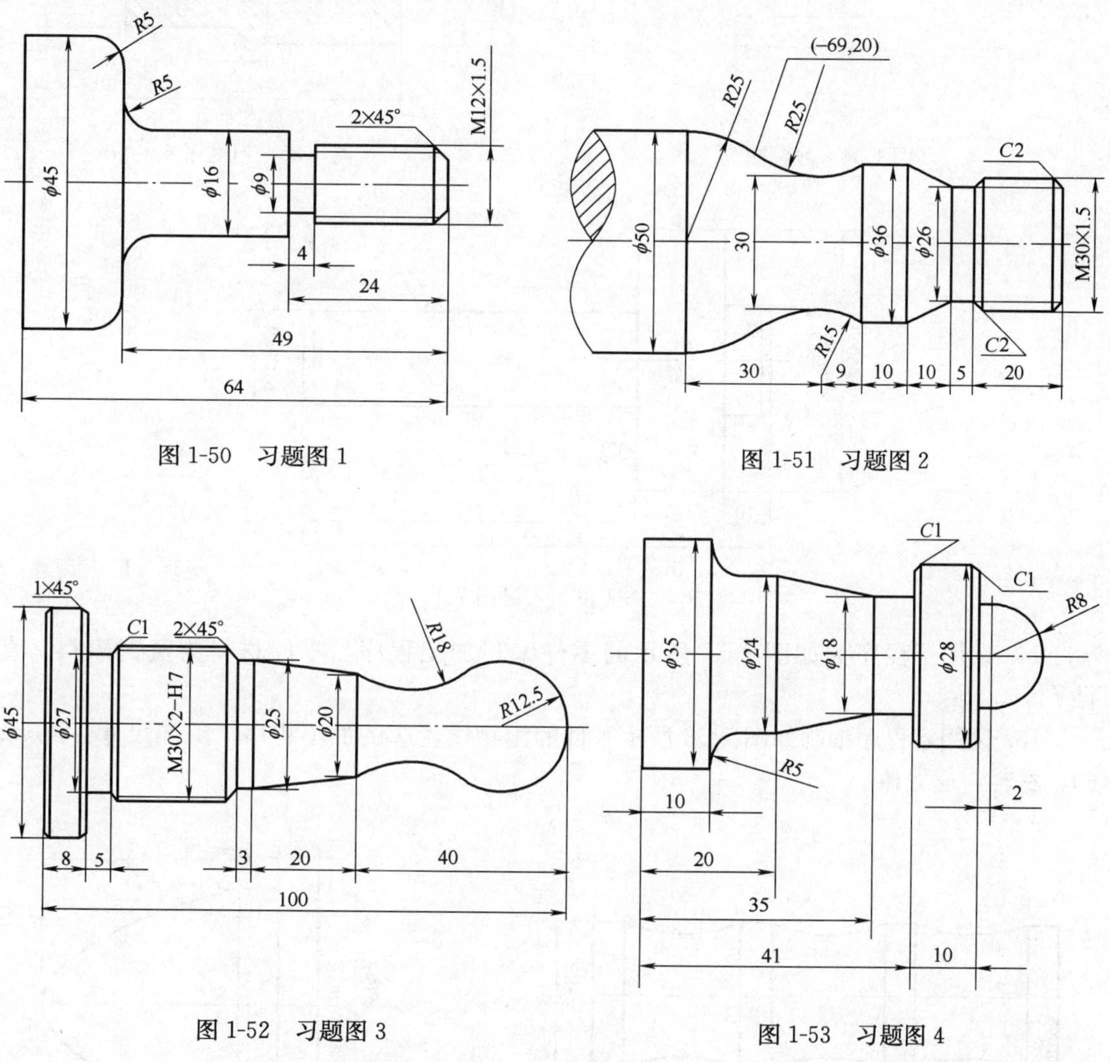

图 1-50　习题图 1

图 1-51　习题图 2

图 1-52　习题图 3

图 1-53　习题图 4

12. 为如图 1-54 和图 1-55 所示的带有内孔的零件编程。材料为 45 钢棒料（尺寸根据图样自行确定），调质状态 HBS240。

13. 如图 1-56 所示的零件在加工时需要调头，试为其编制调头前后的两端加工程序。零件材料为灰铸铁棒料，直径 ϕ70。

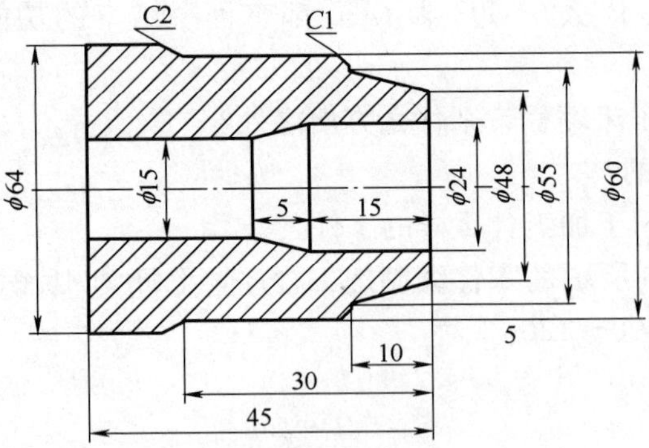

图 1-54　习题图 5

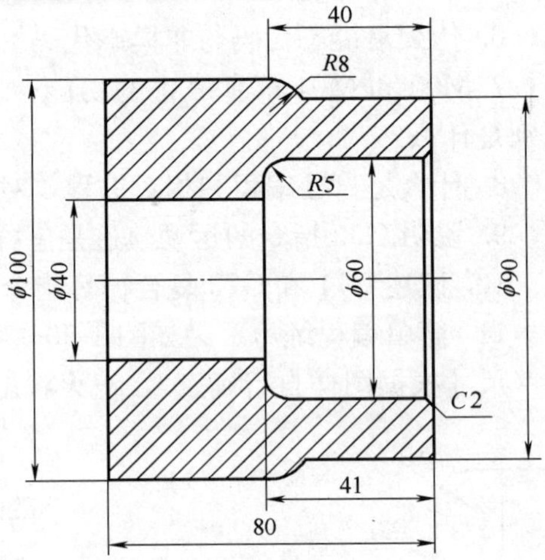

图 1-55　习题图 6

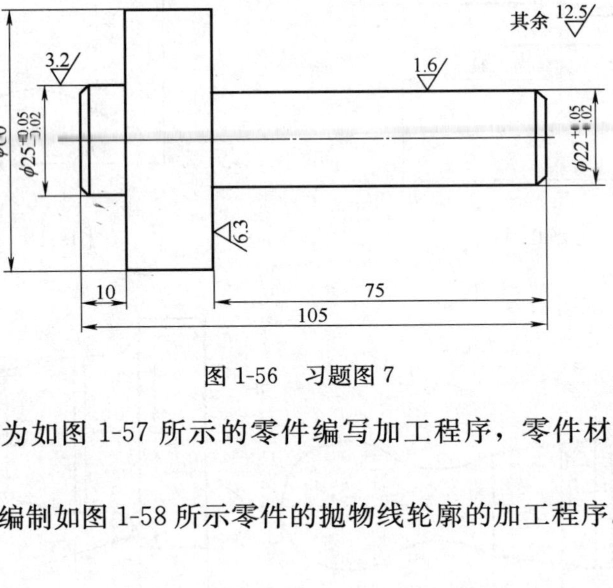

图 1-56　习题图 7

14. 试用子程序为如图 1-57 所示的零件编写加工程序，零件材料为黄铜棒料，直径 $\phi30$。

15. 试用宏程序编制如图 1-58 所示零件的抛物线轮廓的加工程序。毛坯尺寸：$\phi40\times60$；材料：尼龙棒。

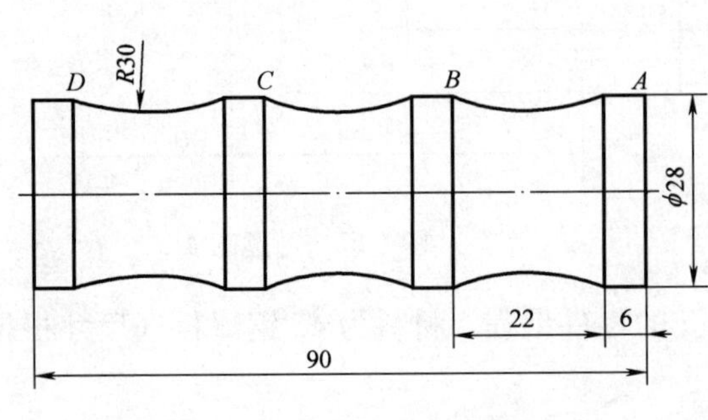

图 1-57　习题图 8

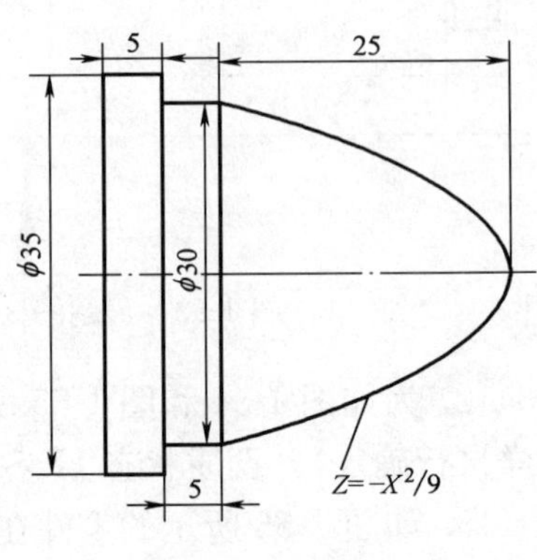

图 1-58　习题图 9

16. 综合编程练习：加工如图 1-59 所示的零件，材料为 45 钢，正火处理 HBS180，锻造毛坯，平均总加工余量 5mm。

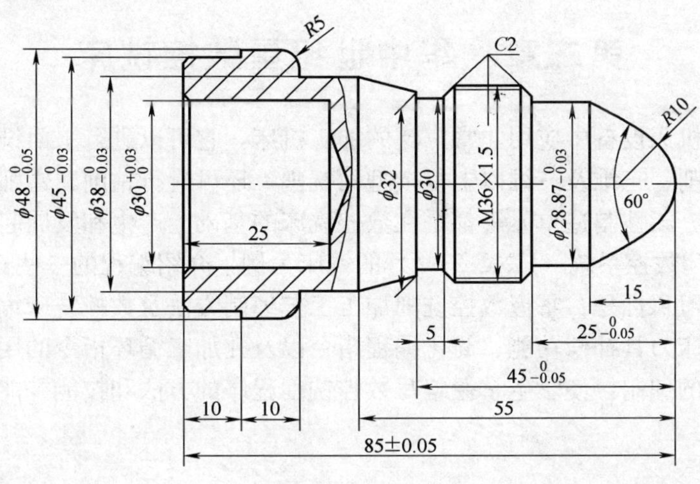

图 1-59　习题图 10

第二章　华中世纪星数控铣床

数控铣床是机床设备中应用非常广泛的加工机床，它可以进行平面铣削、平面型腔铣削、外形轮廓铣削、三维及三维以上复杂型面铣削，还可进行钻削、镗削、螺纹切削等孔加工。加工中心、柔性制造单元等都是在数控铣床的基础上产生和发展起来的。本章以配置华中“世纪星”数控系统（HNC-21M）的铣床为例，介绍编程的一些标准和规范。

本章主要学习目标是：掌握数控铣削加工工艺编制方法及数控铣床编程基本指令的用法；学会数控铣床刀具补偿功能、简化编程指令以及孔加工循环指令的用法及应用；掌握数控铣床宏程序的编制，使学生掌握编写数控铣削程序的方法和技能并能熟练编写较复杂零件的程序。

第一节　数控铣削的零件加工工艺分析

数控铣削加工的工艺设计是在普通铣削加工工艺设计的基础上，考虑和利用数控铣床的特点，充分发挥其优势。关键在于合理安排工艺路线，协调数控铣削工序与其他工序之间的关系，确定数控铣削工序的内容和步骤，并为程序编制准备必要的条件。

一、数控铣床的加工对象

数控铣削主要包括平面铣削和轮廓铣削，还可以对零件进行钻、扩、铰、镗、锪加工及攻螺纹等。主要适用于下列几类零件的加工。

1. 平面类零件

平面类零件是指加工面平行、垂直于水平面或加工面与水平面的夹角为定角的零件，这类零件的特点是，各个加工表面是平面，或展开为平面。如图 2-1 所示的三个零件都属于平面类零件，其中的曲线轮廓面 M 和正圆台面 N，展开后均为平面。

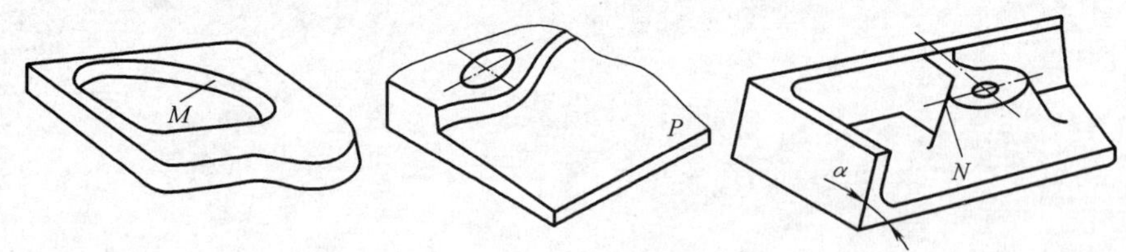

图 2-1　平面类零件

2. 变斜角类零件

加工面与水平面的夹角呈连续变化的零件称为变斜角类零件。图 2-2 是飞机上的一种变斜角梁缘条，该零件在第②肋至第⑤肋的斜角 α 从 3°10′均匀变化至 2°32′，从第⑤肋至第⑨肋再均匀变化至 1°20′，最后到第⑫肋又均匀变化至 0°。变斜角类零件的变斜角加工面不能展开为平面，但在加工中，加工面与铣刀圆周接触的瞬间为一条直线。加工变斜角类零件最好采用四坐标和五坐标数控铣床摆角加工，在没有上述机床时，也可在三坐标数控铣床上进行二轴半控制的近似加工。

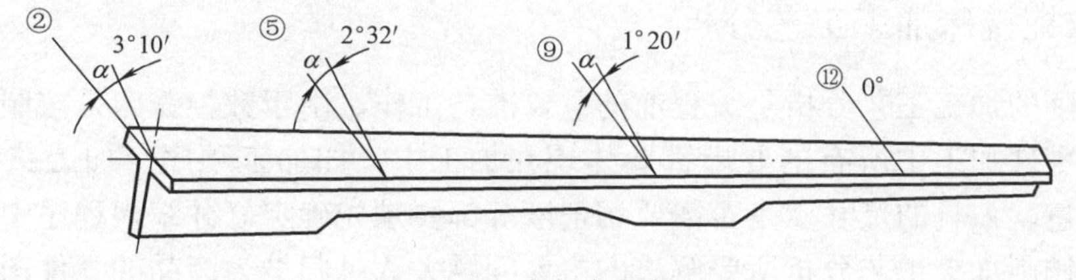

图 2-2　变斜角零件

3. 曲面类零件

加工面为空间曲面的零件称为曲面类零件。曲面类零件的加工面不仅不能展开为平面，而且它的加工面与铣刀始终为点接触。加工曲面类零件一般采用三坐标数控铣床。加工曲面类零件的刀具一般使用球头刀具，因为其他刀具加工曲面时更容易产生干涉而过切邻近表面。加工立体曲面类零件一般使用三坐标数控铣床，采用以下两种加工方法。

（1）行切加工法　采用三坐标数控铣床进行二轴半坐标控制加工，即行切加工法。如图 2-3 所示，球头铣刀沿 XY 平面的曲线进行直线插补加工，当一段曲线加工完后，沿 X 方向进给 ΔX 再加工相邻的另一曲线，如此依次用平面曲线来逼近整个曲面。相邻两曲线间的距离 ΔX 应根据表面粗糙度的要求及球头铣刀的半径选取。球头铣刀的球半径应尽可能选得大一些，以增加刀具刚度，提高散热性，降低表面粗糙度值。加工凹圆弧时的铣刀球头半径必须小于被加工曲面的最小曲率半径。

（2）三坐标联动加工　采用三坐标数控铣床三轴联动加工，即进行空间直线插补。如半球形，可用行切加工法加工，也可用三坐标联动的方法加工。这时，数控铣床用 X、Y、Z 三坐标联动的空间直线插补，实现球面加工，如图 2-4 所示。

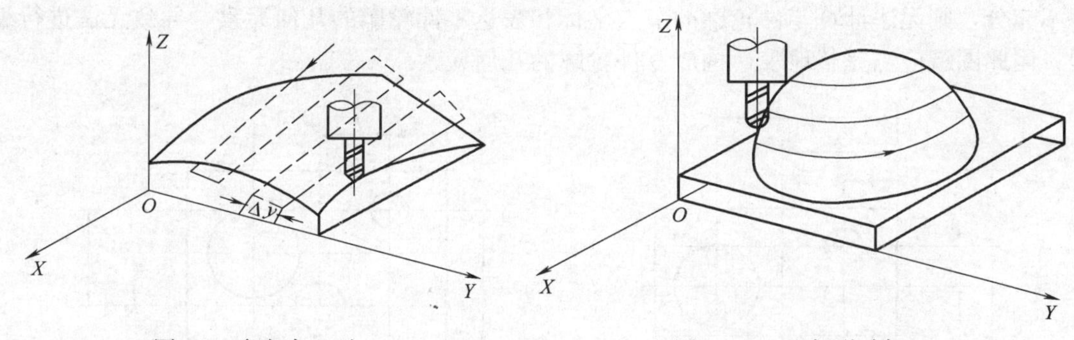

图 2-3　行切加工法　　　　图 2-4　三坐标联动加工

4. 箱体类零件

箱体类零件一般是指具有一个以上孔系，内部有不定型腔或空腔，在长、宽、高方向有一定比例的零件。箱体类零件一般都需要进行多工位孔系、轮廓及平面加工，公差要求较高，特别是形位公差要求较为严格，通常要经过铣、钻、扩、镗、铰、锪、攻螺纹等加工工序，需要刀具较多，在普通机床上加工难度大，工装套数多，费用高，加工周期长，需多次装夹、找正，手工测量次数多，加工时必须频繁地更换刀具，工艺难以制定，更重要的是精度难以保证。这类零件在数控铣床尤其是加工中心上加工，一次装夹可完成普通机床 60％～95％的工序内容，零件各项精度一致性好，质量稳定，同时节省费用，缩短生产周期。

二、数控铣床加工工艺分析

数控铣削的加工工艺分析是编程前的重要准备工作。由于数控铣床是按照程序来工作的，因此对零件加工中所有的要求都要体现在加工中，如加工顺序、加工路线、切削用量、加工余量、刀具的尺寸及是否需要切削液等都要预先确定好并编入程序中。根据加工实践，数控铣削加工工艺分析所要解决的主要问题大致可归纳为产品的零件图样分析、零件结构工艺性分析与零件毛坯的工艺性分析等内容。

1. 零件图的工艺分析

首先应熟悉零件在产品中的作用、位置、装配关系和工作条件，搞清楚各项技术要求对零件装配质量和使用性能的影响，找出主要的关键的技术要求，然后对零件图样进行分析。

（1）尺寸标注方法分析　零件图上尺寸标注方法应适应数控加工的特点，在数控加工零件图上，应以同一基准标注尺寸或直接给出坐标尺寸，如图 2-5 所示。这种标注方法既便于编程又有利于设计基准、工艺基准、测量基准和编程原点的统一。由于零件设计人员一般在尺寸标注中较多地考虑装配等使用方面特性，而不得不采用图 2-6 所示的局部分散的标注方法，这样就给工序安排和数控加工带来诸多不便。由于数控加工精度和重复定位精度都很高，不会因产生较大的累积误差而破坏零件的使用特性，因此，可将局部的分散标注方法改为同一基准标注或直接给出坐标尺寸的标注方法。

（2）零件图的完整性与正确性分析　构成零件轮廓的几何元素（点、线、面）条件（如相切、相交、垂直和平行）是数控编程的重要依据。手工编程时要计算构成零件轮廓的每一个节点坐标；自动编程时要对构成零件轮廓的所有几何元素进行定义，如果某一条件不充分，则无法计算零件轮廓的节点坐标和表达零件轮廓的几何元素，导致无法进行编程，因此图纸应当完整地表达构成零件轮廓的几何元素。

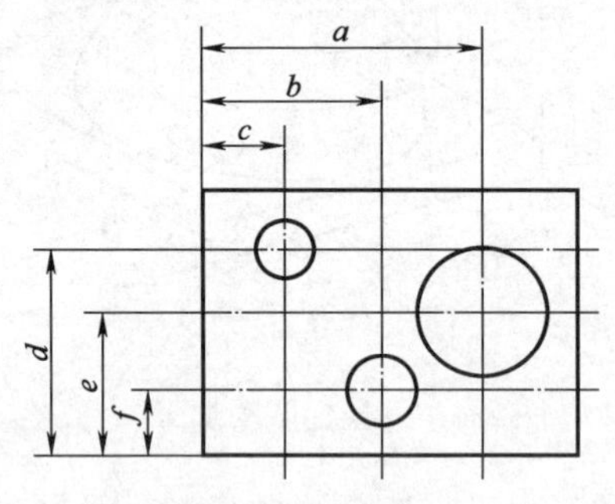

图 2-5　统一基准标注方法

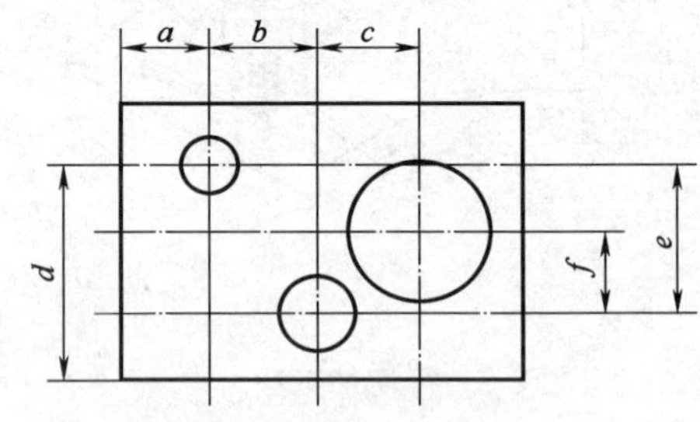

图 2-6　分散基准标注方法

（3）零件技术要求分析　零件的技术要求主要是指尺寸精度、形状精度、位置精度、表面粗糙度及热处理等。这些要求在保证零件使用性能的前提下，应经济合理。过高的精度和表面粗糙度要求会使工艺过程复杂、加工困难、成本提高。

（4）零件材料分析　在满足零件功能的前提下，应选用廉价、切削性能好的材料。而且，应首选国产材料，不要轻易选用贵重或紧缺的材料。

2. 零件的结构工艺性分析

零件的结构工艺性是指所设计的零件在满足使用要求的前提下制造的可行性和经济性。良好的结构工艺性，可以使零件加工容易、节省工时和材料。而较差的零件结构工艺性，会使加工困难、浪费工时和材料，有时甚至无法加工。因此，零件各加工部位的结构工艺性应符合数控加工的特点。

（1）工件的内腔与外形应尽量采用统一的几何类型和尺寸，这样可以减少刀具的规格和换刀的次数，方便编程和提高数控机床加工效率。

（2）工件内槽及缘板间的过渡圆角半径不应过小　过渡圆角半径反映了刀具直径的大小，刀具直径和被加工工件轮廓的深度之比与刀具的刚度有关，如图 2-7（a）所示，当 $R<0.2H$ 时（H 为被加工工件轮廓面的深度），则判定该工件该部位的加工工艺性较差；如图 2-7（b）所示，当 $R>0.2H$ 时，则刀具的当量刚度较好，工件的加工质量能得到保证。

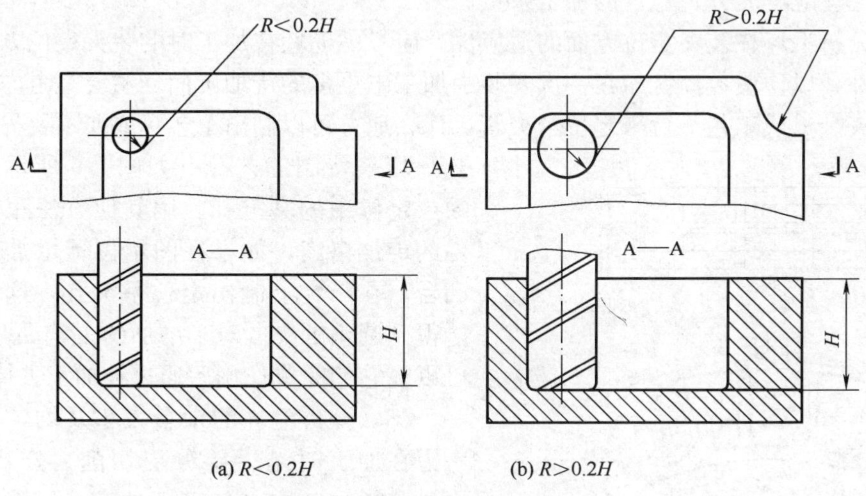

(a) $R<0.2H$　　(b) $R>0.2H$

图 2-7　内槽结构工艺性对比

（3）铣工件的槽底平面时，槽底圆角半径 r 不宜过大　如图 2-8 所示，铣削工件底平面时，槽底的圆角半径 r 越大，铣刀端刃铣削平面的能力就越差，铣刀与铣削平面接触的最大直径 $d=D-2r$（D 为铣刀直径），当 D 一定时，r 越大，铣刀端刃铣削平面的面积越小，加工平面的能力就越差、效率越低、工艺性也越差。当 r 大到一定程度时，甚至必须用球头铣刀加工，这是应该尽量避免的。

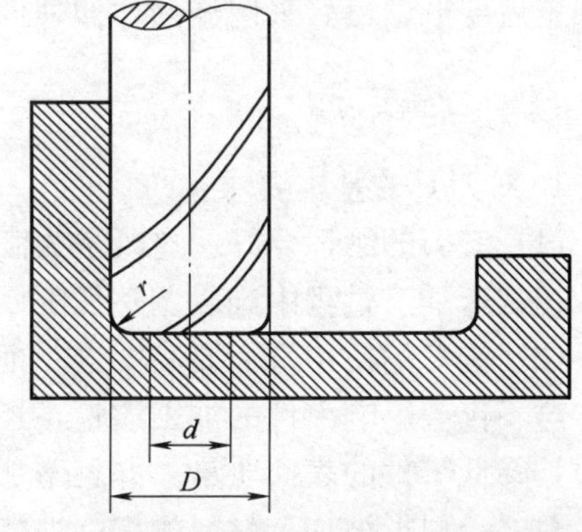

图 2-8　槽底平面圆弧对加工工艺的影响

此外，还应分析零件所要求的加工精度、尺寸公差等是否可以得到保证，有没有引起矛盾的多余尺寸或影响加工安排的封闭尺寸等。

（4）保证基准统一的原则　有些工件需要在铣完一面后再重新安装铣削另一面，由于数控铣削时不能使用通用铣床加工时常用的试切方法来接刀，往往会因为工件的重新安装而接不好刀。这时，最好采用统一基准定位，因此零件上应有合适的孔作为定位基准孔。如果零件上没有基准孔，也可以专门设置工艺孔作为定位基准，如在毛坯上增加工艺凸台或在后继工序要铣去的余量上设置基准孔。

（5）分析零件的变形情况　数控铣削工件在加工时的变形，不仅影响加工质量，而且当变形较大时，将使加工不能继续进行下去。这时就应当考虑采取一些必要的工艺措施进行预防，如：对钢件进行调质处理，对铸铝件进行退火处理，对不能用热处理方法解决的，也可考虑粗、精加工及对称去余量等常规方法。此外，还要分析加工后的变形问题，采取什么工艺措施来解决。

3. 零件毛坯的工艺性分析

进行零件铣削加工时，由于加工过程的自动化，使余量的大小、如何定位装夹等问题在设计毛坯时就要仔细考虑好；否则，如果毛坯不适合数控铣削，加工将很难进行下去。根据经验，下列几方面应作为毛坯工艺性分析的要点：

（1）毛坯应有充分、稳定的加工余量。

（2）分析毛坯在装夹定位方面的适应性。应考虑毛坯在加工时的装夹定位方面的可靠性与方便性，以便使数控铣床在一次安装中加工出更多的待加工面。主要是考虑要不要另外增加装夹余量或工艺凸台来定位与夹紧，什么地方可以制出工艺孔或要不要另外准备工艺凸耳来特制工艺孔。如图 2-9 所示，该工件缺少定位用的基准孔，用其他方法很难保证工件的定位精度，如果在图示位置增加 4 个工艺凸台，在凸台上制出定位基准孔，这一问题就能得到圆满解决。对于增加的工艺凸耳或凸台，可以在它们完成作用后通过补加工去掉。

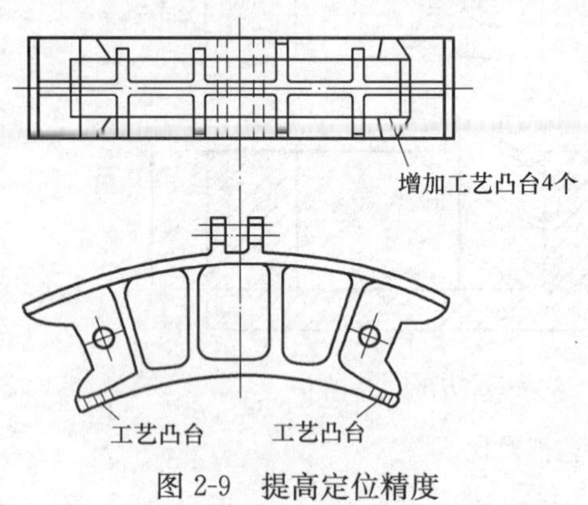

图 2-9　提高定位精度

（3）分析毛坯的余量大小及均匀性　主要考虑在加工时是否要分层切削，分几层切削，也要分析加工中与加工后的变形程度，考虑是否应采取预防性措施与补救措施。如对于热轧的中、厚铝板，经淬火时效后很容易在加工中与加工后变形，最好采用经预拉伸处理后的淬火板坯。

三、刀具选择

1. 对刀具的基本要求

（1）铣刀的刚性要好　这既是为满足提高生产率而采用大切削用量的需要，又是为适应数控铣床加工过程中难以调整切削用量的特点。

（2）铣刀的使用寿命要高　当一把铣刀加工的内容很多时，如果刀具很快磨损而不耐用，这不仅会影响零件的加工质量，还会增加换刀与对刀的次数，而导致零件表面留下接刀痕，降低零件的表面质量，并且增加辅助劳动时间。

总之，根据被加工材料的切削性能及加工余量，选择刚性好、使用寿命高的铣刀，是充分发挥数控铣床的生产效率和获得满意的加工质量的前提。

2. 刀具的种类与选择

（1）刀具的种类　在图 2-10 中介绍了几种常用的刀具类型，其中如图 2-10（a）所示的端铣刀主要用来铣削较大的平面，图 2-10（b）所示的立铣刀类主要用于加工平面和沟槽的侧面，图 2-10（c）、（d）所示的钻头和镗刀主要用于孔的加工，图 2-10（e）所示的

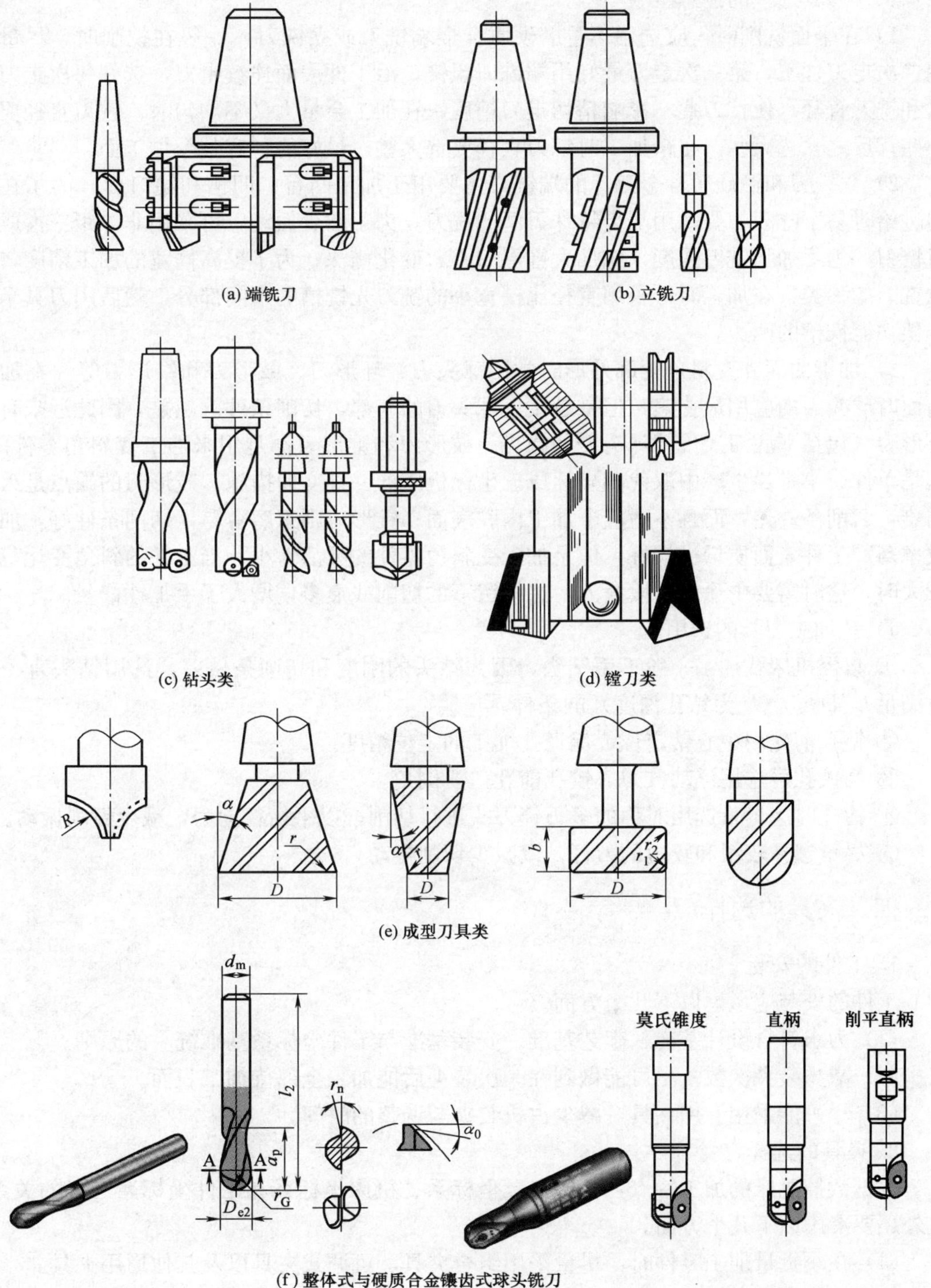

图 2-10　常用的刀具类型

成型铣刀大多用来加工各种形状的内腔、沟槽，图 2-10（f）所示的球头铣刀适用于加工空间曲面和平面间的转角圆弧。

（2）刀具选择的注意事项

1）在平面铣削时，应选用不重磨硬质合金端铣刀或立铣刀　一般在铣削时，尽量采用二次走刀加工，第一次走刀最好用端铣刀粗铣，沿工件表面连续走刀，选好每次走刀宽度和铣刀直径，使接刀痕不影响精切走刀精度，在加工余量大又不均匀时，铣刀直径要选小些；反之，选大些，在精加工时铣刀直径要选大些，最好能包容整个加工面。

2）立铣刀和镶硬质合金刀片的端铣刀主要用于加工凸台、凹槽和箱口面　为了在轴向进给时易于吃刀，要采用端齿特殊刃磨的铣刀；为了减少振动，可采用非等距三齿或四齿铣刀；为了加强铣刀强度，应加大锥形刀心，变化槽深；为了提高槽宽的加工精度，减少铣刀的种类，在加工时可采用直径比槽宽小的铣刀先铣槽的中间部分，然后用刀具半径补偿功能铣槽的两边。

3）加工曲面和变斜角轮廓外形时常用球头刀、环形刀、鼓形刀和锥形刀等　在加工曲面时球头刀的应用最普遍，但是越接近球头刀的底部，切削条件就越差，因此近来有用环形刀（包括平底刀）代替球头刀的趋势。鼓形刀和锥形刀都是用来加工变斜角零件的，这是单件或小批量生产中取代四坐标或五坐标机床的一种变通措施。鼓形刀的缺点是刃磨困难，切削条件差，而且不适应于加工内腔表面；锥形刀则刃磨容易，切削条件好，加工效率高，工件表面质量也较好，但是加工变斜角零件的灵活性小；当工件的斜角变化范围较大时，这时需要中途分阶段换刀，这样留下的切削残痕多，增大了手工锉修量。

4）孔加工刀具的选用

① 数控机床孔加工一般不用钻头，因为钻头的刚度和切削条件差，选用钻头直径 D 应满足 $L/D \leqslant 5$（L 为钻孔深度）的条件。

② 钻孔前先用中心钻定位，保证孔加工的定位精度。

③ 精铰孔可选用浮动铰刀，铰孔前孔口要倒角。

④ 镗孔时应尽量选用对称的多刃镗刀头进行切削，以平衡径向力，减少镗削振动。

⑤ 尽量选择较粗和较短的刀杆，以减少切削振动。

四、夹具的选择

1. 工件的安装

工件的安装应考虑以下几个方面。

（1）力求符合设计基准、工艺基准、安装基准与工件坐标系基准统一的原则。

（2）减少装夹次数，尽可能做到在一次装夹后能加工全部待加工表面。

（3）尽可能采用专用夹具，减少占机装夹与调整的时间。

2. 夹具的选择

根据数控机床的加工特点，协调夹具坐标系、机床坐标系和工件坐标系三者的关系，此外还要考虑以下几个方面。

（1）在小批量加工零件时，尽量采用组合夹具、可调式夹具以及其他通用夹具。

（2）成批生产考虑采用专用夹具，力求装卸方便。

（3）夹具的定位及夹紧机构元件不能影响刀具的走刀运动。

（4）装卸零件要方便可靠，成批生产可采用气动夹具、液压夹具和多工位夹具。

3. 常用夹具的种类

（1）通用铣削夹具　有通用螺钉压板、平口钳和三爪卡盘等。

① 螺钉压板　利用T形槽螺栓和压板将工件固定在机床工作台上即可。装夹工件时，需根据工件装夹精度要求，用百分表等找正工件。

② 机用平口钳（又称虎钳）　形状比较规则的零件铣削时常用平口钳装夹，方便灵活，适应性广。当加工一般精度零件和夹紧力较小时，常用机械式平口钳，如图2-11（a）所示，靠丝杠和螺母的相对运动来夹紧工件；当加工精度要求较高或夹紧力较大时，可采用较高精度的液压式平口钳，如图2-11（b）所示，压力油从油路6进入油缸后，推动活塞4移动，活塞拉动活动钳口向右移动夹紧工件。

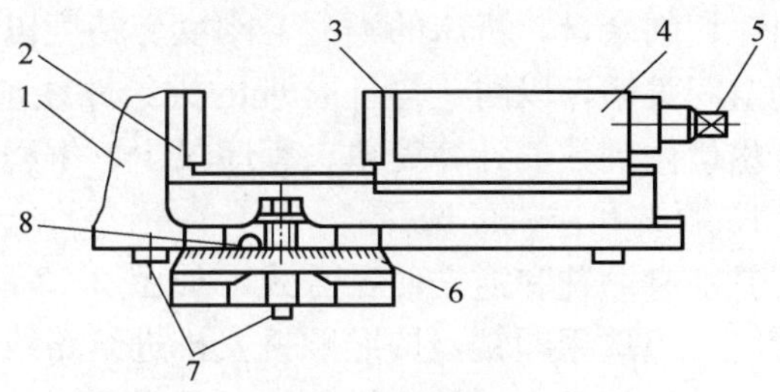

(a) 机械式平口钳

1—钳体　2—固定钳口　3—活动钳口　4—活动钳身
5—丝杠方头　6—底座　7—定位键　8—钳体零线

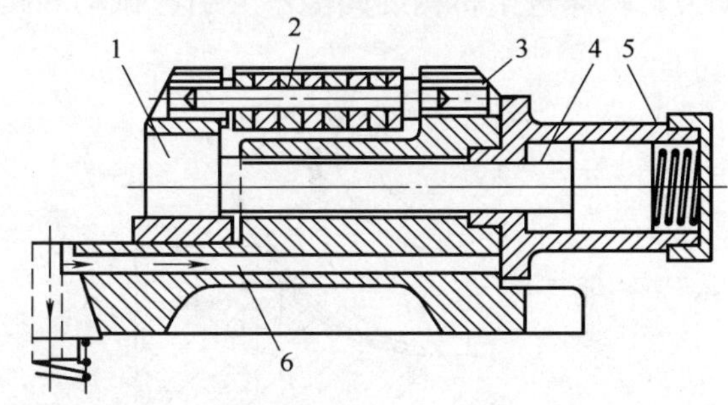

(b) 液压式平口钳

1—活动钳口　2—心轴　3—钳口　4—活塞　5—弹簧　6—油路

图2-11　机用平口钳

平口钳在数控铣床工作台上安装时，要控制钳口与X或Y轴的平行度，零件夹紧时要注意控制工件变形和一端钳口上翘。

③ 铣床用卡盘　当需要在数控铣床上加工回转体零件时，可以采用三爪卡盘装夹。对于非回转体零件可采用四爪卡盘装夹。铣床用卡盘使用T形槽螺栓将卡盘固定在机床工作台上即可。

（2）专用铣削夹具　专用铣削夹具是特别为某一项或类似的几项工件设计制造的夹具，一般在产量较大时采用。其结构固定，仅适用于一个具体零件的具体工序，这类夹具设计应力求简化，目的是使制造时间尽量缩短。

（3）多工位夹具　可以同时装夹多个工件，可减少换刀次数，以便于一面加工，一面装卸工件，有利于缩短辅助加工时间，提高生产率，较适合中小批量生产，如图2-12所示。

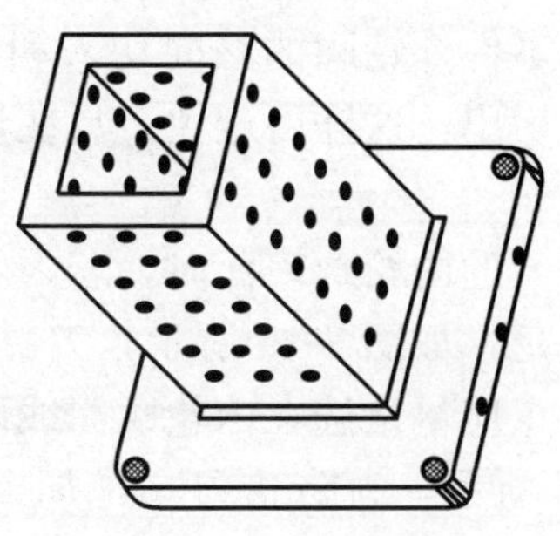

图2-12　多工位夹具

（4）气动或液压夹具　适合生产批量较大，采用其他夹具又特别费工、费力的场合，能减轻工人劳动强度和提高生产率，但此类夹具结构较复杂，造价往往很高，而且制造周期较长。

五、数控铣床进给路线的确定

进给路线是刀具在整个加工工序中相对于工件的运动轨迹，它不但包括工步的内容，还反映出工步的顺序。进给路线的确定是工艺分析中一项极为重要的工作，它是编写程序的依据。

在确定进给路线时，要考虑零件的被加工表面的精度、表面质量、表面形状，零件的材料、切削余量，机床的类型、刚度、精度以及刀具的刚性等。还要考虑被加工表面与夹具的空间关系，以防碰撞。合理的进给路线应是能保证零件的加工精度、表面质量的要求，尽量做到数值计算简单、程序段少、编程量少，进给路线短、空行程少的高效路线。

1. 顺铣和逆铣的选择

铣削有顺铣和逆铣两种方式，如图 2-13 所示。当工件表面无硬皮，机床进给机构无间隙时，应选用顺铣，按照顺铣安排进给路线。因为采用顺铣加工后，零件已加工表面质量好，刀齿磨损小。精铣时，应尽量采用顺铣。当工件表面有硬皮，机床的进给机构有间隙时，应选用逆铣，按照逆铣安排进给路线。因为逆铣时，刀齿是从已加工表面切入，不会崩刀；机床进给机构的间隙不会引起振动和爬行。

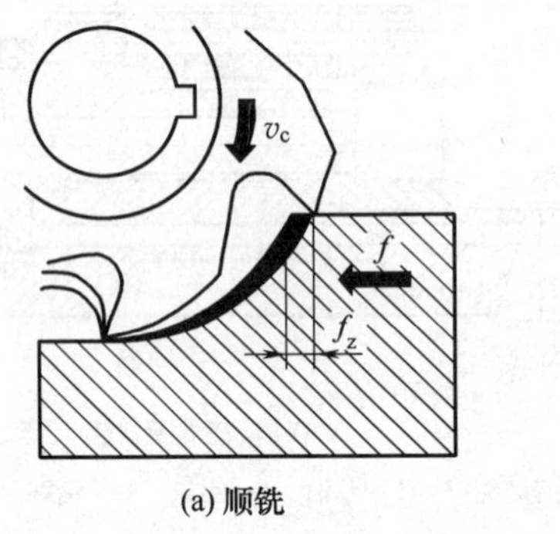

(a) 顺铣

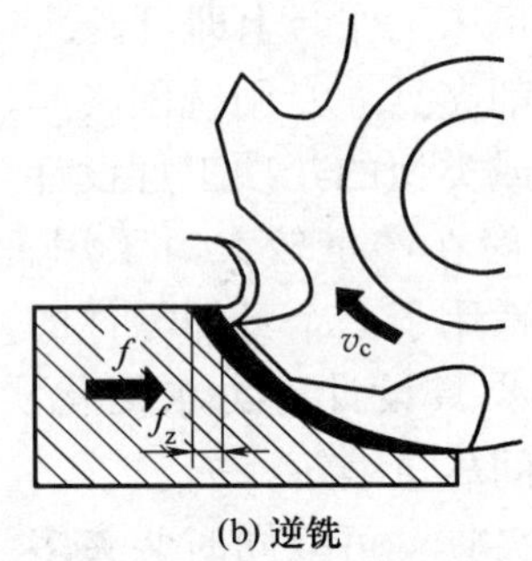

(b) 逆铣

图 2-13　顺铣与逆铣

2. 保证零件的加工精度和表面粗糙度要求

（1）当铣削平面零件外轮廓时，一般采用立铣刀侧刃切削。立铣刀侧刃铣削平面零件外轮廓时避免沿零件外轮廓的法向切入和切出，如图 2-14 所示，应沿着外轮廓曲线的切向延长线切入或切出，这样可避免刀具在切入或切出时产生的刀刃切痕，保证零件曲面的平滑过渡。

（2）铣削封闭的内轮廓表面时，若内轮廓外延，则应沿切线方向切入、切出。若内轮廓曲线不允许外延，如图 2-15 所示，刀具只能沿内轮廓曲线的法向切入、切出，此时刀具的切入、切出点应尽量选在内轮廓曲线两几何元素的交点处。当内部几何元素相切无交点时，如图 2-16 所示，为防止刀具施加刀偏时在轮廓拐角处留下凹口，如图 2-16（a），刀具切入、切出点应远离拐角，如图 2-16（b）所示。

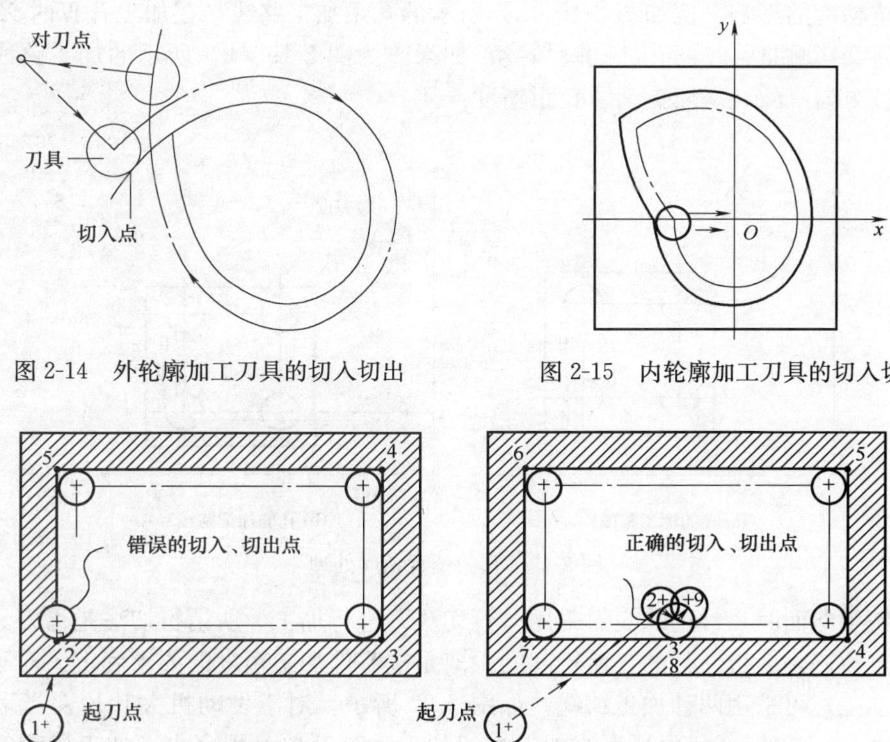

图 2-14　外轮廓加工刀具的切入切出

图 2-15　内轮廓加工刀具的切入切出

(a) 错误的切入、切出点

(b) 正确的切入、切出点

图 2-16　无交点内轮廓加工刀具的切入和切出

(3) 当用圆弧插补方式铣削外整圆时，如图 2-17 所示，要安排刀具从切向进入圆周铣削加工，当整圆加工完毕后，不要在切点处直接退刀，而让刀具多运动一段距离，最好沿切线方向，以免取消刀具补偿时，刀具与工件表面相碰撞，造成工件报废。铣削内圆弧时，也要遵守从切向切入的原则，安排切入、切出过渡圆弧，如图 2-18 所示，若刀具从工件坐标原点出发，其加工路线为 1→2→3→4→5，这样，可提高内孔表面的加工精度和质量。

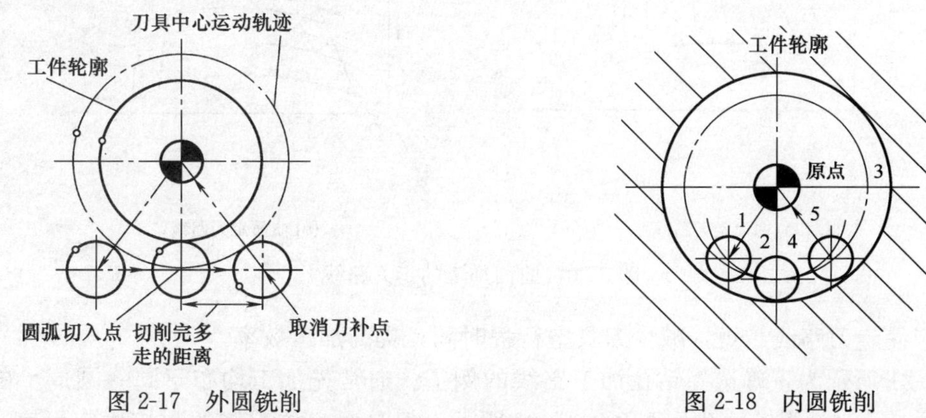

图 2-17　外圆铣削

图 2-18　内圆铣削

(4) 对于孔位置精度要求较高的零件，在精镗孔系时，镗孔路线一定要注意各孔的定位方向一致，即采用单向趋近定位点的方法，以避免传动系统反向间隙误差或测量系统的误差对定位精度的影响。例如图 2-19（a）所示的孔系加工路线，在加工孔Ⅳ时 X 方向的反向间隙将会影响Ⅲ、Ⅳ两孔的孔距精度；如果改为图 2-19（b）所示的加工路线，可使各孔的定位方向一致，从而提高了孔距精度。

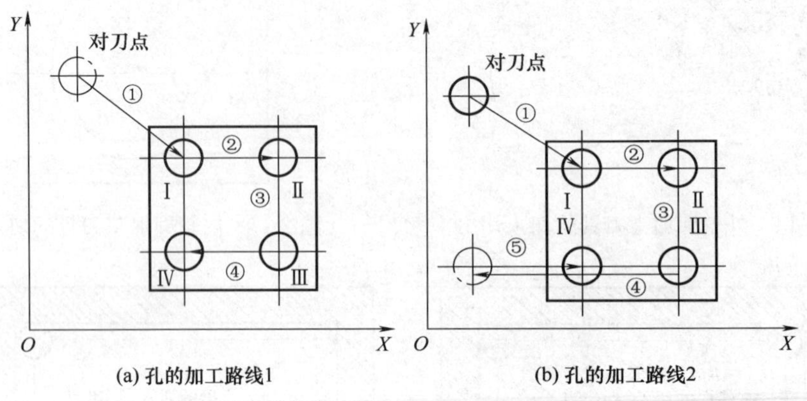

图 2-19　孔的位置精度处理

（5）铣削曲面时，常用球头刀采用“行切法”进行加工。所谓行切法是指刀具与零件轮廓的切点轨迹是一行一行的，而行间的距离是按零件加工精度的要求确定。对于边界敞开的曲面加工，可采用两种加工路线，如图 2-20 所示。对于发动机大叶片，当采用图 2-20（a）的加工方案时，每次沿直线加工，刀位点计算简单，程序少，加工过程符合直纹面的形成，可以准确保证母线的直线度。当采用图 2-20（b）的加工方案时，符合这类零件数据给出情况，便于加工后检验，叶形的准确度高，但程序较多。由于曲面零件的边界是敞开的，没有其他表面限制，所以曲面边界可以延伸，球头刀应由边界外开始加工。

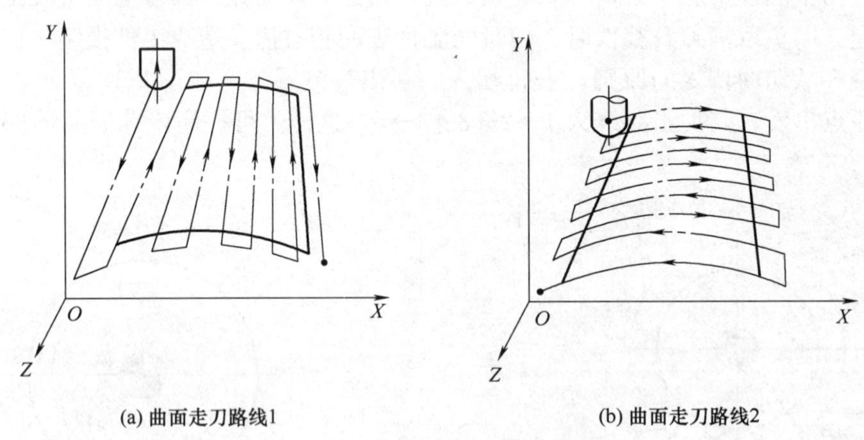

图 2-20　曲面加工的走刀路线

3. 应使走刀路线最短，减少刀具空行程时间，提高加工效率

图 2-21 所示为正确选择钻孔加工路线的例子。通常先加工均布于同一圆周上的八个孔，再加工另一圆周上的孔如图 2-21（a）所示。但是对点位控制的数控机床而言，要求定位精度高，定位过程尽可能快，因此这类机床应按空行程最短来安排走刀路线如图2-21（b）所示，以节省加工时间，提高效率。

4. 最终轮廓一次走刀完成

为保证工件轮廓表面加工后的粗糙度要求，最终轮廓应安排在最后一次走刀中连续加工出来。如图 2-22（a）为用行切方式加工内腔的走刀路线，这种走刀能切除内腔中的全部余量，不留死角，不伤轮廓。但行切法将在两次走刀的起点和终点间留下残留高度，而达不到要求的表面粗糙度。所以如采用图 2-22（b）的走刀路线，先用行切法，最后沿周向环切一刀，光整轮廓表面，能获得较好的效果。图 2-22（c）也是一种较好的走刀路线方式。

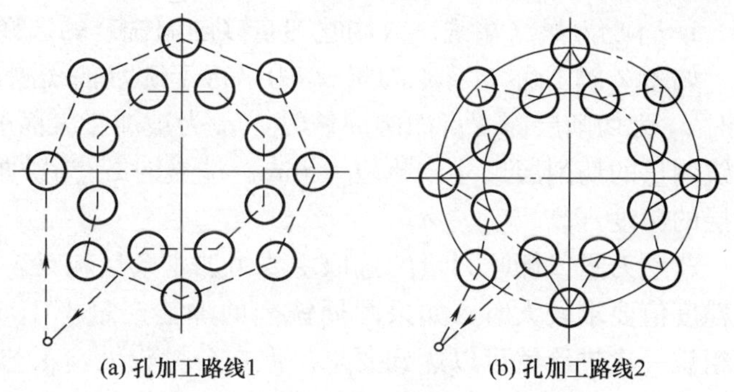

图 2-21　最短加工路线选择

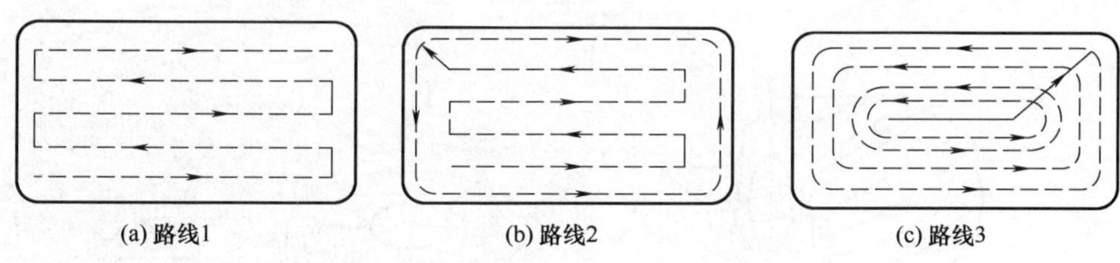

图 2-22　铣削内腔的三种走刀路线

5. 选择使工件在加工后变形小的路线

对于横截面积小的细长零件或薄板零件应采用分几次走刀加工到最后尺寸或对称去除余量法安排走刀路线。安排工步时，应先安排对工件刚性破坏较小的工步。

此外，轮廓加工中应避免进给停顿。因为加工过程中的切削力会使工艺系统产生弹性变形并处于相对平衡的状态，进给停顿时，切削力突然减小，会改变系统的平衡状态，刀具会在进给停顿处的零件轮廓上留下刻痕。为提高工件表面的精度和减小粗糙度，可以采用多次走刀的方法，精加工余量一般以 0.2～0.5mm 为宜，而且精铣时宜采用顺铣，以减小零件被加工表面粗糙度的值。

六、数控铣床切削用量的选择

切削用量的选择应保证零件加工精度和表面粗糙度，充分发挥刀具切削性能，保证合理的刀具耐用度；并充分发挥机床的性能，最大限度提高生产率，降低成本。数控铣粗、精加工时切削用量的选择原则如下：

粗加工时切削用量的选择原则——首先选取尽可能大的背吃刀量；其次要根据机床动力和刚性的限制条件等，选取尽可能大的进给量；最后根据刀具耐用度确定最佳的切削速度。

精加工时切削用量的选择原则——首先根据粗加工后的余量确定背吃刀量；其次根据已加工表面的粗糙度要求，选取较小的进给量；最后在保证刀具耐用度的前提下，尽可能选取较高的切削速度。

1. 背吃刀量（端铣）或侧吃刀量（圆周铣）的选择

如图 2-23 所示，背吃刀量 a_p 为平行于铣刀轴线测量的切削层尺寸，单位为 mm。端铣时 a_p 为切削层深度；而圆周铣时，a_p 为被加工表面的宽度。侧吃刀量 a_e 为垂直于铣刀轴线测量的切削层尺寸，单位为 mm。端铣时 a_e 为被加工表面的宽度，而圆周铣时为切削层的深度。

背吃刀量或侧吃刀量的选取主要由加工余量和对表面质量的要求决定。①在工件表面粗糙度值要求较大时，如果圆周铣削的加工余量小于 5mm，端铣的加工余量小于 6mm，则粗铣一次进给就可以达到要求。但在余量较大，工艺系统刚性较差或机床动力不足时，可多分几次进给完成。②在工件表面粗糙度值要求较小时，可分粗铣和半精铣两步进行。粗铣时背吃刀量或侧吃刀量选取同前。粗铣后留 0.5～1.0mm 的余量，在半精铣时切除。③在工件表面粗糙度值要求很小时，可分粗铣、半精铣和精铣三步进行。半精铣时背吃刀量或侧吃刀量取 1.5～2mm；精铣时圆周铣侧吃刀量取 0.3～0.5mm，端铣背吃刀量 0.5～1.0mm。

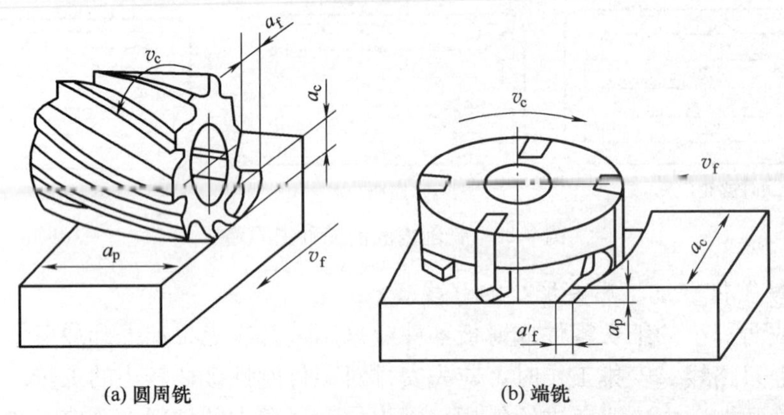

(a) 圆周铣　　(b) 端铣

图 2-23　铣削用量

2. 进给量 f 和进给速度 v_f 的选择

进给量 f 和进给速度 v_f 的选择应根据零件的表面粗糙度、加工精度要求、刀具及工件材料等因素，参考有关切削用量手册选取。切削时的进给速度还应与主轴转速和切削深度等切削用量相适应，不能顾此失彼。工件刚性差或刀具强度低时，应取小值。加工精度和表面粗糙度要求较高时，进给量应选得小些，但不能选得过小，过小的进给量反而会使表面粗糙度增大。轮廓加工中，选择进给量时还应注意轮廓拐角处的“超程”和“欠程”问题。如图 2-24 所示，用圆柱铣刀铣削图示轮廓表面时，铣刀由 A 向 B 运动，进给速度较高时，由于惯性在拐角 B 处可能出现超程现象，拐角处的金属被多切去一些。为此要选择变化的进给量，即在接近拐角处应当适当降低进给量，过拐角后再逐渐升高，以保证加工精度。另外，在切削过程中，切削力的作用，使机床、工件和刀具的工艺系统产生变形，从而使刀具产生滞后，在拐角处会产生欠

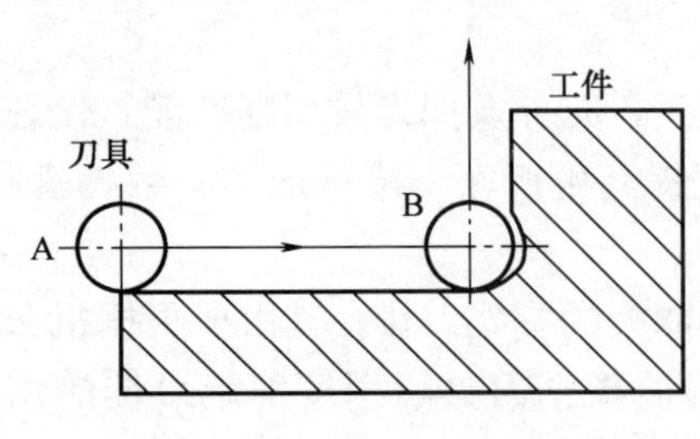

图 2-24　圆柱铣刀铣削

程现象。采用增加减速程序段或暂停程序的方法，可以减少由此产生的欠程现象。对于铣削时的进给量可以参考表 2-1 选择。

表 2-1　　各种铣刀进给量　　单位：mm/齿

铣刀 工件材料	平铣刀	面铣刀	圆柱铣刀	端铣刀	成形铣刀	高速钢镶刃刀	硬质合金镶刃刀
铸铁	0.2	0.2	0.07	0.05	0.04	0.3	0.1
可锻铸铁	0.2	0.15	0.07	0.05	0.04	0.3	0.09
低碳钢	0.2	0.2	0.07	0.05	0.04	0.3	0.09
中高碳钢	0.15	0.15	0.06	0.04	0.03	0.2	0.08
铸钢	0.15	0.1	0.07	0.05	0.04	0.2	0.08
镍铬钢	0.1	0.1	0.05	0.02	0.02	0.15	0.06
黄铜	0.2	0.2	0.07	0.05	0.04	0.03	0.21
青铜	0.15	0.15	0.07	0.05	0.04	0.03	0.1
铝	0.1	0.1	0.07	0.05	0.04	0.02	0.1
Al-Si 合金	0.1	0.1	0.07	0.05	0.04	0.18	0.08
Mg-Al-Zn 合金	0.1	0.1	0.07	0.04	0.03	0.15	0.08
Al-Cu-Mg 合金	0.15	0.1	0.07	0.05	0.04	0.02	0.1

3. 切削速度的选择

主轴转速应根据允许的切削速度和刀具直径来选择。

切削速度的计算公式如式（2-1）所示：

$$v_c = \frac{\pi d n}{1000}(\mathrm{m/min}) \tag{2-1}$$

式中，v_c 为切削速度，m/min；d 为刀具直径，mm；n 为主轴转速，r/min；π 为常数（约等于 3.14）。切削速度也可根据表 2-2 中提供的数据选取。

表 2-2　　铣刀切削速度　　单位：m/min

工件材料	铣刀材料					
	碳素钢	高速钢	超高速钢	合金钢	碳化钛	碳化钨
铝合金	75～150	180～300		240～460		300～600
镁合金		180～270				150～600
钼合金		45～100				120～190
黄铜(软)	12～25	20～25		45～75		100～180
青铜	10～20	20～40		30～50		60～130
青铜(硬)		10～15	15～20			40～60
铸铁(软)	10～12	15～20	18～25	28～40		75～100
铸铁(硬)		10～15	10～20	18～28		45～60
激冷铸铁			10～15	12～18		30～60
可锻铸铁	10～15	20～30	25～40	35～45		75～110
钢(低碳)	10～14	18～28	20～30		45～70	
钢(中碳)	10～15	15～25	18～28		40～60	
钢(高碳)		10～15	12～20		30～45	
合金钢					35～80	
合金钢(硬)					30～60	
高速钢			12～25		45～70	

七、确定对刀点与换刀点

(1) 对刀点是指通过对刀确定刀具与工件相对位置的基准点。对刀点可以设在零件上、夹具上或机床上，但必须与零件的定位基准有已知的准确关系。当对刀精度要求较高时，对刀点应尽量选在零件的设计基准或工艺基准上。对于以孔定位的零件，可以取孔的中心作为对刀点。

(2) 刀位点是指确定刀具位置的基准点。如平头立铣刀的刀位点一般为端面中心；球头铣刀的刀位点取为球心；钻头为钻尖。

(3) 换刀点应根据工序内容来做安排，为了防止换刀时刀具碰伤工件，换刀点往往设在距离零件较远的地方。对刀时应使对刀点与刀位点重合。

八、典型零件的加工工艺分析

平面凸轮零件是数控铣削加工中常见的零件之一，其轮廓曲线组成不外乎直线—圆弧、圆弧—圆弧、圆弧—非曲线及非圆曲线等几种。所用数控机床多为两轴以上联动的数控铣床，加工工艺过程也大同小异。下面以图 2-25 所示的平面槽形凸轮为例，分析其数控铣削加工工艺，其外部轮廓尺寸已经由前道工序加工完毕，本工序的主要任务是加工槽与孔。该零件材料为 HT200。

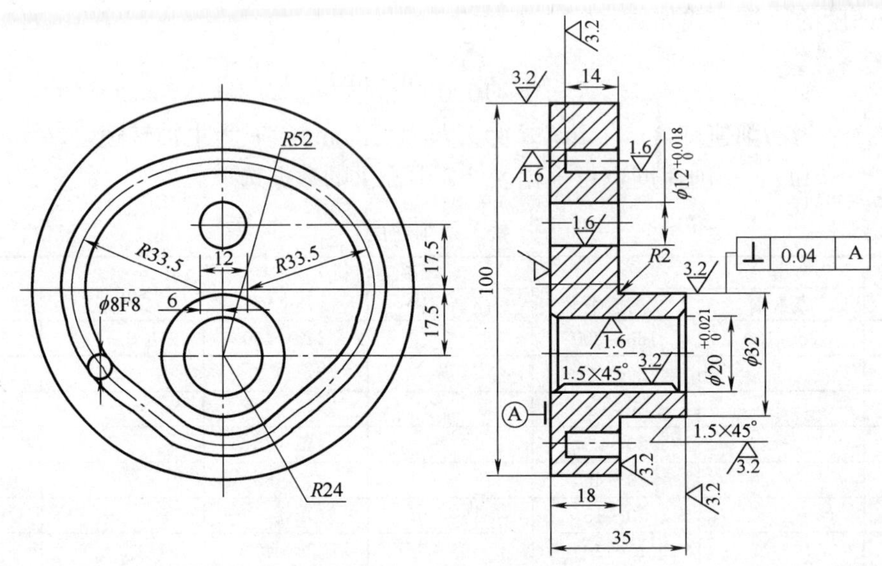

图 2-25 平面槽形凸轮

1. 零件图工艺分析

零件材料为铸铁，其切削加工工艺性能较好。凸轮槽的内外轮廓由直线和圆弧组成，凸轮槽的侧面与 $\phi20^{+0.021}_{0}$ mm 和 $\phi12^{+0.018}_{0}$ mm 两内孔表面粗糙度要求较高，为 $Ra1.6$mm。凸轮槽的内外轮廓面、$\phi20^{+0.021}_{0}$ mm 孔与底面有垂直度要求。

由上述分析可知，凸轮槽内外轮廓面及 $\phi20^{+0.021}_{0}$ mm、$\phi12^{+0.018}_{0}$ mm 两孔的加工应分粗、精两个加工阶段进行，以保证表面粗糙度要求。对于垂直度要求，只要提高装夹精度和装夹刚度，使面与铣刀、钻头轴线垂直即可满足。

2. 确定装夹方案

一般大型凸轮可用等高垫块垫在工作台上，然后用压板螺栓在凸轮的孔上压紧。外轮廓平面盘型凸轮的垫块要小于凸轮的轮廓尺寸，不与铣刀发生干涉。对于小型凸轮，一般用心轴定位，压紧即可。

根据图 2-25 所示的平面槽形凸轮的结构特点，采用“一面两孔”定位。用一块 120mm×120mm×40mm 的垫块，在垫块上分别精镗 ϕ20mm 及 ϕ12mm 两个定位销安装孔，孔距为 35mm，垫块平面度为 0.04mm。加工前先固定垫块，使两定位销孔的中心连线与机床的 X 轴平行，垫块的平面要保证和工作台平行，并用百分表检查。

图 2-26 为本例凸轮零件的装夹方案示意图。加工 $\phi20^{+0.021}_{0}$mm 及 $\phi12^{+0.018}_{0}$mm 两孔时，以底面 A 定位，采用双螺母压紧，提高装夹刚度，防止铣削时因螺母松动引起的振动。加工凸轮槽内外轮廓时，采用“一面两孔”方式定位，即以底面 A 和 $\phi20^{+0.021}_{0}$mm 及 $\phi12^{+0.018}_{0}$mm 两个孔为定位基准。

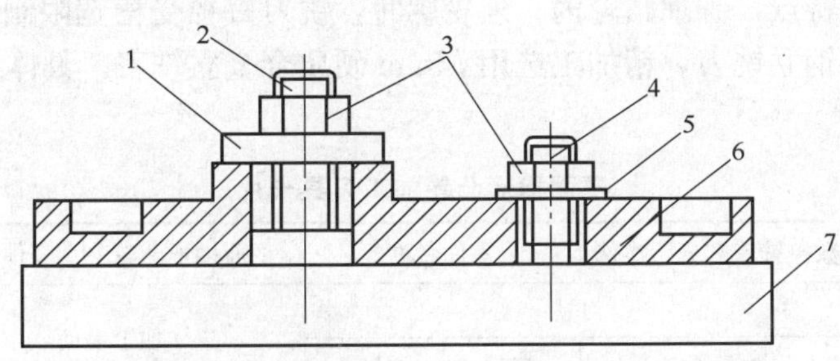

图 2-26　凸轮零件的装夹方案示意图

1—开口垫圈　2—带螺纹圆柱销　3—压紧螺母　4—带螺纹削边销

5—垫圈　6—工件　7—垫块

3. 确定加工顺序及进给路线

加工顺序的拟订按照基面先行的原则和先粗后精的原则确定。因此，应先加工用作定位基准的 $\phi20^{+0.021}_{0}$mm 及 $\phi12^{+0.018}_{0}$mm 两个孔，然后加工凸轮槽内外轮廓表面。为保证加工精度，粗、精加工应分开，其中 $\phi20^{+0.021}_{0}$mm 及 $\phi12^{+0.018}_{0}$mm 两个孔的加工采用钻孔—粗铰—精铰方案。

进给路线包括平面内进给和深度进给两部分。平面内进给时，对外凸轮廓从切线方向切入，对内凹轮廓从过渡圆弧切入。为使凸轮槽表面具有较好的表面质量，采用顺铣方式铣削，对外凸轮廓按顺时针方向铣削，对内凹轮廓按逆时针方向铣削。图 2-27 所示即为铣刀在水平面内的切入进给路线。在两轴联动的数控铣床上，对铣削平面槽形凸轮，深度进给有两种方法：一种是在 XZ（或 YZ）平面内来回铣削逐渐进刀到既定深度；另一种方法是先打工艺孔，然后从工艺孔进刀到既定深度。

4. 刀具的选择

铣刀材料和几何参数主要根据零件材料切削加工性、工件表面几何形状和尺寸大小选择；切削用量则根据零件材料特点、刀具性能及加工精度要求确定。通常为提高切削效率，要尽量选用大直径的铣刀；侧吃刀量取刀具直径的 1/3～2/3，被吃刀量应大于冷硬

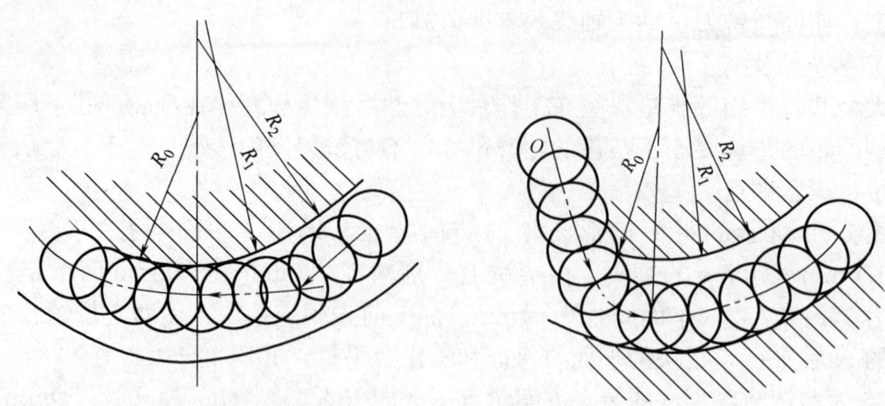

图 2-27 平面槽形凸轮的切入进给路线

层厚度；切削速度和进给速度应通过实验来选取效率和刀具寿命的综合最佳值。精铣时切削速度应高些。

根据零件结构特点，铣削凸轮内、外轮廓时，铣刀直径受槽宽限制，取 ϕ6mm。粗加工选用 ϕ6mm 高速钢立铣刀，精加工选用 ϕ6mm 硬质合金立铣刀。具体刀具及其加工表面如表 2-3 所示。

表 2-3　　平面槽形凸轮加工刀具卡片

产品名称或代号		数控铣工艺分析实例	零件名称		平面槽形凸轮	零件图号	TL—001
序号	刀具号	刀具			加工表面		备注
		规格名称	数量	刀长			
1	T01	ϕ5mm 中心钻	1		钻 ϕ5mm 中心孔		
2	T02	ϕ19.6mm 钻头	1	45	钻 ϕ20mm 孔粗加工		
3	T03	ϕ11.6mm 钻头	1	30	钻 ϕ12mm 孔粗加工		
4	T04	ϕ20mm 铰刀	1	45	ϕ20mm 孔精加工		
5	T05	ϕ12mm 铰刀	1	30	ϕ12mm 孔精加工		
6	T06	90°倒角铣刀	1		ϕ20mm 孔倒角 1.5×45°		
7	T07	ϕ6mm 高速钢立铣刀	1	20	粗加工轮槽内、外轮廓		底圆角 $R0.5$
8	T08	ϕ6mm 硬质合金立铣刀	1	20	精加工轮槽内、外轮廓		
编制		审核			批准	共　页	第　页

5. 切削用量的选择

凸轮槽内、外轮廓精加工时留 0.1mm 铣削余量，精铰 $\phi 20^{+0.021}_{0}$ mm、$\phi 12^{+0.018}_{0}$ mm 两个孔时留 0.1mm 铰削余量。选择主轴转速与进给速度时，先查切削手册，确定切削速度与每齿进给量，然后计算出进给速度与主轴转速（计算过程从略）。

6. 填写数控加工工艺卡

将各工步的加工内容、所用刀具和切削用量填入表 2-4 平面槽形凸轮数控加工工序卡片中。

表 2-4　　　　　　　　**平面槽形凸轮数控加工工序卡片**

单位名称		产品名称或代号		零件名称		零件图号	
		数控车工艺分析实例		槽形凸轮			
工序号	程序编号	夹具名称		使用设备		加工车间	
001	P001-001	三爪卡盘和螺旋压板		XK5025/4		数控车间	
工步号	工步内容	刀具号	刀具规格/mm	主轴转速/(r/min)	进给速度/(mm/min)	背吃刀量/mm	备注
1	A面定位钻两中心孔(φ5mm)	T01	φ5	800			自动
2	钻φ19.6mm孔	T02	φ19.6	400	40		自动
3	钻φ11.6mm孔	T03	φ11.6	400	40		自动
4	铰φ20mm孔	T04	φ20	130	20	0.2	自动
5	铰φ12mm孔	T05	φ12	130	20	0.2	自动
6	φ20mm孔倒角1.5×45°	T06	90°	400	20		
7	一面两孔定位粗铣轮槽内轮廓	T07	φ6	1100	40	4	
8	粗铣轮槽的外轮廓	T07	φ6	1100	40	4	
9	精铣轮槽内轮廓	T08	φ6	1500	20	14	
10	精铣轮槽外轮廓	T08	φ6	1500	20	14	
11	翻面装夹，铣φ20mm孔另一侧倒角1.5×45°	T08	90°	400	20		
编制		审核		批准			共　页

第二节　数控铣床的编程基础

以华中世纪星（HNC-21/22M）数控系统为例来说明数控铣床程序编制的有关指令及方法。

一、编程指令简介

（一）G功能指令

准备功能G代码是建立坐标平面、坐标系偏置、刀具与工件相对运动轨迹（插补功能），以及刀具补偿等多种加工操作方式的指令。范围为G00～G99。各G代码指令的功能如表2-5所示。

G代码分为两类，一类G代码仅在被指定的程序段中有效，称为非模态G代码，例如G04等；另一类称为模态代码，一经指定，一直有效，直到被新的模态G代码取代，如G00、G01等。同一组的G代码，在一个程序段中，只能有一个被指定，如果同组的几个G代码同时出现在一个程序段中，那么最后输入的那个G代码有效。在固定循环中，如遇有01组的G代码时，固定循环将被自动撤销，相反01组的G代码却不受固定循环影响。

（二）辅助功能M指令

辅助功能M指令，由地址字M后跟一至两位数字组成，如M00～M99。主要用来设

表 2-5　　　　华中世纪星（HNC-21/22M）G 代码功能

G 代码	组别	功　能	G 代码	组别	功　能
G00	01	快速点定位	G57	11	选择第四工件坐标系
★G01		直线插补（进给速度）	G58		选择第五工件坐标系
G02		圆弧/螺旋线插补（顺圆）	G59		选择第六工件坐标系
G03		圆弧/螺旋线插补（逆圆）	G60		单方向定位
G04	00	暂停	★G61	12	精确停止校验方式
G07	16	虚轴指定	G64		连续方式
G09	00	准停校验	G65	06	宏程序及宏程序调用指令
★G17	02	选择 XY 平面	G67		宏程序模式调用取消
G18		选择 ZX 平面	G68	13	坐标旋转指令
G19		选择 YZ 平面	G69		坐标旋转撤销
G20	08	用英制尺寸输入	G73	06	深孔钻削循环
★G21		用公制尺寸输入	G74		反攻丝循环
G22		用脉冲当量输入	G76		精镗循环
G24	03	镜像开	★G80		撤销固定循环
G25		镜像关	G81		定心钻循环
G28	00	返回参考点	G82		钻孔循环
G29		从参考点返回	G83		深孔钻削循环
★G40	09	刀具半径补偿撤销	G84		攻丝循环
G41		刀具半径左偏补偿	G85		镗孔循环
G42		刀具半径右偏补偿	G86		镗孔循环
G43	10	刀具长度正补偿	G87		反镗孔循环
G44		刀具长度负补偿	G88		镗孔循环
★G49		刀具长度补偿撤销	G89		镗孔循环
★G50	04	比例功能撤销	★G90	13	绝对方式编程
G51		比例功能	G91		增量方式编程
G52	00	局部坐标系设定	G92	00	工件坐标系设定
G53		直接机床坐标系编辑	★G94	14	每分钟进给
★G54	11	选择第一工件坐标系	G95		每转进给
G55		选择第二工件坐标系	★G98		孔加工固定循环返回起始点
G56		选择第三工件坐标系	G99		孔加工固定循环返回 R 点

注：00 组中的 G 代码是非模态的，其他组的代码上模态的。
★标记者为默认者。

定数控机床电控装置单纯的开/关动作，以及控制加工程序的执行走向。现将常用的 M 指令的用法介绍如下。

1. 程序停止运行指令 M00

在完成程序段的其他指令后，使主轴回转、进给运动、冷却液等均停止。因为在加工过程中往往需要停机检查、测量工件尺寸，或者手工换刀、手动变速等，变可是使用该指令。程序停止后，再按下启动按钮，可以继续执行程序。

2. 计划停止指令 M01

M01 与 M00 相似，但与 M00 指令不同的是，必须预先将操作面板上的选择停止开关处于计划停止状态时，M01 才起作用。该指令主要用于加工工件的抽样检查。

3. 程序结束指令 M02

该指令用于程序的最后一段。表示工件已加工完毕，机床运动均停止，并使数控系统处于复位状态。

4. 主轴控制指令 M03、M04、M05

M03、M04 和 M05 的功能分别为控制主轴的顺时针方向转动、逆时针方向转动和停止。M05 在该程序段其他指令执行完毕后才执行停止。

5. 换刀指令 M06

自动换刀是由“机械手-刀库”来实现的（如加工中心），换刀过程分为换刀和选刀两类动作，换刀用 M06，选刀用 T 功能字。例如 M06 T01。

手动换刀指令 M06 用来显示待换刀号。对显示换刀号的数控机床，换刀是用手动实现的。程序中应安排计划停止指令 M01，且安置换刀点，手动换刀后再启动机床开始工作。

6. 冷却液控制指令 M07、M08、M09

M07 表示打开 2 号冷却液，M08 表示打开 1 号冷却液，M09 用于关闭冷却液。

7. M30——程序停止

使用 M30 时，除表示执行 M02 指令的内容外，程序光标还返回到程序的第一语句，准备下一个工件的加工。

（三）F、S、T 功能

1. 进给功能 F

F 指令表示工件被加工时刀具相对于工件的合成进给速度，F 的单位取决于 G94（每分钟进给量 mm/min）或 G95（每转进给量 mm/r）。当工作在 G01，G02 或 G03 方式下，编程的 F 一直有效，直到被新的 F 值所取代，而工作在 G00、G60 方式下，快速定位的速度是各轴的最高速度，由 CNC 参数设定，与所编 F 无关。借助操作面板上的倍率按键，F 可在一定范围内进行倍率修调。当执行攻丝循环 G84、GT4 时，倍率开关失效，进给倍率固定在 100%。

2. 主轴功能 S

主轴功能 S 控制主轴转速，其后的数值表示主轴速度，单位为转/每分钟（r/min）。S 是模态指令，S 功能只有在主轴速度可调节时有效。S 所编程的主轴转速可以借助机床控制面板上的主轴倍率开关进行修调。

例如，S1300，表示主轴转速是 1300r/min。

3. 刀具功能 T

T 是刀具功能字，后跟两位数字指示更换刀具的编号和刀补值。

指令格式：T××××

如 T0101，前一个 01 指的是选用 01 号刀，第二个 01 指的是调入 01 号刀补值。又如 T0100，则是用 01 号刀，且取消刀补。

二、数控铣床基本编程指令的用法与应用

（一）工件坐标系的设定与选择

在数控机床的加工过程中，刀具在机床行程范围内的位置由坐标确定，那么坐标系的

设定是编程计算的第一步，应根据不同的加工要求和编程的方便性进行恰当的选择。常用的坐标系有机床坐标系，工件坐标系和局部坐标系三类。

工件坐标系是编程时使用的坐标系，又称为编程坐标系。程序中的坐标值均以此坐标系为依据。为了编程方便，一般将编程坐标系设在工件上，并将坐标原点设在图样的设计、工艺基准处，所以编程坐标系又称工件坐标系，其坐标原点又称工件零点或编程零点。按照零件图纸编制程序时，其编程原点即为刀具开始运动的起刀点。在刀具开始运动之前应确定工件坐标系在机床坐标系的位置，这个过程由 G92、G54～G59 等指令设定。

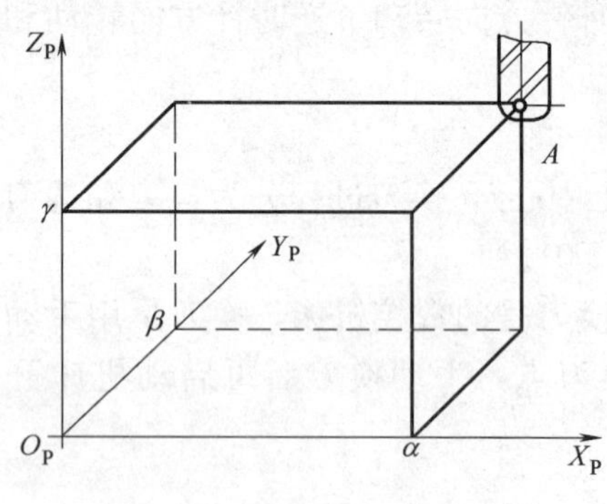

图 2-28　G92 设定工件坐标系

1. G92 设定工件坐标系

指令格式：G92 X＿ Y＿ Z＿；

如图 2-28 所示，先使刀位点位于刀具起点 A，若已知刀具起点相对于工件坐标的坐标值为（α，β，γ），则执行程序段 G92 Xα Yβ Zγ 后，即建立了以工件零点 O_p 为坐标原点的工件坐标系。执行 G92 指令时机床不产生任何动作。

2. 工件坐标系选择 G54～G59

格式：

G54

G55

G56

G57

G58

G59

说明：G54～G59 可预定 6 个工件坐标系，如图 2-29 所示，根据需要任意选用。这 6 个预定工件坐标系的原点在机床坐标系中的值，用 MDI 方式预先输入在“坐标系”功能表中，系统自动记忆。当程序中执行 G54～G59 中某一个指令，后续程序段中绝对值编程时的指令值均为相对此工件坐标系原点的值。G54～G59 为模态指令，可相互注销，G54 为缺省值。

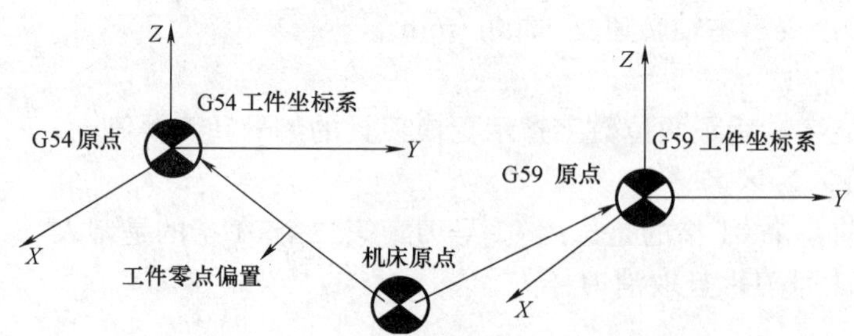

图 2-29　工件坐标系选择（G54～G59）

例 2-1　如图 2-30 所示，用 G54 和 G59 选择工件坐标系指令编程：要求刀具从当前点（任一点）移动到 A 点，再从 A 点移动到 B 点。

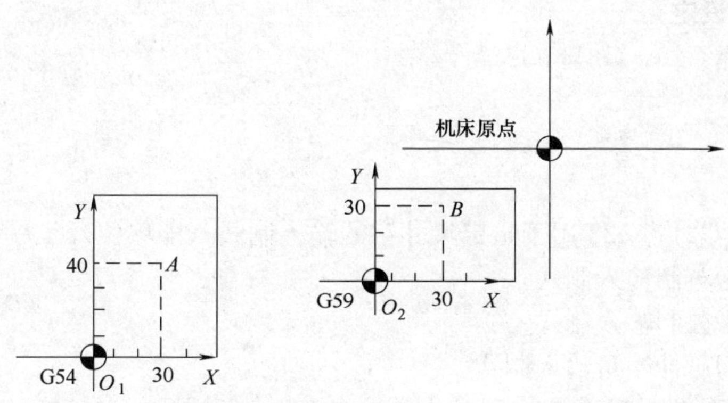

图 2-30　用 G54 和 G59 编程

%1000

N01　G54；　　　　　　　　　　　选择工件坐标系 1

N02　G00　G90　X30　Y40；　　　当前点→A

N03　G59；　　　　　　　　　　　选择工件坐标系 2

N04　G00　X30　Y30；　　　　　　A→B

N05　M30；

3. 局部坐标系设定 G52

格式；G52 X＿ Y＿ Z＿；

说明：G52 能在所有的工件坐标系（G92、G54～G59）中形成子坐标系，即局部坐标系，如图 2-31 所示。

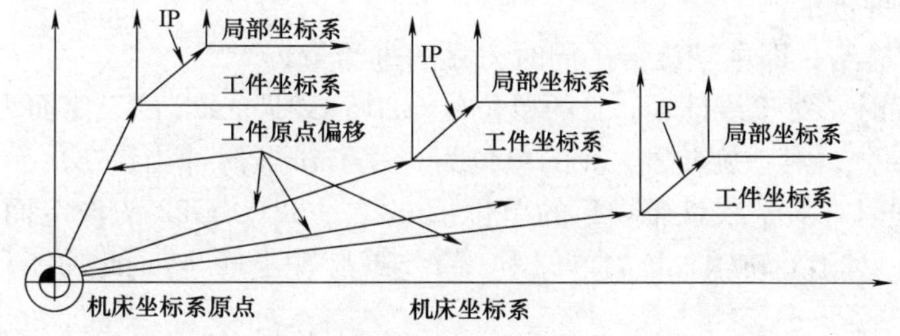

图 2-31　局部坐标系的设定 G52

其中：X、Y、Z 分别为局部坐标系原点在当前工件坐标系中的坐标值。

G52 指令为非模态指令，但其设定的局部坐标系在被取代或注销前一直有效。

设定局部坐标系后，工件坐标系和机床坐标系保持不变。

要注销局部坐标系，可用 G52 X0 Y0 Z0 来实现。

在缩放及旋转功能下，不能使用 G52 指令，但在 G52 下能进行缩放及坐标系旋转。

4. 直接机床坐标系编程 G53

格式；G53

说明；G53 表示使用机床坐标系编程

G53 指令为非模态指令。

（二）**单位的设定**

尺寸单位选择 G20、G21、G22

格式：G20

G21

G22

说明：G20、G21、G22 用于指定尺寸字的输入制式（即单位）。

其中：G20 为英制输入制式；

G21 为公制输入制式；

G22 为脉冲当量输入制式。

3 种制式下的线性轴、旋转轴的尺寸单位如表 2-6 所示。

表 2-6　尺寸输入制式及其单位

制　式	线 性 轴	旋 转 轴
英制(G20)	英寸(in)	度(°)
公制(G21)	毫米(mm)	度(°)
脉冲当量(G22)	移动轴脉冲当量	旋转轴脉冲当量

G20、G21、G22 为模态指令，可相互注销，G21 为缺省值

（三）**进给速度单位的设定 G94、G95**

格式：G94　F_；

G95　F_；

说明：G94、G95 用来指定进给速度 F 的单位。

其中：

G94 为每分钟进给；

G95 为每转进给，即主轴旋转一周时刀具的进给量。

用 G94 编程时，对于线性轴，F 的单位依 G20、G21、G22 的设定而为 mm/min、in/min 或脉冲当量/分；对于旋转轴，F 的单位为（°）/min 或脉冲当量/分。

用 G95 编程时，对于线性轴，F 的单位依 G20、G21、G22 的设定而为 mm/r、in/r 或脉冲当量/转；对于旋转轴，F 的单位为（°）/r 或脉冲当量/转。此功能只在主轴装有编码器时才有效。

G94、G95 为模态指令，可相互注销，G94 为缺省值。

（四）**回参考点控制指令**

机床参考点是机床上一个固定点，与加工程序无关。数控机床的型号不同，其参考点的位置也不同。通常立式铣床指定 X 轴正向、Y 轴正向和 Z 轴正向的极限点为参考点。对加工范围比较大的机床，可设置在距机床原点较近的适当位置。而机床原点也称为机床零点，它是通过机床参考点间接确定的，机床原点一般设在机床加工范围下平面的左前角。机床启动后，首先要将机床位置“回零”，即执行手动返回参考点操作，这样数控装置才能通过参考点确认出机床原点的位置，从而在数控系统内部建立一个以机床零点为坐标原点的机床坐标系。这样在执行加工程序时，才能有正确的工件坐标系。

1. 自动返回参考点 G28

格式：G28 X_Y_Z_

说明：X、Y、Z 为回参考点时经过的中间点（不是机床参考点），在 G90 时为中间点在工件坐标系中的坐标；在 G91 时为中间点相对于起点的位移量。G28 指令先使所有的编程轴都快速定位到中间点，然后再从中间点到达参考点，如图 2-32。一般，G28 指令用于刀具自动更换或者消除机械误差，在执行该指令之前应取消刀具半径补偿和刀具长度补偿。在 G28 的程序段中不仅产生坐标轴移动指令，而且记忆了中间点坐标值，以供 G29 使用。系统电源接通后，在没有手动返回参考点的状态下，执行 G28 指令时，刀具从当前点经中间点自动返回参考点，与手动返回参考点的结果相同。这时从中间点到参考点的方向就是机床参数“回参考点方向”设定的方向。G28 指令仅在其被规定的程序段中有效。

2. 自动从参考点返回 G29

格式：G29 X_Y_Z_

说明：X、Y、Z 为返回的定位终点，在 G90 时为定位终点在工件坐标系中的坐标；在 G91 时为定位终点相对于 G28 中间点的位移量。G29 可使所有编程轴以快速进给经过由 G28 指令定义的中间点，然后再到达指定点。通常该指令紧跟在 G28 指令之后。G29 指令仅在其被规定的程序段中有效。

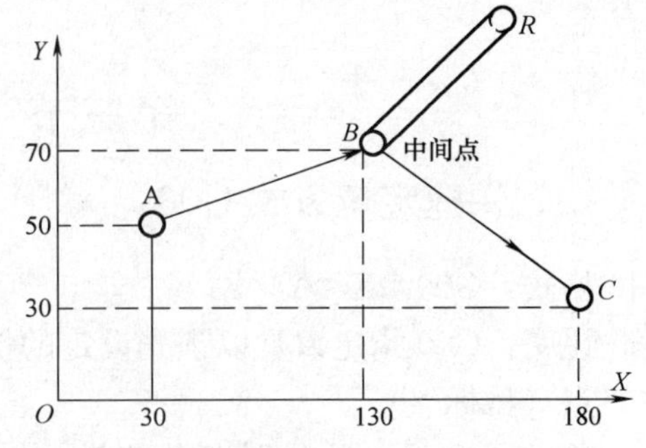

图 2-32　G28/G29 编程

例如用 G28、G29 对图 2-32 所示的路径编程：要求由 A 经过中间点 B 并返回参考点，然后从参考点经由中间点 B 返回到 C 点。

编程如下：

```
%1102
G92   X30   Y50   Z20   以A(30,50,20)为起刀点建立工件坐标系
G91   G28   X100   Y20   Z0   从A点按增量移动到B,最后到达R
G29   X50   Y-40   从参考点经过B,到达C
M02
```

（五）坐标平面的选定

坐标平面选择 G17、G18、G19

格式：G17
　　　G18
　　　G19

说明：该组指令用来选择进行圆弧插补和刀具半径补偿的平面。

其中：G17 为选择 XY 平面；
　　　G18 为选择 XZ 平面；
　　　G19 为选择 YZ 平面；

G17、G18、G19 为模态指令，可相互注销，G17 为缺省值。

提示：进给指令与平面选择无关，例如使用指令 G17 G01 Z20 时，Z 轴照样会移动。

（六）编程方式的选定

格式：G90
　　　G91

说明：该组指令用来选择编程方式。

其中：G90 为绝对值编程；

G91 为相对值编程。

用 G90 编程时，每个编程坐标轴上的编程值是相对于程序原点（G92 建立的工件坐标系原点，或 G54～G59 选定的工件坐标系原点，或 G52 指令的局部坐标系原点，或 G53 指令的机床坐标系原点）的。

用 G91 编程时，每个编程坐标轴上的编程值是相对于前一位置而言的，该值等于沿轴移动的距离，与当前编程坐标系无关。

G90、G91 为模态指令，可相互注销，G90 为缺省值。

选择合适的编程方式可使编程简化。当图纸尺寸给定一个固定基准时，采用绝对方式编程较为方便；当图纸尺寸是以轮廓顶点之间的间距给出时，采用相对方式编程较为方便。

第三节　进给控制指令

一、快速定位方式 G00

格式：G00　X _ Y _ Z；

说明：G00 指定刀具以预先设定的快移速度，从当前位置快速移动到程序段指定的定位终点（目标点）。

其中：X、Y、Z 分别为快速定位终点，在 G90 时为定位终点在工件坐标系中的坐标：在 G91 时为定位终点相对于起点的位移量。

G00 一般用于加工前快速定位趋近加工点或加工后快速退刀，以缩短加工辅助时间，不能用于加工过程。G00 的快移速度由机床参数栏中的“最高快移速度”分别对各轴设定，不能用进给速度指令 F 设定。快移速度可由机床控制面板上的快速修调旋钮修正。

G00 为模态指令，可由 G01、G02、G03 或 G33 功能注销。

提示：在执行 G00 指令时，由于各轴以各自速度移动，不能保证各轴同时到达终点，因而联动直线轴的合成轨迹不一定是直线。此时，操作者必须格外小心，以免刀具与工件发生碰撞。常见的做法是先将 Z 轴移动到安全高度，然后再执行 G00 指令。

G00 速度由系统确定，是以系统的最高速度进给，后面的坐标值为终点坐标值。应用于空行程、快进、快退，节省时间，提高效率。

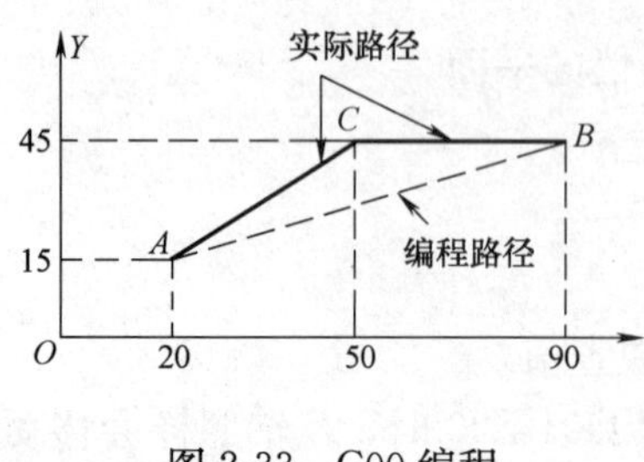

图 2-33　G00 编程

例 2-2　如图 2-33 所示，使用 G00 编程，要求刀具从 A 点快速定位到 B 点。

从 A 到 B 快速定位

绝对值编程：

G90　G00　X90　Y45；

增量值编程：

G91　G00　X70　Y30；

假设 X 轴和 Y 轴的快进速度相同，则从 A 点到 B 点的快速定位路线为 $A \rightarrow C \rightarrow B$，即以折线的方式到达 B 点，而不是以直线方式从 A 点到 B 点。

二、直线插补 G01

格式：G01　X _ Y _ Z _ F _；

说明：G01 是指令坐标轴按指定进给速度作直线运动。X、Y、Z 坐标位置为切削终点，可三轴联动或二轴联动或单轴移动，而由 F 值指定切削时的进给速度，单位一般设定为 mm/min。F 功能具有续效性，故切削速度相同时，下一程序段可省略，如下面程序所示。

现以图 2-34 说明 G01 用法。假设刀具由程序原点往上铣削轮廓外形。

绝对坐标方式编程：

G54　G90　G00　X20　Y20　S800　M03

G01　X100　Y100　F100

增量坐标方式编程：

G91　G00　X20　Y20

G01　X80　Y80　F100

G01 与 F 都是模态指令，G01 程序中必须含有 F 指令，在 G01 程序段中如无 F 指令则认为进给速度为零，刀具不动。

例 2-3　以三个坐标轴的线性插补切削编程完成-键槽加工。工件材料：Q235，毛坯尺寸：75mm×60mm×15mm，加工如图 2-35 所示键槽（槽宽 10mm）。

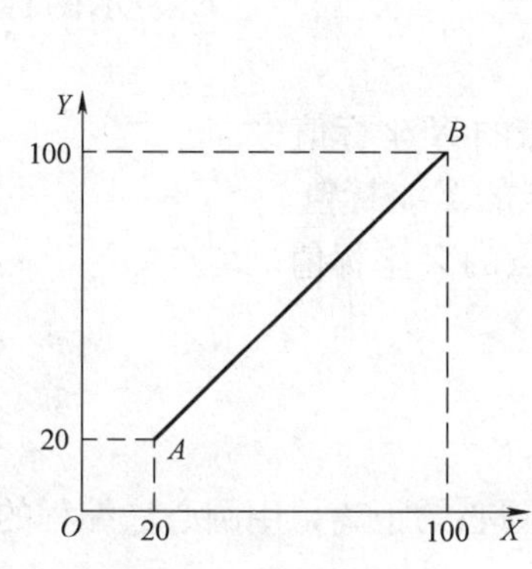

图 2-34　G01 指令用法

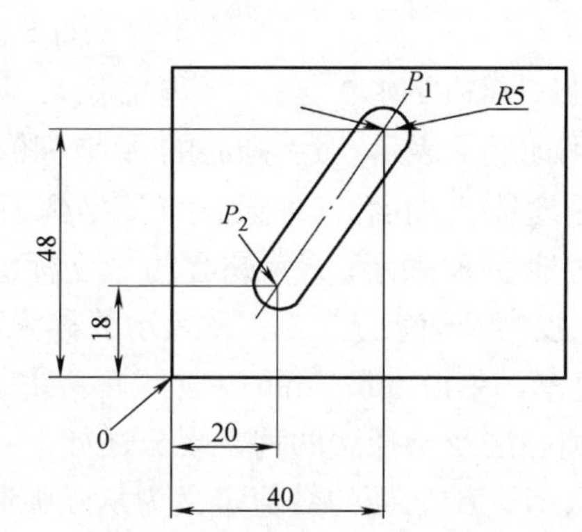

图 2-35　键槽加工中三个坐标轴的线性插补

(1) 工件坐标系原点　编写程序前需要根据工件的情况选择工件原点，为便于编程尺寸的计算，工件编程原点一般选择在工件的设计基准，图 2-35 所示键槽位置的设计基准在工件左下边角，所以工件原点定在毛坯左下角的上表面，如图 2-35 中的 O 点。

(2) 刀具选择　采用 $\phi 10$ 的键槽铣刀，刀具能够沿其径向和轴向切削加工。

(3) 数控程序如下

%0001；	程序名
N10　G55　S500　M03；	建立工件坐标系，主轴正转
N15　G00　G90　X40　Y48　Z2；	刀具快速移动到 P_1 点上方，R 平面处，三个轴同时移动
N20　G01　Z−12　F100；	Z 向下刀切削，到 $Z=-12$mm

N25　X20　Y18　Z−10；　　刀具以三个坐标轴的直线插补切削，到 P_2 点
N30　G01　Z2；　　Z 向主轴抬刀，到 R 平面处（Z＝2mm）
N35　G00　X−20　Y80　Z100；　　回到刀具起点
N40　M05　M30；　　程序结束

三、圆弧插补 G02/G03

G02 表示按指定速度进给的顺时针圆弧插补指令，G03 表示按指定速度进给的逆时针圆弧插补指令。顺圆、逆圆的判别方法是：沿着不在圆弧平面内的坐标轴由正方向向负方向看去，顺时针方向为 G02，逆时针方向为 G03，如图 2-36 所示。

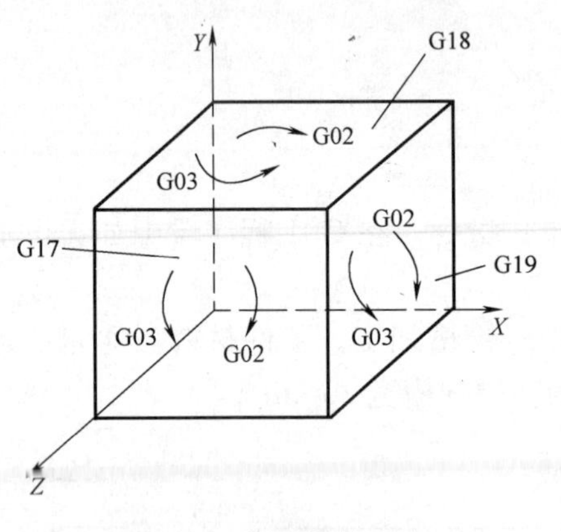

图 2-36　圆弧插补方向

格式：

$$\begin{Bmatrix} G17 \\ G18 \\ G19 \end{Bmatrix} \begin{Bmatrix} G02 \\ G03 \end{Bmatrix} \begin{Bmatrix} X\_Y\_ \\ X\_Z\_ \\ Y\_Z\_ \end{Bmatrix} \begin{Bmatrix} I\_J\_ \\ I\_K\_ \\ J\_K\_ \\ R\_ \end{Bmatrix} F\_$$

说明：

X、Y、Z：终点坐标位置，可用绝对值（G90）或增量值（G91）表示；

I、J、K：从圆弧起点到圆心位置，在 X、Y、Z 轴上的分向量。（以 I、J、K 表示的称为圆心法）；

X 轴的分向量用地址 I 表示。I＝圆心的 X 坐标值−起点的 X 坐标值。

Y 轴的分向量用地址 J 表示。J＝圆心的 Y 坐标值−起点的 Y 坐标值。

Z 轴的分向量用地址 K 表示。K＝圆心的 Z 坐标值−起点的 Z 坐标值。

R：圆弧半径，以半径值表示。（以 R 表示的称为半径法）。

F：切削进给速率，单位 mm/ min。

圆弧的表示有圆心法及半径法两种，现分述如下：

（1）圆心法　I、J、K 后面的数值定义为从圆弧起点到圆心的距离，用圆心法编程的情况如图 2-37 所示。

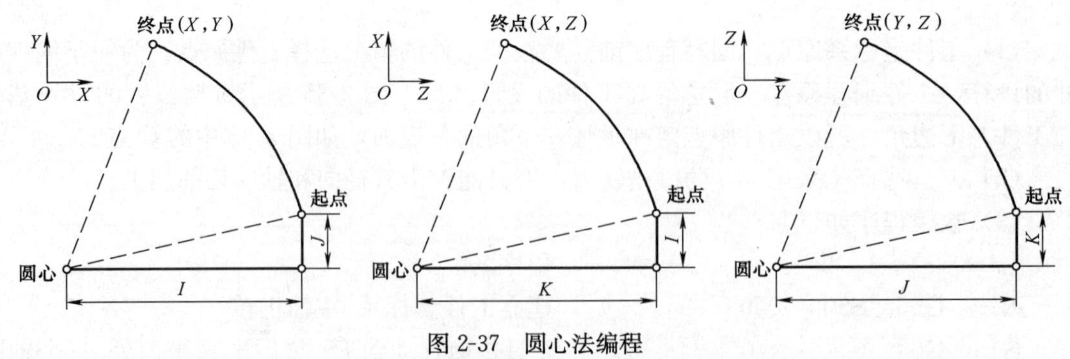

图 2-37　圆心法编程

（2）半径法　以 R 表示圆弧半径。此法以起点及终点和圆弧半径来表示一段圆弧，在圆上会有两段圆弧出现，如图 2-38 所示。故以 R 是正值时，表示圆心角为小于等于 180°的

圆弧；R 是负值时，表示圆心角为大于 180°的圆弧。

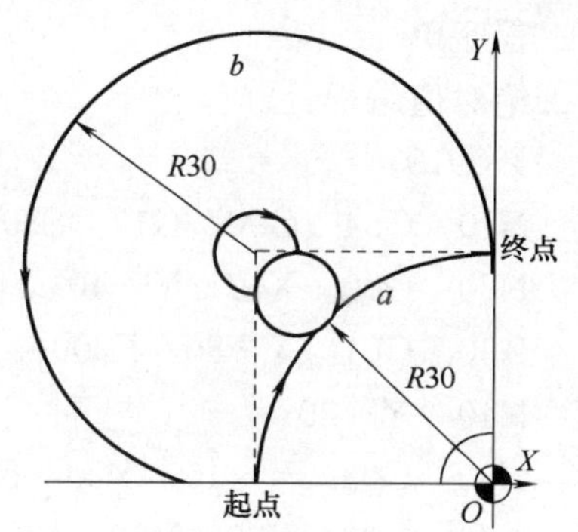

图 2-38　半径法编程

1）圆弧 a 的 4 种编程方法

G91　G02　X30　Y30　R30　F100；

G91　G02　X30　Y30　I30　J0　F100；

G90　G02　X0　Y30　R30　F100；

G90　G02　X0　Y30　I30　J0　F100；

2）圆弧 b 的 4 种编程方法

G91　G02　X30　Y30　R—30　F100；

G91　G02　X30　Y30　I0　J30　F100；

G90　G02　X0　Y30　R—30　F100；

G90　G02　X0　Y30　I0　J30　F100；

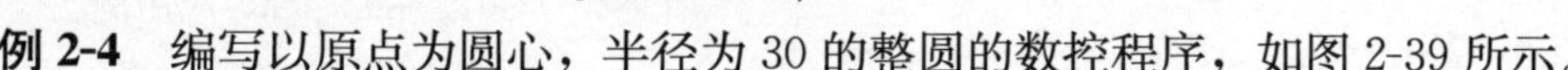

例 2-4　编写以原点为圆心，半径为 30 的整圆的数控程序，如图 2-39 所示。

从 A 点顺时针转一周时

G90　G02　X30　Y0　I—30　J0　F100；

G91　G02　X0　Y0　I—30　J0　F100；

从 B 点逆时针转一周时

G90　G03　X0　Y—30　I0　J30　F100；

G91　G03　X0　Y0　I0　J30　F100；

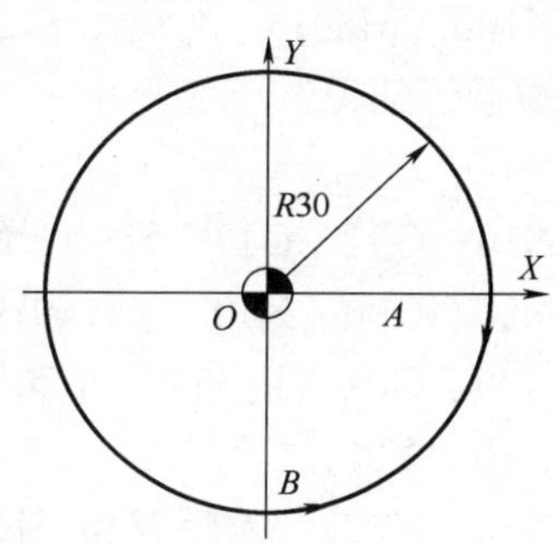

图 2-39　整圆

提示：

① 顺时针或逆时针是指从垂直于圆弧所在平面的坐标轴的正方向向负方向看去，看到的回转方向；

② 整圆编程时不可以使用 R，只能用 I、J、K；

③ 当同时编入 R 和 I、J、K 时，R 有效。

CNC 铣床上使用半径法或圆心法来表示某一圆弧，要从工作图上的尺寸标示而定，以使用较方便者（不用计算，即可看出数值者）为取舍。但若要铣削一整圆时，只能用圆心法表示，半径法无法执行。若用半径法以两个半圆相接，其真圆度误差会太大。

（3）使用 G02、G03 圆弧切削指令时应注意下列几点

① 一般 CNC 铣床或 MC 开机后，即设定为 G17（XY 平面），故在 XY 平面上铣削圆弧，可省略 G17 指令。

② 当某一程序段中同时出现 I、J 和 R 时，以 R 为优先（即有效），I、J 无效。

③ I0 或 J0 或 K0 时，可省略不写。

④ 省略 X、Y、Z 终点坐标时，表示起点和终点为同一点，是切削整圆，如图 2-40 所示。若用半径法则刀具无运动产生。

⑤ 当终点坐标与指定的半径值未交于同一点时，会报警显示。

⑥ 直线切削后面接圆弧切削时，其 G 指令必须转换为 G02 或 G03，若再执行直线切削时，则必须再转换为 G01 指令，这些是很容易被疏忽的。

⑦ 使用切削指令（G01，G02，G03）须先指令主轴转动，且须指令进给速度 F。

例 2-5　编写图 2-40 所示路线的走刀程序，刀具在工件坐标系原点开始，虚线表示快速走刀，粗实线表示按给定进给速度走刀。

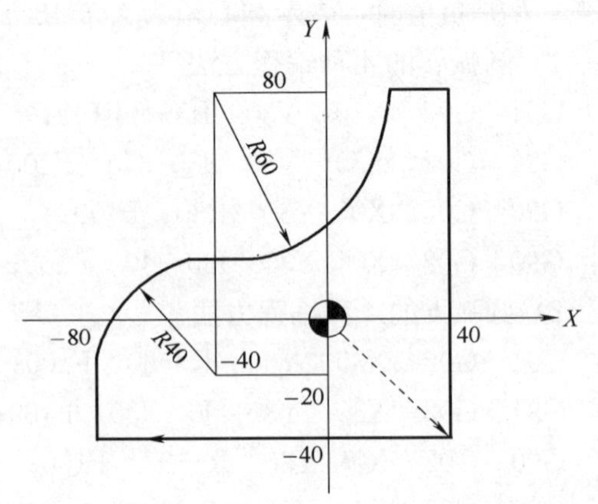

图 2-40 G01、G02、G03 应用例图

程序单

绝对值编程：

```
%0010;
N10  G54  G90  G17  S800  M03;
N20  G00  X40  Y−40;
N30  G01  X−80  F200;
N40  Y−20;
N50  G02  X−40  Y20  R40  F100;
N60  G03  X20  Y80  R60;
N70  G01  X40  F200;
N80  Y−40;
N90  G00  X0  Y0  M05;
N100  M30;
```

增量值编程：

```
%0010;
N10  G91  G17  S800  M03;
N20  G00  X40  Y−40;
N30  G01  X−120  F200;
N40  Y20;
N50  G02  X40  Y40  R40  F100;
N60  G03  X60  Y60  R60;
N70  G01  X20  F200;
N80  Y−120;
N90  G00  X−40  Y40  M05;
N100  M30;
```

四、螺旋线插补

螺旋线的形成是刀具作圆弧插补运动的同时与之同步地作轴向运动，其指令格式为：

$$\left\{\begin{matrix}G17\\G18\\G19\end{matrix}\right.\quad\left\{\begin{matrix}G02\\G03\end{matrix}\right.\quad\left\{\begin{matrix}X\_\ Y\_\\X\_\ Z\_\\Y\_\ Z\_\end{matrix}\right.\quad\left\{\begin{matrix}I\_\ J\_\\I\_\ K\_\\J\_\ K\_\\R\_\end{matrix}\right.\quad\left\{\begin{matrix}K\\J\\I\end{matrix}\right.\quad F\_$$

说明：G02、G03 为螺旋线的旋向，其定义同圆弧；*X*、*Y*、*Z* 为螺旋线的终点坐标；I、J 为圆弧圆心在 X-Y 平面上 *X*、*Y* 轴上相对于螺旋线起点的坐标；R 为螺旋线在 X-Y 平面上的投影半径；K 为螺旋线的导程。另两式的意义类同，见图 2-41 所示。

如图 2-42 所示螺旋线，其程序为：

G17 G03 X0. Y0. Z50. I15. J0. K5. F100

或 G17 G03 X0. Y0. Z50. R15. K5. F100

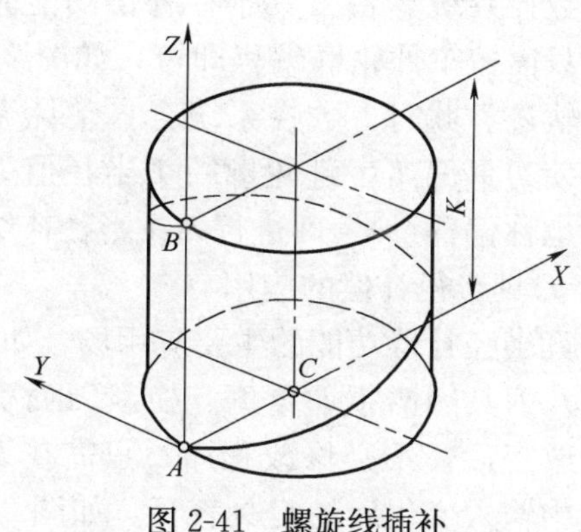

图 2-41　螺旋线插补

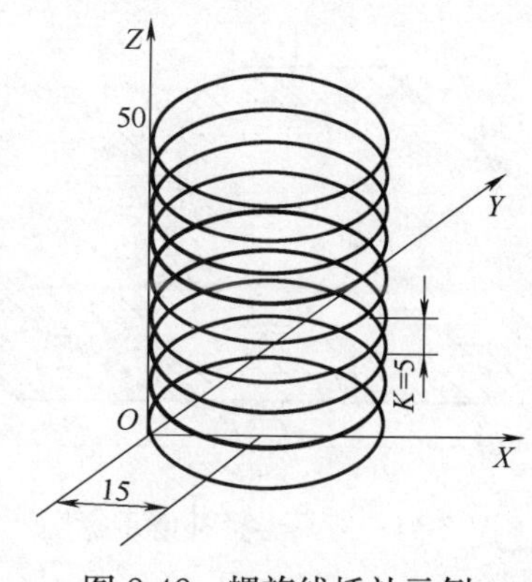

图 2-42　螺旋线插补示例

五、暂停指令 G04

格式：G04　P_

说明：

P：暂停时间，单位为 s（秒）。

G04　在前一程序段的进给速度降到零之后才开始暂停动作。在执行含 G04　指令的程序段时，先执行暂停功能。

G04　为非模态指令，仅在其被规定的程序段中有效。

例 2-6　编制图 2-43 所示零件的钻孔加工程序。

```
%0004
G92　X0　Y0　Z0
G91　F200　M03　S500
G43　G01　Z－6　H01
G04　P5
G49　G00　Z6　M05　M30
```

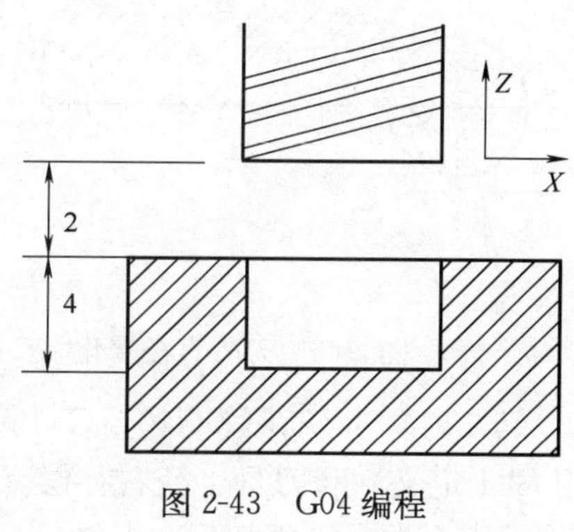

图 2-43　G04 编程

G04　可使刀具作短暂停留，以获得圆整而光滑的表面。如对不通孔作深度控制时，在刀具进给到规定深度后，用暂停指令使刀具作非进给光整切削，然后退刀，保证孔底平整。

第四节　数控铣床刀具补偿

一、刀具半径补偿指令 G41、G42、G40

1. 刀具半径补偿的目的

在数控铣床上进行轮廓的铣削加工时，由于刀具半径的存在，刀具中心（刀心）轨迹与工件轮廓不重合。如果数控系统不具备刀具半径自动补偿功能，则只能按刀心轨迹进行编程，即在编程时给出刀具的中心轨迹，如图 2-44 所示的虚线轨迹，其计算相当复杂。尤其当刀具磨损、重磨或换新刀而使刀具半径变化时，必须重新计算刀心轨迹，修改程序，这样既繁琐，又不易保证加工精度。

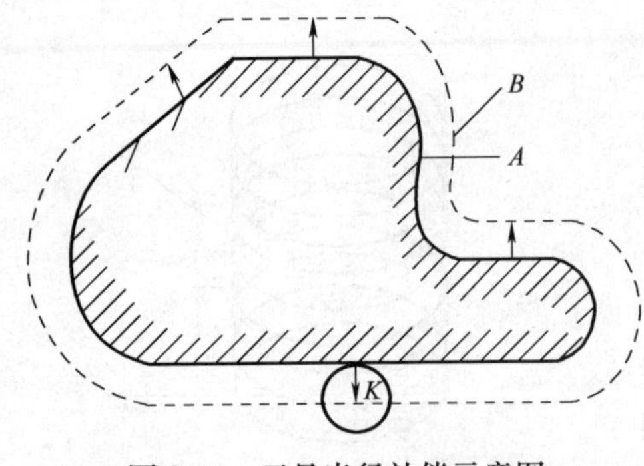

图 2-44　刀具半径补偿示意图

当数控系统具备刀具半径补偿功能时，数控编程只需按工件轮廓编程即可，如图 2-44 中的实线轨迹。此时，数控系统会自动计算刀心轨迹，使刀具偏离工件轮廓一个半径值 R（补偿量，也称偏置量），即进行刀具半径补偿。

2. 刀具半径补偿的应用

刀具半径补偿功能的主要应用场合如下。

（1）刀具因磨损、重磨、换新刀而引起刀具直径改变后，不必修改程序，只需在刀具参数设置中输入变化后的刀具直径。如图 2-45 所示，1 为未磨损刀具，2 为磨损后刀具，两者直径不同，只需将刀具参数表中的刀具半径 r_1 改为 r_2，即可适用同一程序。

（2）通过有意识地改变刀具半径补偿量，便可用同一刀具、同一程序和不同的切削余量完成粗、半精、精加工，如图 2-46 所示。从图中可以看出，当设定补偿量为 ac 时，刀具中心按 cc' 运动，当设定补偿量为 ab 时，刀具中心按 bb' 运动完成切削。

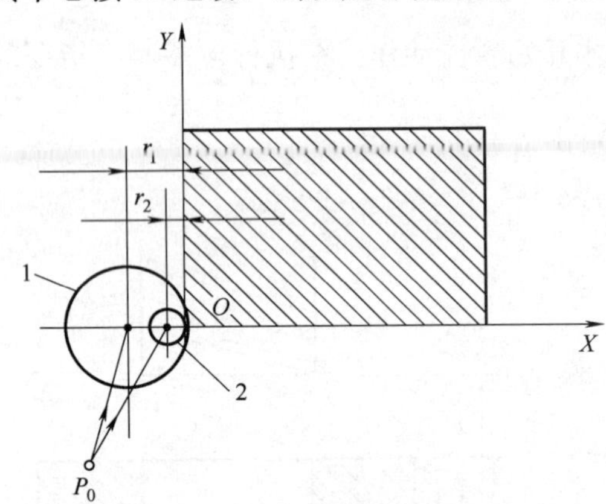

图 2-45　刀具直径变化

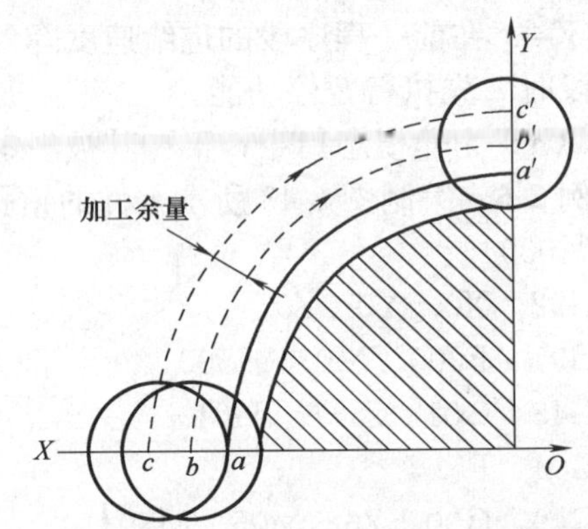

图 2-46　利用刀具半径补偿进行粗、精加工

（3）刀具半径补偿 G40，G41，G42　铣削加工刀具半径补偿分为刀具半径左补偿（用 G41 定义）和刀具半径右补偿（用 G42 定义），使用非零的 D 代码选择正确的刀具半径偏置寄存器号。根据 ISO 标准，当刀具中心轨迹沿前进方向位于零件轮廓右边时称为刀具半径右补偿；反之称为刀具半径左补偿。如图 2-47 所示。当不需要进行刀具半径补偿时则用 G40 取消刀具半径补偿。

格式：

$$\begin{Bmatrix} G17 \\ G18 \\ G19 \end{Bmatrix} \begin{Bmatrix} G40 \\ G41 \\ G42 \end{Bmatrix} \begin{Bmatrix} G00 \\ G01 \end{Bmatrix} \quad X\_Y\_Z\_D\_$$

说明：

G40：取消刀具半径补偿；

G41：左刀补（在刀具前进方向左侧补偿），如图 2-47（a）；

G42：右刀补（在刀具前进方向右侧补偿），如图 2-47（b）；

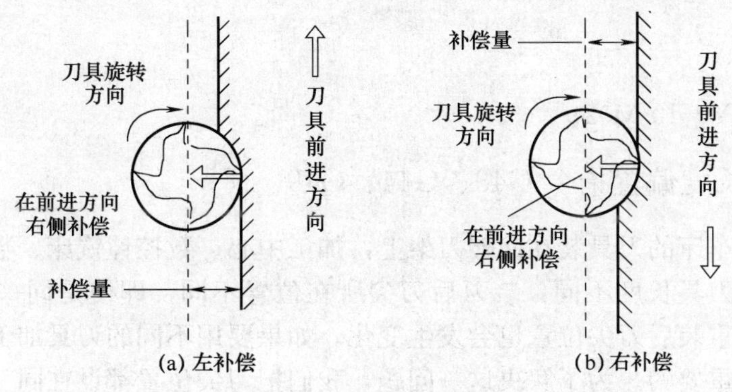

图 2-47　刀具补偿的方向

G17：刀具半径补偿平面为 XY 平面；

G18：刀具半径补偿平面为 ZX 平面；

G19：刀具半径补偿平面为 YZ 平面；

X，Y，Z：G00/G01 的参数，即刀补建立或取消的终点（注：投影到补偿平面上的刀具轨迹受到补偿）；

D：G41/G42 的参数，即刀补号码（D00～D99），它代表了刀补表中对应的半径补偿值。G40、G41、G42 都是模态代码，可相互注销。

注意：

① 刀具半径补偿平面的切换必须在补偿取消方式下进行；

② 刀具半径补偿的建立与取消只能用 G00 或 G01 指令，不得是 G02 或 G03。

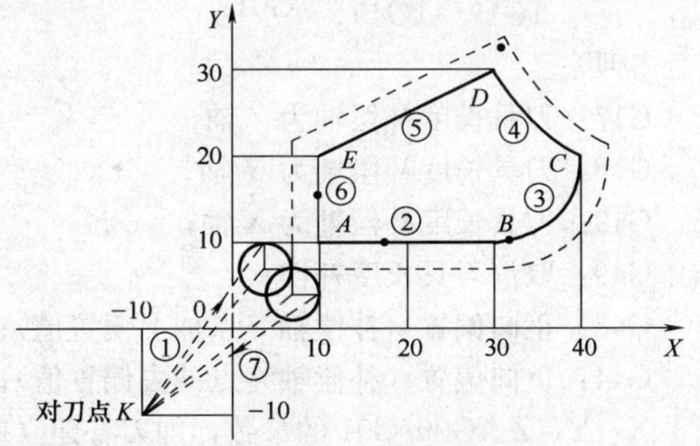

图 2-48　刀具半径补偿编程

例 2-7　考虑刀具半径补偿，编制图 2-48 所示零件的加工程序：要求建立如图所示的工件坐标系，按箭头所指示的路径进行加工，设加工开始时刀具距离工件上表面 50mm，切削深度为 10mm。

零件程序如下：

%1008；

G92 X－10 Y－10 Z50；

G90 G17；

G42 G00 X4 Y10 D01；

Z2 M03 S900；

G01 Z－10 F800；

X30；

G03 X40 Y20 I0 J10；

G02 X30 Y30 I0 J10；

G01 X10 Y20；

Y5；

G00 Z50 M05；

G40 X－10 Y－10 M02；

二、刀具长度偏置指令 G43、G44、G49

通常，数控车床的刀具装在回转刀架上，加工中心、数控镗铣床、数控钻床等刀具装在主轴上，由于刀具长度不同，装刀后刀尖所在位置不同，即使是同一把刀具，由于磨损、重磨变短，重装后刀尖位置也会发生变化。如果要用不同的刀具加工同一工件，确定刀尖位置是十分重要的。为了解决这一问题，我们把刀尖位置都设在同一基准上，一般刀尖基准是刀柄测量线（或是装在主轴上的刀具使用主轴前端面，装在刀架上的刀具可以是刀架前端面）。编程时不用考虑实际刀具的长度偏差，只以这个基准进行编程，而刀尖的实际位置由 G43、G44 来修正。

刀具长度补偿 G43，G44，G49

格式：

$$\begin{Bmatrix} G17 \\ G18 \\ G19 \end{Bmatrix} \begin{Bmatrix} G43 \\ G44 \\ G49 \end{Bmatrix} \begin{Bmatrix} G00 \\ \\ G01 \end{Bmatrix} \quad X\_Y\_Z\_H\_$$

说明：

G17：刀具长度补偿轴为 Z 轴；

G18：刀具长度补偿轴为 Y 轴；

G19：刀具长度补偿轴为 X 轴；

G49：取消刀具长度补偿；

G43：正向偏置（补偿轴终点加上偏置值）；

G44：负向偏置（补偿轴终点减去偏置值）；

X，Y，Z：G00/G01 的参数，即刀补建立或取消的终点；

H：G43/G44 的参数，即刀具长度补偿偏置号（H00～H99），它代表了刀具表中对应的长度补偿值。长度补偿值是编程时的刀具长度和实际使用的刀具长度之差。G43、G44、G49 都是模态代码，可相互注销。用 G43（正向偏置），G44（负向偏置）指令设定偏置的方向。由输入的相应地址号 H 代码从刀具表（偏置存储器）中选择刀具长度偏置值。该功能补偿编程刀具长度和实际使用的刀具长度之差而不用修改程序。偏置号可用 H00～H99 来指定，偏置值与偏置号对应，可通过 MDI 功能先设置在偏置存储器中。

确定刀具长度偏移值有两种方法，介绍如下。

1. 刀具长度的差值设为长度偏移值

实际操作中，可先将一把刀作为标准刀具，并以此为基础，将其他刀具的长度相对于标准刀具长度的增加或减少量作为刀具补偿值，把刀补值输入到长度偏置值存储地址（H××或 D××代码）。在刀具做 *Z* 方向运动时，数控系统将根据 G43 或 G44 指令对 *Z* 坐标值做相应的补偿修正。

例 2-8 用刀具长度差值设定偏移值。在一个加工程序中同时使用三把刀，它们的长度各不相同，如图 2-49 所示。现把第一把刀作为标准刀具，经对刀操作并测量，第二把

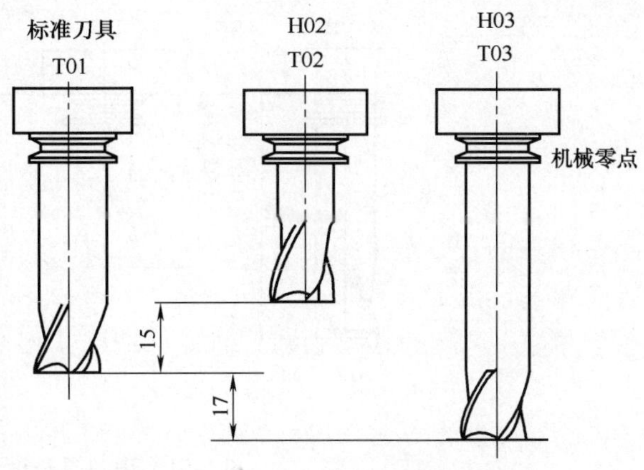

图 2-49　用刀具长度差值设定偏移值

刀（T02）较第一把刀短 15mm，而第三把刀（T03）较第一把刀长 17mm。这三把刀的长度补偿量分别为“0”、“15”、“17”，并将后两个数分别存入数控装置的内存表中代号为“H02”和“H03”的位置。

无论是绝对指令还是增量指令，由 H 代码指定的已存入偏置存储器中的偏置值在 G43 时加，在 G44 时则是从长度补偿轴运动指令的终点坐标值中减去，计算后的坐标值成为终点。

在程序中加入刀具长度补偿指令：

G90 G44 Z45 H02；（T02 刀具长度补偿的程序）

执行本段程序，从 Z 指令值中减去 15mm（H02 中的值），Z 实际值为“30”，相当于 T02 刀具端面伸长至 $Z=45$ 处。

G90 G43 Z45 H03；（T03 刀具长度补偿的程序）

执行本段程序，在 Z 指令值上加上 17mm（H03 中的值），Z 实际值为“52”，相当于 T03 刀具端面缩短至 $Z=45$。

经过刀具长度补偿，使三把长度不同的刀具处于同一个 Z 向高度（$Z=45$ 处），如图 2-50所示。G43、G44 是模态指令，只要不取消该指令，这三把刀具就处于相同 Z 值位置。

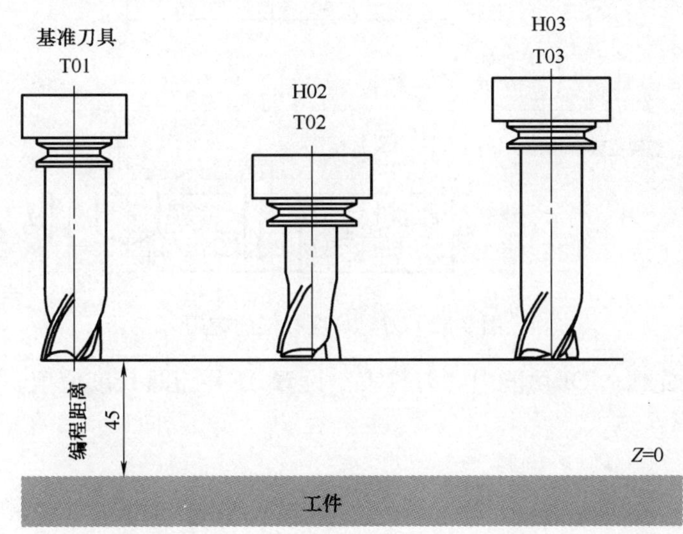

图 2-50　经过长度补偿后的刀具位置

2. 每把刀具长度值设为长度偏移值

首先将刀具装入刀柄，然后在对刀仪上测出每个刀具前端到刀柄校准面（即刀具锥部的基准面）的距离，将此值作为刀具补偿值，最后把刀补值输入到刀具长度存储地址（H××）中，如图 2-51 所示。

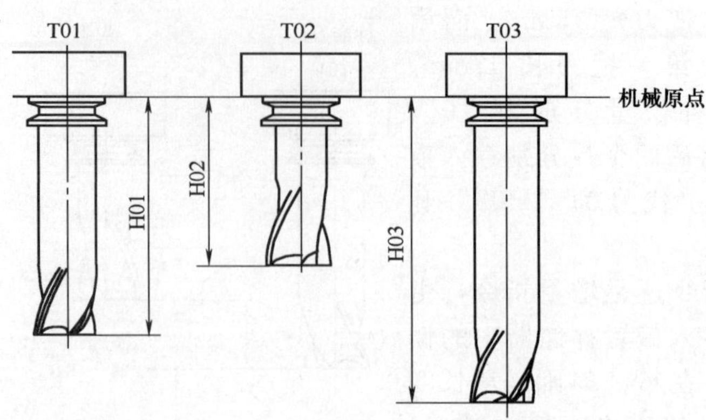

图 2-51　用刀具长度值设定偏移值

例 2-9　考虑刀具长度补偿，编制如图 2-52 所示零件的加工程序。要求建立如图 2-52 所示的工件坐标系，按箭头所指示的路径进行加工。

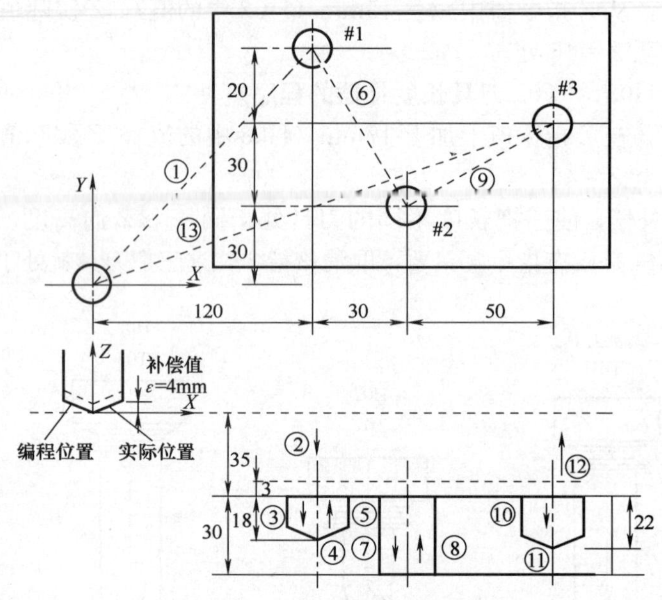

图 2-52　刀具长度补偿的应用

H01＝4.0 预先在 MDI 功能中“刀具表”设置 01 号刀具长度值项。

零件程序如下：

%0001	
N00 G92 X0 Y0 Z0；	建立工件坐标系，对刀点坐标(0,0,0)
N01 G91 G00 X120 Y80 M03 S600；	相对坐标编程，快速移到＃1 孔上方
N02 G43 Z－32 H01；	移近工件表面，建立刀具长度补偿
N03 G01 Z－21 F100；	加工＃1 孔
N04 G04 P2；	孔底暂停
N05 G00 Z21；	抬刀
N06 X30 Y－50；	快移到＃2 孔处

N07 G01 Z－41；	加工＃2孔
N08 G00 Z41；	快速退出＃2孔
N09 X50 Y30；	移动到＃3点
N10 G01 Z－25；	加工＃3孔
N12 G04 P2；	孔底暂停
N13 G00 G49 Z57；	抬刀
N14 X－200 Y－60；	移动到起始点
N15 M05；	
N16 M30；	

改变刀具长度补偿量，需指定新的刀具号；刀具长度按新的偏置值进行补偿。

例如，设 H01 的偏置值为 5.0，H02 的偏置值为 10.0 时

G90 G43 Z100.0 H01；Z 将达到 105.0

G90 G43 Z100.0 H02；Z 将达到 110.0

第五节　简 化 编 程

一、子程序调用

编程时，为了简化程序的编制，当一个工件上有相同的加工内容时，常用调子程序的方法进行编程。调用子程序的程序叫做主程序。子程序的编号与一般程序基本相同，只是程序结束字为 M99 表示子程序结束，并返回到调用子程序的主程序中。

M98 用来调用子程序。

M99 表示子程序结束，执行 M99 使控制返回到主程序。

（1）子程序的格式

％_ _ _ _

……

M99

在子程序开头，必须规定子程序号，作为调用入口地址。在子程序的结尾用 M99，以控制执行完该子程序后返回主程序。

（2）调用子程序的编程格式

M98 P×××× L××××；

其中，M98 为调用子程序指令字，地址 P××××为子程序号，L××××指重复调用次数省略时为调用一次，系统允许重复调用的次数为 9999 次。

为了进一步简化程序，子程序还可调用另一个子程序，以及子程序的嵌套。

二、镜像功能 G24、G25

格式：G24 X＿ Y＿ Z＿；

M98 P＿；

G25 X＿ Y＿ Z＿

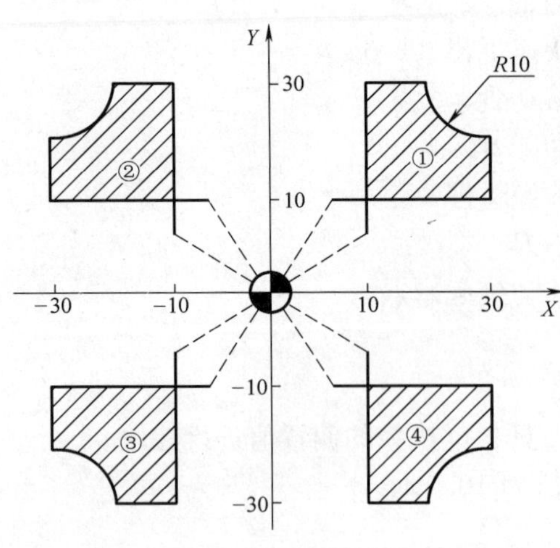

图 2-53 镜像功能

说明：

G24：建立镜像；

G25：取消镜像；

X、Y、Z：镜像位置。

当工件相对于某一轴具有对称形状时，可以利用镜像功能和子程序，只对工件的一部分进行编程，而能加工出工件的对称部分，这就是镜像功能。

当某一轴的镜像有效时，该轴执行与编程方向相反的运动。G24、G25 为模态指令，可相互注销，G25 为缺省值。

例 2-10 使用镜像功能编制如图 2-53 所示轮廓的加工程序：设刀具起点距工件上表面 100mm，切削深度 5mm。

预先在 MDI 功能中“刀具表”设置 01 号刀具半径值项 *D*01＝6.0，长度值项 *H*01＝4.0。

```
%0024                          主程序
G92 X0 Y0 Z0;                  建立工件坐标系
G91 G17 M03 S600;
M98 P100;                      加工①
G24 X0;                        Y 轴镜像,镜像位置为 X=0
M98 P100;                      加工②
G24 Y0;                        X、Y 轴镜像,镜像位置为(0,0)
M98 P100;                      加工③
G25 X0;                        X 轴镜像继续有效,取消 Y 轴镜像
M98 P100;                      加工④
G25 Y0;                        取消镜像
M30;
%100;                          子程序(①的加工程序):
N100 G41 G00 X10 Y4 D01;
N120 G43 Z-98 H01
N130 G01 Z-7 F100
N140 Y26
N150 X10
N160 G03 X10 Y-10 I10 J0
N170 G01 Y-10
N180 X-25
N190 G49 G00 Z105
N200 G40 X-5 Y-10
N210 M99
```

三、比例缩放 G51、G50

格式：G51 X＿Y＿Z＿P＿；

M98 P＿；

G50；

其中，X、Y、Z 为缩放中心坐标值；P 为缩放比例。G51 以给定点（X、Y、Z）为缩放中心，将图形放大到原始图形的 P 倍；如果省略（X、Y、Z），则以程序原点为缩放中心。在有刀具补偿的情况下，先进行缩放，然后才进行刀具半径补偿和刀具长度补偿。

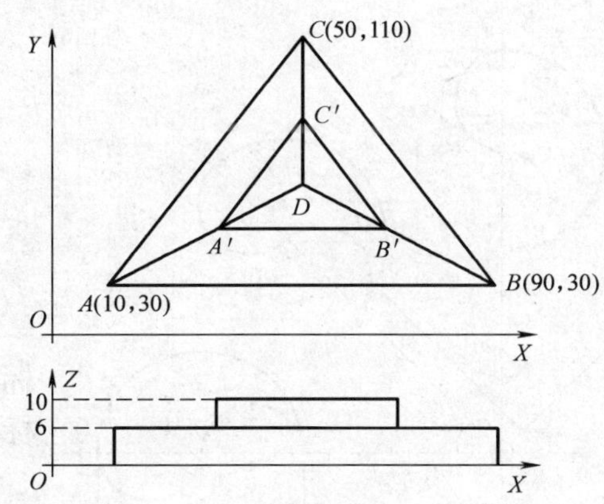

图 2-54　三角形的缩放

例 2-11　使用缩放功能编制如图 2-54 所示轮廓的加工程序。已知三角形 ABC 的顶点为 A（10，30）、B（90，30）、C（50，110），三角形 $A'B'C'$ 是缩放后的图形，其中缩放中心为 D（50，50），缩放系数为 0.5 倍，设刀具起点距工件上表面 50mm。

程序如下：

```
%0051;                                主程序
N10 G92 X0 Y0 Z60;
N20 G91 G17 M03 S600 F100;
N30 G43 G00 X50 Y50 Z－46 H01;
N40 #51＝14;
N50 M98 P100
N60 #51＝8
N70 G51 X50 Y50 P0.5;                 缩放中心(50,50),缩放系数 0.5
N80 M98 P100;                         加工三角形 A′B′C′
N90 G50;                              取消缩放
N100 G49 Z46;
N110 M05 M30;
%100;子程序(三角形 ABC 的加工程序)
G42 G00 X－44 Y－20 D01
Z[－#51]
G01 X84
X－40 Y80
X－44 Y88
Z[#51]
G40 G00 X44 Y28
M99
```

四、坐标旋转 G68、G69

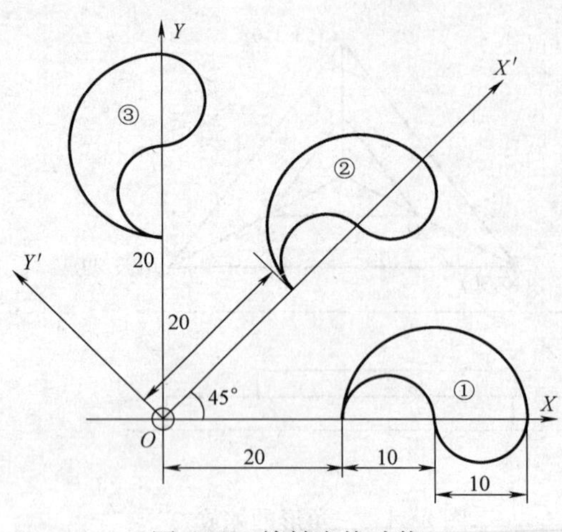

图 2-55　旋转变换功能

格式：

G17 G68 X＿Y＿P＿

G18 G68 X＿Z＿P＿

G19 G68 Y＿Z＿P＿

M98 P＿；

G69；

G68 为坐标旋转功能指令，G69 为取消坐标旋转功能指令；X、Y、Z 为旋转中心的坐标值；P 为旋转角度，单位是°，$0°\leqslant R\leqslant 360°$。

例 2-12　如图 2-55 所示的旋转变换功能程序：设刀具起点距工件上表面 50mm，背吃刀量 5mm。

程序如下：

```
%0068;                              主程序
N10 G54 G90 G17 M03 S600;
N20 G43 Z-5.0 H02;
N30 M98 P200;                       加工①
N40 G68 X0 Y0 P45;                  旋转 45°
N50 M98 P200;                       加工②
N60 G69;                            取消旋转
N70 G68 X0 Y0 P90;                  旋转 90°
N80 M98 P200;                       加工③
N90 G49 Z50.0;
N100 G69 M05 M30;                   取消旋转
%0200                               子程序(①的加工程序)
N110 G41 G01 X20.0 Y-5.0 D02 F300;
N120 Y0;
N130 G02 X30 Y0 I5 J0;
N140 G03 X40 Y0 I5 J0;
N150 X20 Y0 I-10;
N160 G01 Y-6.0;
N170 G40 X0 Y0;
N180 M99;
```

第六节　孔 的 加 工

孔加工固定循环指令有 G73，G74，G76，G80～G89，通常由下述 6 个动作构成，如

图 2-56 所示。

① X、Y 轴定位；

② 定位到 R 点（定位方式取决于上次是 G00 还是 G01）；

③ 孔加工；

④ 在孔底的动作；

⑤ 退回到 R 点（参考点）；

⑥ 快速返回到初始点。

固定循环的数据表达形式可以用绝对坐标（G90）和相对坐标（G91）表示，如图 2-57所示，其中图（a）是采用 G90 的表示，图（b）是采用 G91 的表示。

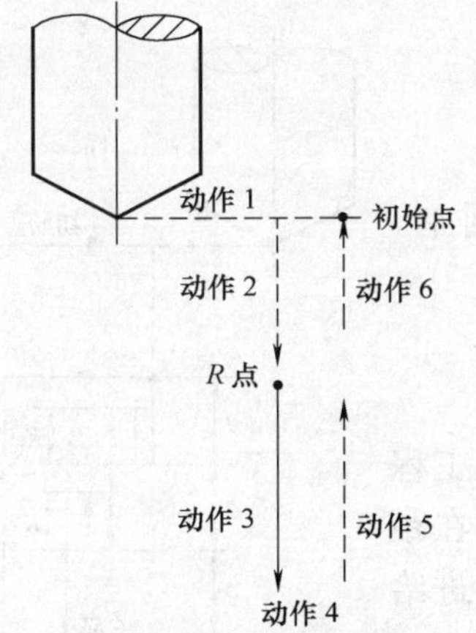

图 2-56　固定循环动作

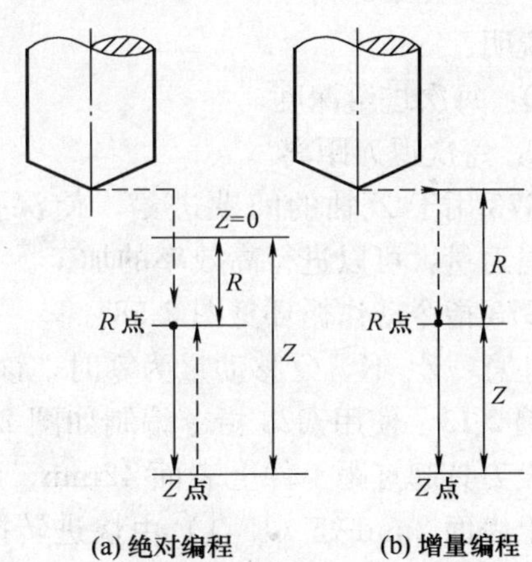

图 2-57　固定循环的数据形式

固定循环的程序格式包括数据形式、返回点平面、孔加工方式、孔位置数据、孔加工数据和循环次数。数据形式（G90 或 G91）在程序开始时就已指定，因此，在固定循环程序格式中可不注出。

固定循环的程序格式如下：

$$\begin{cases} G98 \\ G99 \end{cases} \quad G\_\ X\_\ Y\_\ Z\_\ R\_\ Q\_\ P\_\ I\_\ J\_\ K\_\ F\_\ L\_$$

说明：

G98：返回初始平面；

G99：返回 R 点平面；

G__：固定循环代码 G73，G74，G76 和 G81～G89 之一；

X、Y：加工起点到孔位的距离（G91）或孔位坐标（G90）；

R：初始点到 R 点的距离（G91）或 R 点的坐标（G90）；

Z：R 点到孔底的距离（G91）或孔底坐标（G90）；

Q：每次进给深度（G73/G83）；

I、J：刀具在轴反向位移增量（G76/G87）；

P：刀具在孔底的暂停时间；

F：切削进给速度；

L：固定循环的次数。

G73、G74、G76 和 G81～G89、Z、R、P、F、Q、I、J、K 是模态指令。G80、G01～G03 等代码可以取消固定循环。

一、钻孔加工

1. 高速深孔加工循环（G73）

格式：

$$\begin{Bmatrix} G98 \\ G99 \end{Bmatrix} \quad G73\_X\_Y\_Z\_R\_Q\_P\_K\_F\_L\_$$

说明：

Q：每次进给深度；

k：每次退刀距离。

G73 用于 Z 轴的间歇进给，使深孔加工时容易排屑，减少退刀量，可以进行高效率的加工。

G73 指令动作循环见图 2-58。

注意：Z、K、Q 移动量为零时，该指令不执行。

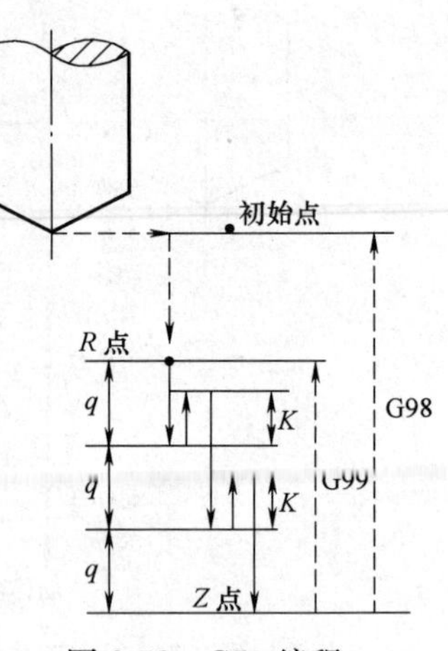

图 2-58　G73 编程

例 2-13　使用 G73 指令编制如图 2-58 所示深孔加工程序：设刀具起点距工件上表面 42mm，距孔底 80mm，在距工件上表面 2mm 处（R 点）由快进转换为工进，每次进给深度 10mm，每次退刀距离 5mm。

```
%0073
G92 X0 Y0 Z80
G00 G90 G98 M03 S600
G73 X100 R40 P2 Q-10 K5 Z0 F200
G00 X0 Y0 Z80
M05
M30
```

2. 钻孔循环（中心钻）（G81）

格式：

$$\begin{Bmatrix} G98 \\ G99 \end{Bmatrix} \quad G81X\_Y\_Z\_R\_F\_L\_$$

G81 钻孔动作循环，包括 X，Y 坐标定位、快进、工进和快速返回等动作。

G81 指令动作循环如图 2-59 所示。

注意：如果 Z 的移动量为零，该指令不执行。

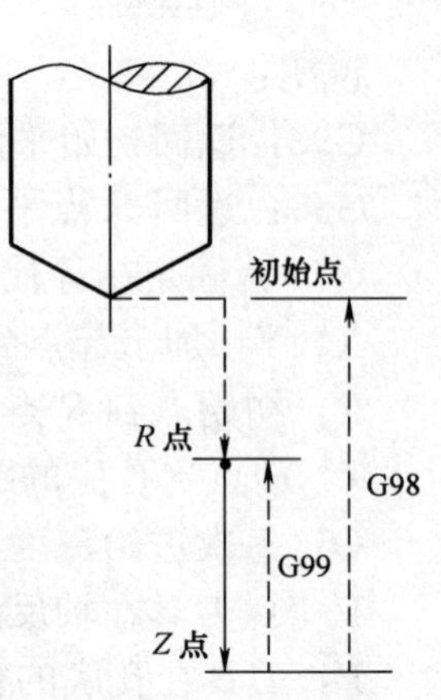

图 2-59　G81 编程

例 2-14　使用 G81 指令编制如图 2-59 所示钻孔加工程序：设刀具起点距工件上表面 42mm，距孔底 50mm，在距工件上表面 2mm 处（R 点）由快进转换为工进。

```
%0081;
G92 X0 Y0 Z50;
G00 G90 M03 S600;
G99 G81 X100 R10 Z0 F200;
G90 G00 X0 Y0 Z50;
M05;
M30;
```

3. G82 带停顿的钻孔循环

格式：

$$\left\{\begin{matrix} G98 \\ \\ G99 \end{matrix}\right. \quad G82X\_Y\_Z\_R\_P\_F\_L\_$$

G82 指令除了要在孔底暂停外，其他动作与 G81 相同。暂停时间由地址 P 给出。G82 指令主要用于加工盲孔，以提高孔深精度。

注意：如果 Z 的移动量为零，该指令不执行。

4. G83 深孔加工循环

格式：

$$\left\{\begin{matrix} G98 \\ \\ G99 \end{matrix}\right. \quad G83X\_Y\_Z\_R\_Q\_P\_K\_F\_L\_$$

说明：

Q：每次进给深度；

k：每次退刀后，再次进给时，由快速进给转换为切削进给时距上次加工面的距离。

G83 指令动作循环如图 2-60 所示。

注意：Z、K、Q 移动量为零时，该指令不执行。

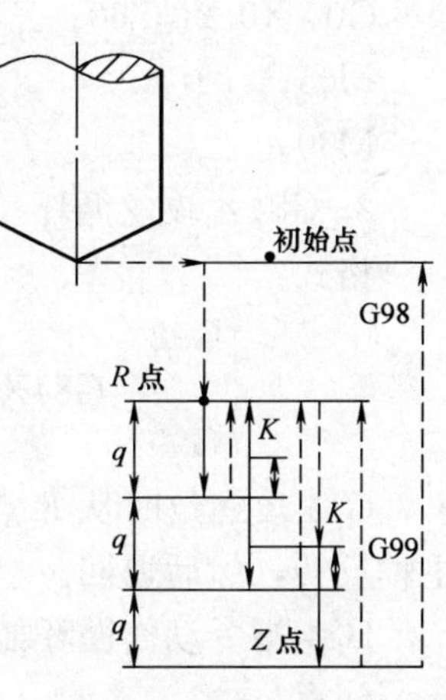

图 2-60　G83 编程

例 2-15　使用 G83 指令编制如图 2-60 所示深孔加工程序：设刀具起点距工件上表面 42mm，距孔底 80mm，在距工件上表面 2mm 处（R 点）由快进转换为工进，每次进给深度 10mm，每次退刀后，再由快速进给转换为切削进给时距上次加工面的距离 5mm。

```
%0083
G92 X0 Y0 Z80
G00 G99 G91 F200
M03 S500
G83 X100 G90 R40 P2 Q—10 K5 Z0
G90 G00 X0 Y0 Z80
M05
M30
```

二、螺纹加工

1. G74：反攻丝循环

格式：

$$\begin{cases} G98 \\ G99 \end{cases} \quad G74X\_Y\_Z\_R\_P\_F\_L\_$$

G74 攻反螺纹时主轴反转，到孔底时主轴正转，然后退回。

G74 指令动作循环如图 2-61 所示。

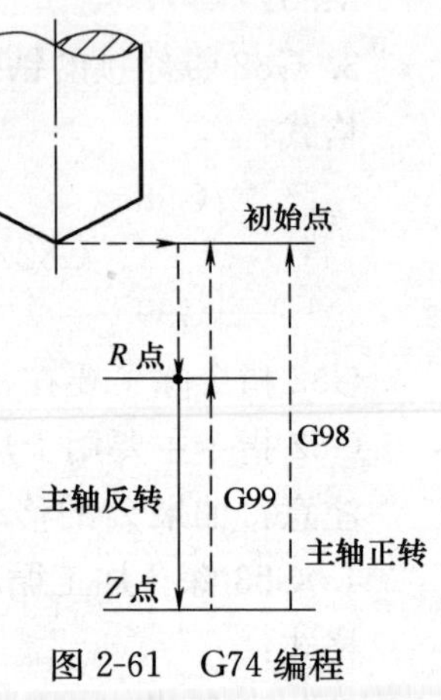

图 2-61　G74 编程

注意：

① 攻丝时速度倍率、进给保持均不起作用；

② R 应选在距工件表面 7mm 以上的地方；

③ 如果 Z 的移动量为零，该指令不执行。

例 2-16　使用 G74 指令编制如图 2-61 所示反螺纹攻丝加工程序：设刀具起点距工件上表面 48mm，距孔底 60mm，在距工件上表面 8mm 处（R 点）由快进转换为工进。

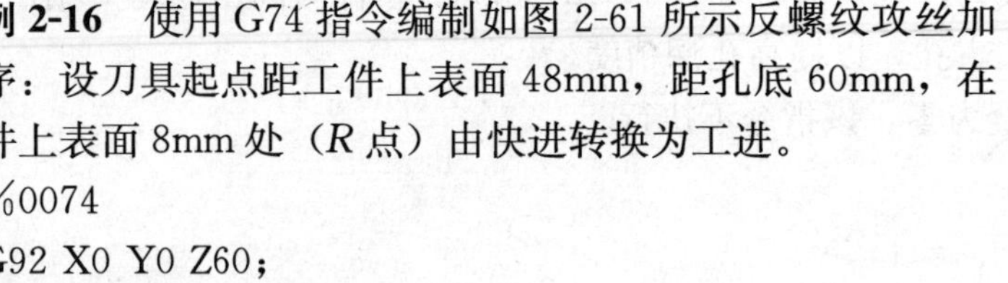

```
%0074
G92 X0 Y0 Z60;
G91 G00 F200 M04 S500;
G98 G74 X100 R－40 P4 G90 Z0;
G00 X0 Y0 Z60;
M05;
M30;
```

2. G84：攻丝循环

格式：

$$\begin{cases} G98 \\ G99 \end{cases} \quad G84X\_Y\_Z\_R\_P\_F\_L\_$$

G84 攻螺纹时从 R 点到 Z 点主轴正转，在孔底暂停后，主轴反转，然后退回。

G84 指令动作循环如图 2-62 所示。

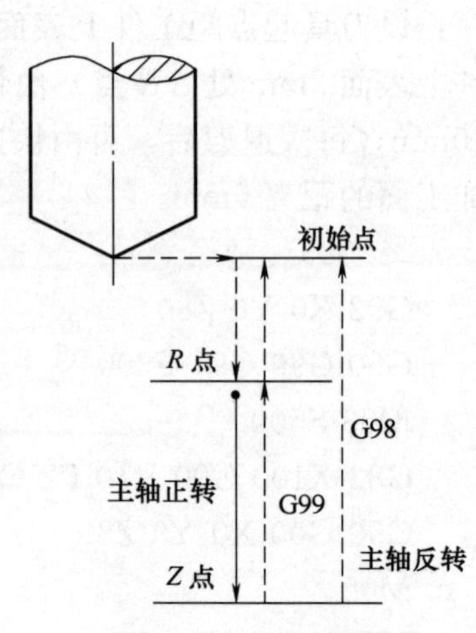

图 2-62　G84 编程

注意：

① 攻丝时速度倍率、进给保持均不起作用；

② R 应选在距工件表面 7mm 以上的地方；

③ 如果 Z 的移动量为零，该指令不执行。

例 2-17　使用 G84 指令编制如图 2-62 所示螺纹攻丝加工程序：设刀具起点距工件上表面 48mm，距孔底 60mm，在距工件上表面 8mm 处（R 点）由快进转换为工进。

```
%0084;
G92 X0 Y0 Z60;
```

G90 G00 F200 M03 S600；
G98 G84 X100 R20 P10 G91 Z－20；
G00 X0 Y0；
M05；
M30；

三、镗孔加工

1. G76：精镗循环

格式：

$$\left\{\begin{matrix} G98 \\ G99 \end{matrix}\right. \quad G76X\_\ Y\_\ Z\_\ R\_\ P\_\ I\_\ J\_\ F\_\ L\_$$

说明：

I：*X* 轴刀尖反向位移量；

J：*Y* 轴刀尖反向位移量。

G76 精镗时，主轴在孔底定向停止后，向刀尖反方向移动，然后快速退刀。这种带有让刀的退刀不会划伤已加工平面，保证了镗孔精度。

G76 指令动作循环如图 2-63 所示。

注意：如果 *Z* 的移动量为零，该指令不执行。

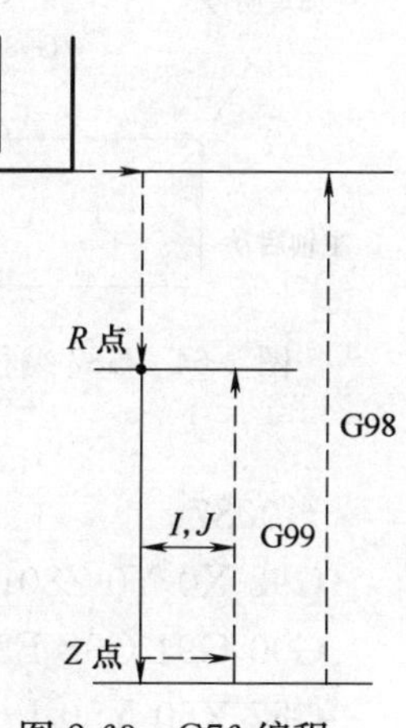

图 2-63　G76 编程

例 2-18　使用 G76 指令编制如图 2-63 所示精镗加工程序：设刀具起点距工件上表面 42mm，距孔底 50mm，在距工件上表面 2mm 处（*R* 点）由快进转换为工进。

％0076；
G92 X0 Y0 Z50；
G00 G91 G99 M03 S600；
G76 X100 R－40 P2 I－6 Z－10 F200；
G00 X0 Y0 Z40；
M05；
M30；

2. G85：镗孔循环

G85 指令与 G84 指令相同，但在孔底时主轴不反转。

3. G86：镗孔循环

G86 指令与 G81 相同，但在孔底时主轴停止，然后快速退回。

注意：

① 如果 *Z* 的移动位置为零，该指令不执行；

② 调用此指令之后，主轴将保持正转。

4. G87：反镗循环

格式：

$$\left\{\begin{matrix}G98\\ \\G99\end{matrix}\right.\quad G87X\_Y\_Z\_R\_P\_I\_J\_F\_L\_$$

说明：

I：*X* 轴刀尖反向位移量；

J：*Y* 轴刀尖反向位移量。

G87 指令动作循环如图 2-64 所示。描述如下：

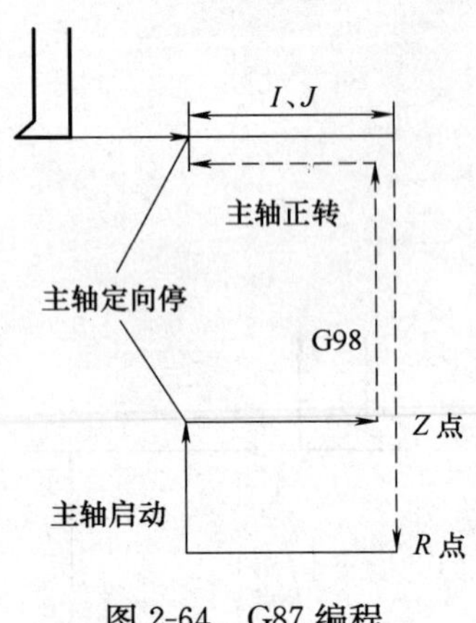

图 2-64　G87 编程

① 在 *X*、*Y* 轴定位；

② 主轴定向停止；

③ 在 *X*、*Y* 方向分别向刀尖的反方向移动 *I*、*J* 值；

④ 定位到 *R* 点（孔底）；

⑤ 在 *X*、*Y* 方向分别向刀尖方向移动 *I*、*J* 值；

⑥ 主轴正转；

⑦ 在 *Z* 轴正方向上加工至 *Z* 点；

⑧ 在 *X*、*Y* 方向分别向刀尖反方向移动 *I*、*J* 值；

⑨ 返回到初始点（只能用 G98）

注意：如果 *Z* 的移动量为零，该指令不执行。

例 2-19　使用 G87 指令编制如图 2-64 所示反镗加工程序：设刀具起点距工件上表面 40mm，距孔底（*R* 点）80mm。

```
%0087;
G92 X0 Y0 Z80;
G00 G91 G98 F300;
G87 X50 Y50 I—5 G90 R0 P2 Z40;
G00 X0 Y0 Z80 M05;
M30;
```

5. G88：镗孔循环

格式：

$$\left\{\begin{matrix}G98\\ \\G99\end{matrix}\right.\quad G88X\_Y\_Z\_R\_P\_F\_L\_$$

G88 指令动作循环如图 2-65 所示。描述如下：

① 在 *X*、*Y* 轴定位；

② 定位到 *R* 点；

③ 在 *Z* 轴方向上加工至 *Z* 点（孔底）；

④ 暂停后主轴停止；

⑤ 转换为手动状态，手动将刀具从孔中退出；

⑥ 返回到初始平面；

⑦ 主轴正转。

注意：如果 *Z* 的移动量为零，该指令不执行。

例 2-20　使用 G88 指令编制如图 2-65 所示镗孔加工程序：设刀具起点距 *R* 点 40mm，

距孔底 80mm。

```
%0088;
G92 X0 Y0 Z80;
M03 S600;
G90 G00 G98 F200;
G88 X60 Y80 R40 P2 Z0;
G00 X0 Y0 M05;
M30
```

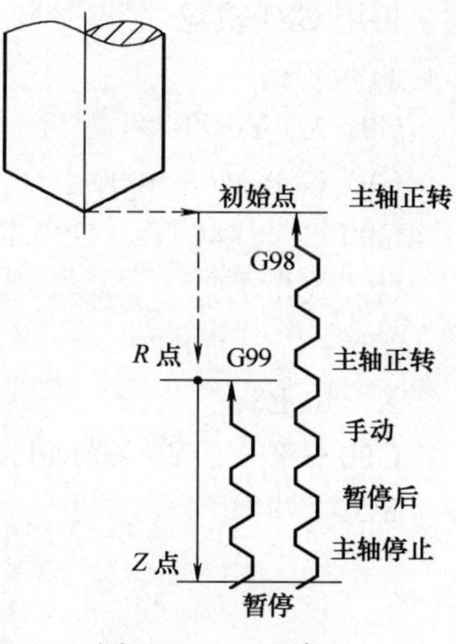

图 2-65　G88 编程

6. G89：镗孔循环

G89 指令与 G86 指令相同，但在孔底有暂停。

注意：如果 Z 的移动量为零，G89 指令不执行。

7. G80：取消固定循环

该指令能取消固定循环，同时 R 点和 Z 点也被取消。

使用固定循环时应注意以下几点：

① 在固定循环指令前应使用 M03 或 M04 指令使主轴回转；

② 在固定循环程序段中，X，Y，Z，R 数据应至少指令一个才能进行孔加工；

③ 在使用控制主轴回转的固定循环（G74、G84、G86）中，如果连续加工一些孔间距比较小，或者初平面到 R 点平面的距离比较短的孔时，会出现在进入孔的切削动作前时，主轴还没有达到正常转速的情况，遇到这种情况时，应在各孔的加工动作之间插入 G04 指令，以获得时间；

④ 当用 G00～G03 指令注销固定循环时，若 G00～G03 指令和固定循环出现在同一程序段，按后出现的指令运行；

⑤ 在固定循环程序段中，如果指定了 M，则在最初定位时送出 M 信号，等待 M 信号完成，才能进行孔加工循环。

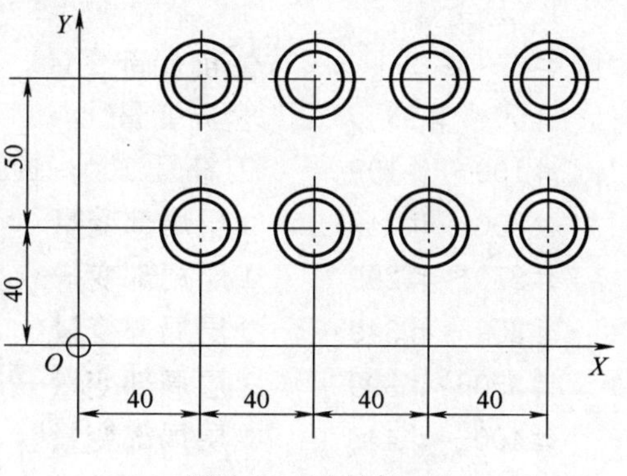

图 2-66　孔的加工

例 2-21　使用孔循环指令编制如图 2-66 所示的孔。设刀具起点距工作表面 100mm，切削深度为 10mm。

先用 G81 钻孔

```
%1000;
G92 X0 Y0 Z0;
G91 G00 M03 S600;
G99 G81 X40 Y40 G90 R−98 Z−110 F200;
G91 X40 L3;
Y50;
X−40 L3;
G90 G80 X0 Y0 Z0 M05;
M30;
```

再用 G84 攻丝

```
%2000;
G92 X0 Y0 Z0;
G91 G00 M03 S600;
G99 G84 X40 Y40 G90 R－93 Z－110 F100;
G91 X40 L3;
Y50;
X－40 L3;
G90 G80 X0 Y0 Z0 M05;
M30
```

第七节　宏指令编程

HNC-21M 为用户配备了强有力的类似于高级语言的宏程序功能，用户可以使用变量进行算术运算、逻辑运算和函数的混合运算，此外宏程序还提供了循环语句、分支语句和子程序调用语句，利于编制各种复杂的零件加工程序，减少乃至免除手工编程时进行繁琐的数值计算，以及精简程序量。

一、宏变量及常量

1. 宏变量

＃0～＃49	当前局部变量
＃50～＃99	全局变量
＃100～＃199	刀补号 100～199 的补偿值
＃200～＃249	0 层局部变量
＃250～＃299	1 层局部变量
＃300～＃349	2 层局部变量
＃350～＃399	3 层局部变量
＃400～＃449	4 层局部变量
＃450～＃499	5 层局部变量
＃500～＃549	6 层局部变量
＃550～＃599	7 层局部变量
＃600～＃699	刀具长度寄存器 H0～H99
＃700～＃799	刀具半径寄存器 D0～D99
＃800～＃899	刀具寿命寄存器
＃1195～＃1199	为固定循环使用

2. 常量

PI：圆周率 π

TRUE：真（条件成立）

FALSE：假（条件不成立）

二、宏变量的运算

1. 算术运算（见表 2-7）

表 2-7　　算术运算

运算符号	含义	运算符号	含义	运算符号	含义
+	加	—	减	*	乘
/	除	SIN	正弦	ASIN	反正弦
COS	余弦	ACOS	反余弦	TAN	正切
ATAN	反正切	SQRT	平方根	ABS	绝对值
ROUND	舍入	EXP	指数	LN	对数
FIX	上取数	FUP	下取数	MOD	取余

2. 逻辑运算（见表 2-8）

表 2-8　　逻辑运算

运算符号	含义	运算符号	含义	运算符号	含义
EQ	等于	NE	不等于	GT	大于
GE	大于且等于	LT	小于	LE	小于且等于
AND	与	OR	或	NOT	非

3. 函数（见表 2-9）

表 2-9　　函数

函　数	格　式
赋值 Definition	＃i=＃j
求和 Sum 求差 difference 乘积 Product 求商 Quotient	＃i=＃j+＃k ＃i=＃j-＃k ＃i=＃j * ＃k ＃i=＃j/＃k
正弦 sine 余弦 cosine 正切 tangent 反正切 arctangent	＃i=SIN[＃j] ＃i=COS[＃j] ＃i=TAN[＃j] ＃i=ATAN[＃J]/[＃k]
平方根 Square root 绝对值 Absolute value 四舍五入 Rounding off	＃i=SQRT[＃j] ＃i=ABS[＃J] ＃I=ROUND[＃J]
或 OR 异或 XOR 与 AND	＃I=＃J OR ＃K ＃I=＃J XOR ＃K ＃I=＃J

三、变量赋值

1. 赋值

把常数（或表达式）的值送给一个宏变量称为赋值。

格式：宏变量=常数（或表达式）

如：＃1=10，则表示变量＃1 的值是 10。

#2=175/SQRT[2]*COS[55 *PI/180]

2. 赋值规则

① 赋值号两边内容不能随意互换，左边只能是变量，右边只能是表达式。

② 一个赋值语句只能给一个变量赋值。

③ 可以多次向同一个变量赋值，新变量值取代原变量值。

④ 赋值语句具有运算功能，它的一般形式为：变量=表达式。

⑤ 在赋值运算中，表达式可以是变量自身与其他数据的运算结果。

⑥ 赋值表达式的运算顺序与数学运算顺序相同。

⑧ 不能用变量代表的地址符有：0、N、:、/。

四、分支和循环语句

1. 无条件分支 GOTO 语句

控制转移（分支）到顺序号 n 所在位置。顺序号可用表达式指定。

格式：GOTO n；

n—(转移到的程序段）顺序号

例：GOTO1；

GOTO#10；

2. 条件分支 IF 语句

在 IF 后指定一条件，当条件满足时，转移到顺序号为 n 的程序段，不满足则执行下一程序段。

格式：IF［表达式］ GOTO n；

•

•

•

Nn…；

条件表达式由两变量或一变量一常数中间夹比较运算符组成，条件表达式必须包含在一对方括号内。条件表达式可直接用变量代替。

例 2-22 求 1～10 的和。

```
%9500;
#1=0;                        和
#2=1;                        加数
N1 IF[#2 GT 10]  GOTO2;      相加条件
#1=#1+#2;                    相加
#2=#2+1;                     下一加数
GOTO1                        返回 1
N2 M30;                      结束
```

3. 循环 WHILE 语句

在 WHILE 后指定一条件表达式，当条件满足时，执行 DO 到 END 之间的程序，（然后返回到 WHILE 重新判断条件，）不满足则执行 END 后的下一程序段。

格式：WHILE ［条件表达式］；

```
        ·
        ·
        ·
      ENDW；
```

Figure: 图 2-67　椭圆轮廓加工

例 2-23　如图 2-67 所示，编制椭圆加工程序，椭圆长半轴长为 20mm，短半轴长为 10mm。

椭圆表达式为：$X=a*COS\alpha$；$Y=b*SIN\alpha$

程序如下：

```
%0011
＃0=5；                                定义刀具半径 R 值
＃1=20；                               定义 a 值
＃2=10；                               定义 b 值
＃3=0；                                定义步距角 α 的初值,单位为度
N10 G92 X0 Y0 Z10；
N20 G00 X[＃0+＃1] Y[＃0+＃2]；
N30 G01 Z0；
N40 G41 X[＃1]；
N50 WHILE ＃3 GE [-360]
N60 G01 X[＃1 *COS[＃3 *PI/180]] Y[＃2 *SIN[＃3 *PI/180]]；
N70 ＃3=＃3-5；
ENDW；
G01 G91 Y[＃0]；
G00 Z10；
M30；
```

例 2-24　用 $\phi 8$ 球头铣刀加工 $R5$ 的倒圆曲面，如图 2-68 所示，程序如下。

```
%0001
G92 X-30 Y-30 Z25；
＃0=5；                                           倒圆半径
＃1=4；                                           球心半径
＃2=180；                                         步距角 γ 的初值。单位为度
WHILE ＃2 GT 90；
＃101=ABS[[＃0+＃1]*COS[＃2 *PI/180]]-＃0；计算半径偏移量 ΔD
G01 G41 X-20 D101
Y15
G02 X-15 Y20 R5
G01 X15
G02 X20 Y15 R5；
G01 Y-15；
```

```
G02 X15 Y－20 R5；
G01 X－15；
G02 X－20 Y－15 R5；
G01 X－30；
G40 Y－30；
＃2＝＃2－10
G01 Z[25＋[＃0＋＃1]＊SIN[＃2＊PI/180]]；          计算 25＋ΔZ
ENDW；
M30；
```

例 2-25 在圆周上钻、镗均匀分布的孔。如图 2-69 所示，在半径为 R 的圆周上均匀分布 n 个孔。

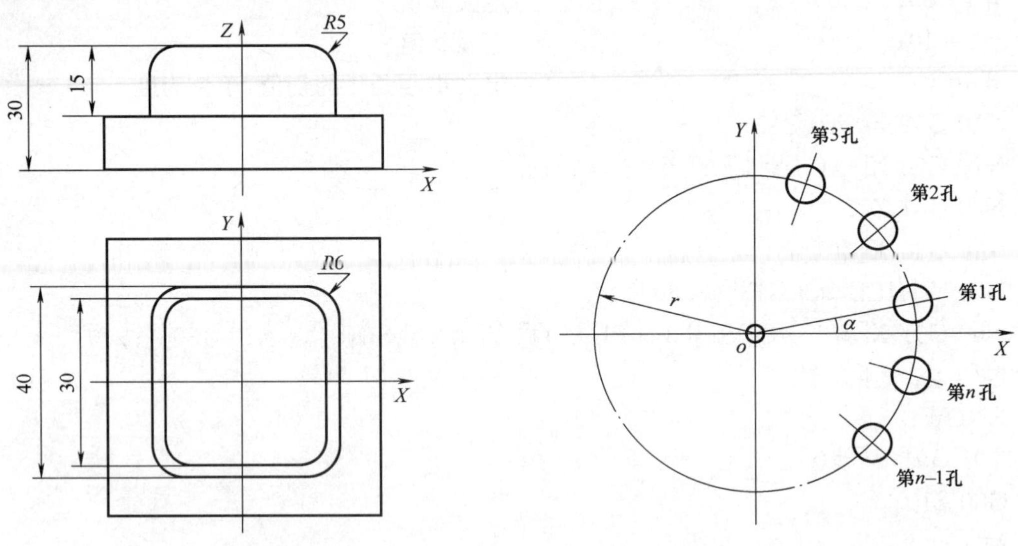

图 2-68 四棱柱倒圆　　图 2-69 加工圆周等分孔

(1) 数学建模　n 个孔均匀分布，则第 i 个孔与编程坐标系 X 轴夹角为

$$\alpha_i = 360/n \times (i-1)(1 \leqslant i \leqslant n)$$

第 i 个孔的孔中心在编程坐标系中 X、Y 值分别如下：

$X_i = R\cos\alpha_i$

$Y_i = R\sin\alpha_i$

(2) 变量设置（见表 2-10）

表 2-10　　**变量设置**

变量名称	变量意义	变量名称	变量意义
＃1	孔所在圆周半径 R	＃10	第 i 个孔的孔中心 X 坐标值 X_i
＃2	均匀分布孔总个数 n	＃11	第 i 个孔的孔中心 Y 坐标值 Y_i
＃3	第 i 个孔	＃6	孔深度
＃4	与编程坐标 X 轴夹角 α_i	＃7	R 平面高度

（3）宏程序

```
%0020；
G54；
#1=50；
#2=6；
#3=1；
#5=3.14159/180；
#6=-20；
#7=5；
while#3LE#2；
#4=360/#2*[#3-1]*#5；
#10=#1*COS(#4)；
#11=#1*SIN(#4)；
G90G98G81X[#10]Y[#10]Z[#6]R[#7]F100；
#3=#3+1；
ENDW；
G80；        取消固定循环
G91G28Z0；   退刀
M05；
M30
```

本章项目实操　数控铣床编程能力综合训练

综合训练一： 图 2-70 变速凸轮上、下平面已经加工完，外圆周面已经粗加工，尚有余量 4mm，现在数控铣床上粗铣、精铣凸轮外圆周的轮廓。编制数控程序。

（1）工件坐标系原点　凸轮外圆周面的设计基准在工件孔的中心，所以工件原点定在 ϕ32 毛坯孔中心的上表面（如图 2-75 所示的 *W* 点）。

（2）工件装夹　采用螺钉、压板夹紧。T 形螺钉穿过工件上 ϕ32 孔，采用螺母和压板首先轻夹工件，找正工件坯料 *X*、*Y* 轴，然后把工件夹紧在工作台上。

（3）刀具选择　采用 ϕ10 的立铣刀。

（4）加工程序　安全高度为 70mm；*R* 点高度为 2mm；经计算可以得到 *C*、*D* 点坐标：*C*（－7.5，29.407），*D*（0，38.73）。

若改变刀具半径补偿值，则可实现径向多刀切削。采用 ϕ10mm 的刀具，主程

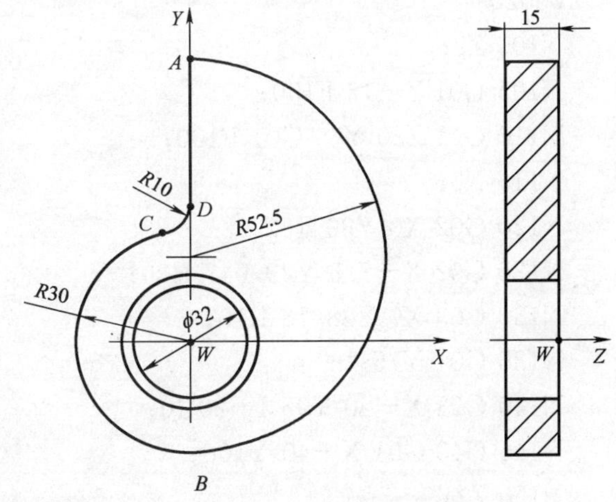

图 2-70　变速凸轮

序在两次调用同一子程序时，每次采用不同的刀具半径偏置量，就可取得不同的侧吃刀量，从而完成两次切削。本题精铣余量为 0.2mm，则粗铣时，刀补号 D01 内存偏置量为“刀具半径＋精铣余量”，即 10mm/2＋0.2mm＝5.2mm。

5.2mm 存入 D01 偏置号中，这样，运行程序时刀具中心轨迹相对编程轨迹偏移 5.2mm，铣削后留下精铣余量 0.2mm。

精铣时，重新设置偏移量，将 5.0mm 存入刀补号 D01 中。刀具中心轨迹相对编程轨迹偏移量等于半径 5mm，可以把余量 0.2mm 切除，加工到设计尺寸。刀补值与侧吃刀量如表 2-11 所示。

表 2-11　　刀补值与侧吃刀量

刀具	补偿号	刀补值/mm	侧吃刀量/mm	Z/mm
立铣刀 $\phi10$	第 1 次 D01	5.2	3.8	0
	第 2 次 D01	5	0.2	0

（5）数控加工程序如下

```
00307;程序名(主程序)
N05 G54 G17 G00 X0 Y0 Z200 S1000 M03;    设定工件坐标系,启动主轴
N10 G90 G00 Z70;                         绝对值编程,快速到安全高度
N15 G10 P01 R5.2;                        输入补偿量,5.2mm 存入 D01
N20 X-40 Y80;                            在安全高度上,快速到下刀点
N25 M98 P0020;                           调用子程序 00020,执行一次(粗铣外形)
N30 G00 Z70;                             快速到安全高度
N35 G10 P01 R5.0;                        输入补偿量,5.0mm 存入 D01
N40 G00 X-40 Y80;                        快速定位到下刀点
N45 M98 P0020;                           调用子程序 00020,执行一次(精铣外形)
N50 G00 Z70 M05;                         快速到安全高度,主轴停转
N55 X0 Y0 Z200;                          回到程序始点
N60 M30;                                 程序结束
00020;                                   子程序号
N100 Z2;                                 快速下刀,到 R 点高度
N105 G01 Z-16 F150;                      慢速下刀,进给速度为 150mm/min
N110 G41 Z20 Y75 G01 F100;               建立刀具左补偿
N115 X0;                                 直线进刀
N120 G02 X0 Y30 R52;                     切削圆弧 AB
N125 G02 X-7.5 Y29.047 R30;              切削圆弧 BC
N130 G03 X0 Y38.73 R10;                  切削圆弧 CD
N135 G01 Y75;                            切削直线 DA
N140 G03 X-20 Y95 I-20 J0;               沿 1/4 圆弧轨迹退刀
N145 G40 G01 X-40 Y100;                  取消刀具半径补偿
N150 Z2;                                 退到慢速下刀高度
N155 M99;                                子程序结束,返回到主程序
```

综合训练二：毛坯为120mm×60mm×10mm板材，5mm深的外轮廓已粗加工过，周边留2mm余量，要求加工出如图2-71所示的外轮廓及ϕ20mm的孔。工件材料为硬铝。

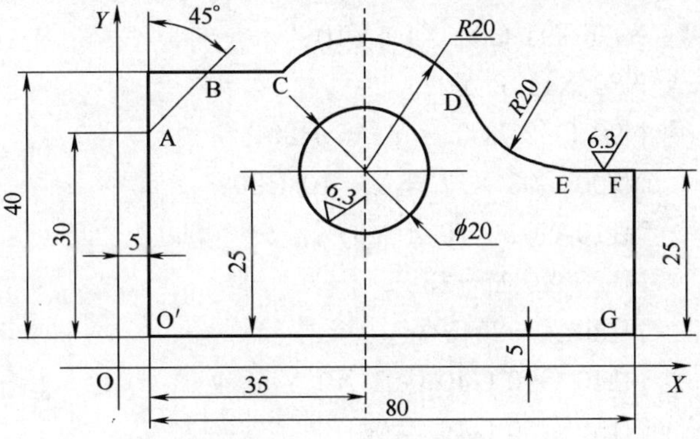

图2-71　典型零件

1. 确定工艺方案及加工路线

（1）以底面为定位基准，两侧用压板压紧，固定于铣床工作台上。

（2）工步顺序

① 钻孔ϕ20mm。

② 按O′→A→B→C→D→E→F→G线路铣削轮廓。

2. 选择刀具

现采用ϕ20mm的钻头，钻削ϕ20mm孔；ϕ8mm的平底立铣刀用于轮廓的铣削并把该刀具的直径输入刀具参数表中。

3. 确定切削用量

切削用量的具体数值应根据该机床性能、相关的手册并结合实际经验确定，详见加工程序。

4. 确定工件坐标系和对刀点

在*XOY*平面内确定以*O*点为工件原点，*Z*方向以工件表面为工件原点，建立工件坐标系，如图2-71所示。采用手动对刀方法把*O*点作为对刀点。

5. 编程

按所选用机床规定的指令代码和程序段格式，把加工零件的全部工艺过程编写成程序清单。该工件的加工程序如下。

（1）加工ϕ20mm孔程序（手工安装好ϕ20mm钻头）

```
%1001
N10 G54;                              建立工件坐标系
N20 G00 X40 Y30;                      快速定位到孔中心上方
N30 G43 Z100 H01 S100 M03 M08;        建立刀具长度补偿，主轴正转
N40 G98 G81 Z－15 R15 F120;           钻孔循环
N50 G80 G49 Z50;                      取消长度补偿
N60 M05 M09;
N70 M30;
```

（2）铣轮廓程序（手工安装好ϕ8mm立铣刀）

```
%1002
N10 G54;
N20 G90 G00 X－20 Y－10;
N30 G43 Z100 H01 S1000 M03
N40 G01 Z－6 F100;
N50 G01 G41 D01 X5 Y－10 F150;
N60 G01 Y35;
```

```
N70 G91 G01 X10 Y10;
N80 X11.8 Y0;
N90 G02 X30.5 Y-5 R20;
N100 G03 X17.3 Y-10 R20;
N110 G01 X10.4 Y0;
N120 X0 Y-25;
N130 X-85 Y0;
N140 G90 G40 G01 X0 Y0;
N150 G00 G49 Z100;
N160 M05 M30;
```

思考题与习题

1. 数控铣削加工的适用对象是什么？走刀路线如何确定？

2. 数控铣削刀具有哪些种类与如何选择？

3. 如图 2-72 所示的为平面曲线零件，试用直线插补指令和圆弧插补指令，按绝对坐标编程与增量坐标编程方式分别编写其数控铣削加工程序。

（1）已知毛坯材料为 45＃钢，毛坯 100mm×80mm×40mm，编写其数控加工程序[如图 2-72（a）]。

（2）已知毛坯材料为 45＃钢，毛坯 100mm×80mm×40mm，编写其数控加工程序[如图 2-72（b）]。

（3）已知毛坯材料为 45＃钢，毛坯 ϕ50mm×55mm 的材料，编写其数控加工程序[如图 2-72（c）]。

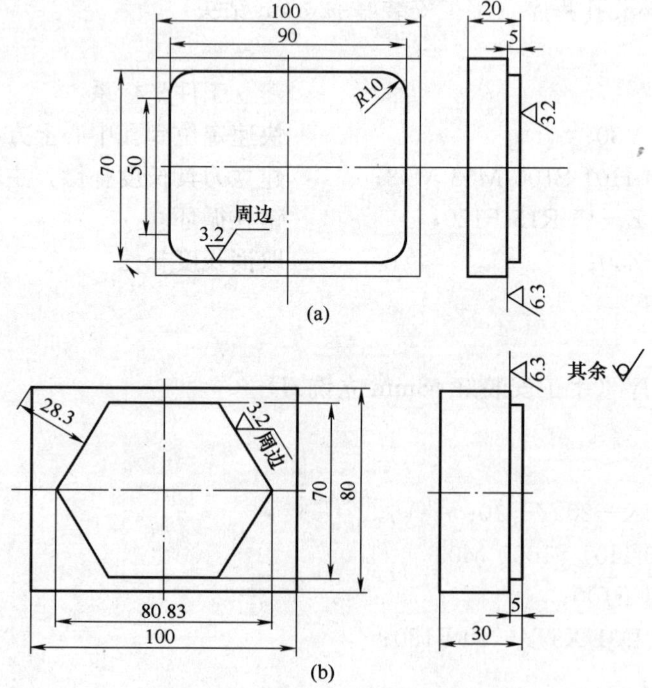

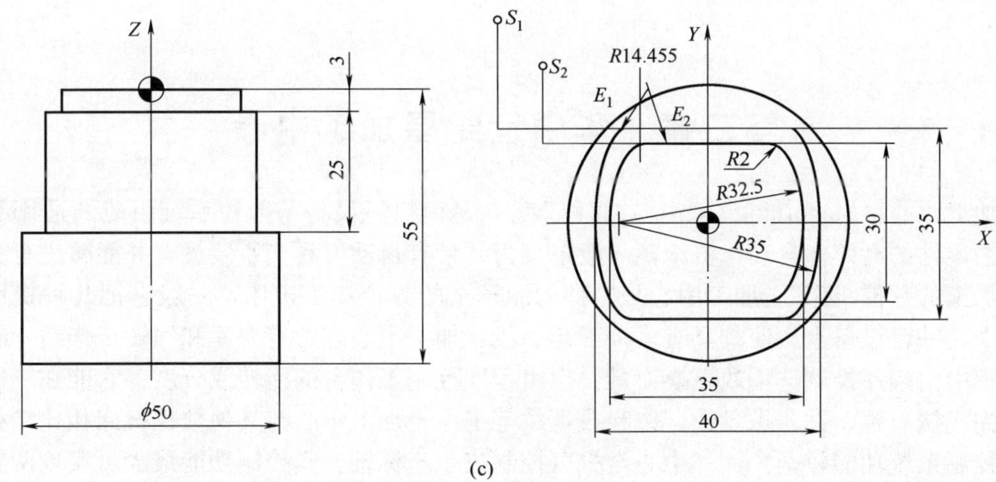

图 2-72　习题 3 图例

4. 如图 2-73 所示，工件材料为 45 号钢，已经调质处理。加工部位为工件上表面两平底偏心槽，槽深 10mm。编写其数控铣削加工程序。

5. 如图 2-74 所示的零件，毛坯材料为 LY2，毛坯尺寸为 150mm×200mm×25mm，其他型面已精加工，只需完成孔的加工。编写其数控铣削加工程序。

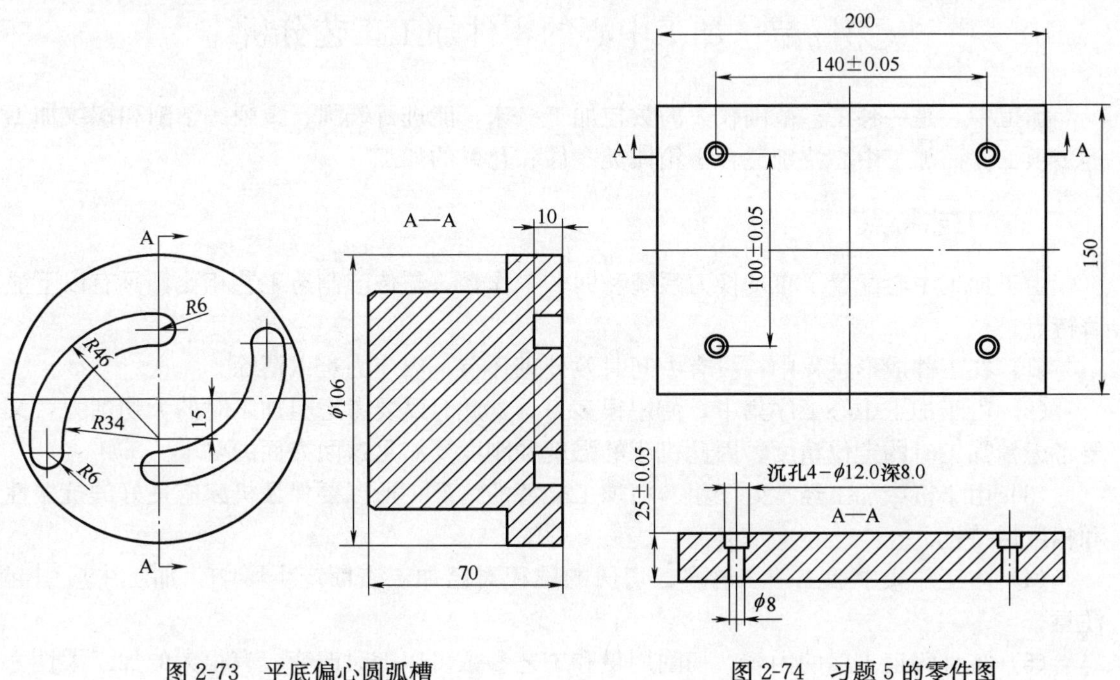

图 2-73　平底偏心圆弧槽　　　　图 2-74　习题 5 的零件图

第三章　华中世纪星加工中心

加工中心（Machining Center）简称MC，是由机械设备与数控系统组成的适用于加工复杂零件的高效率自动化机床，一般定义为“带有自动刀具交换装置，并能够进行多种工序加工的数控机床”。加工中心是一种功能较全的数控加工机床，一般它把几种机床功能集中在一台设备上，使其具有多种工艺手段。加工中心配置有刀库和回转工作台，在加工过程中由程序控制选用或更换刀具，也由程序控制工作台的回转或分度。它能在一次装夹中完成铣、镗、钻、扩、铰、锪和攻螺纹等工序。加工中心与其他数控机床相比结构复杂，控制系统功能较全。加工中心至少可控制三个坐标轴，其控制功能最少可实现两轴联动控制，多的可实现五轴、六轴联动，从而保证刀具能进行复杂表面的加工。在本章中将以配备华中世纪星数控系统的加工中心为例进行介绍。

本章主要学习目标是：掌握加工中心加工工艺编制方法及加工中心编程要点；学会使用换刀指令并能熟练应用。在应用第二章“华中世纪星数控铣床”的基础上，结合本章的学习内容使学生掌握编写加工中心程序的方法和技能并能对一些较复杂零件进行编程。

第一节　加工中心的零件加工工艺分析

加工中心是一种工艺范围较大的数控加工机床，能进行铣削、镗削、钻削和螺纹加工等多项工作。加工中心特别适合于箱体类零件和孔系的加工。

一、工艺特点

由于加工中心配置了自动换刀系统和回转工作台，与传统制造工艺相比，具有以下显著特点。

（1）在工件成形过程中，没有中间时效处理环节，内应力难以消除。

（2）由于加工中心工序集中，使用很多刀具，此时既要考虑粗加工时的大切削力，又要考虑精加工时的定位精度，因此机床的强度和刚度要满足这两方面的要求。

（3）由于机床加工经常处于粗、精加工交替的情况，所以要保证机床有良好的抗振性和精度保持性。

（4）多工序集中加工，切屑多，切屑的堆积对已加工表面产生影响，加工中应引起注意。

（5）零件每道工序的内容、切削用量和工艺参数可以随时改变，有很大的加工柔性。

根据加工中心工艺特点，要充分发挥加工中心的特长，提高产品质量，必须注意以下几点。

（1）工件需经过高温时效处理，消除内应力。

（2）安排其他设备完成准备工序。

（3）选择合适的刀具及夹具，使用优化的切削用量。

(4) 选用复合刀具，尽量采用刀具机外预调，提高精度和机床利用率。

(5) 合理安排加工工序。

二、加工中心加工零件的工艺性分析

(1) 选择加工内容　加工中心最适合加工形状复杂、工序较多、要求较高，需使用多种类型的通用机床、刀具和夹具，经多次装夹和调整才能完成加工的零件。

(2) 检查零件图样　零件图样应表达正确，标注齐全。同时要特别注意，图样上应尽量采用统一的设计基准，从而简化编程，保证零件的精度要求。例如图 3-1 中所示零件图样。在图 3-1 (a) 中，A、B 两面均已在前面工序中加工完毕，在加工中心上只进行所有孔的加工。以 A、B 两面定位时，由于高度方向没有统一的设计基准，ϕ48H7 孔和上方两个 ϕ25H7 孔与 B 面的尺寸是间接保证的，欲保证 32.5±0.1 和 52.5±0.04 尺寸，须在上道工序中对 105±0.1 尺寸公差进行压缩。若改为图 3-1 (b) 所示标注尺寸，各孔位置尺寸都以 A 面为基准，基准统一，且工艺基准与设计基准重合，各尺寸都容易保证。

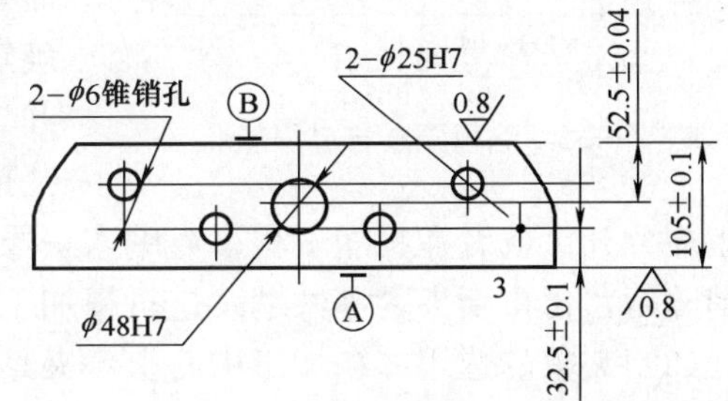

(a) 高度方向各孔没有统一的设计基准

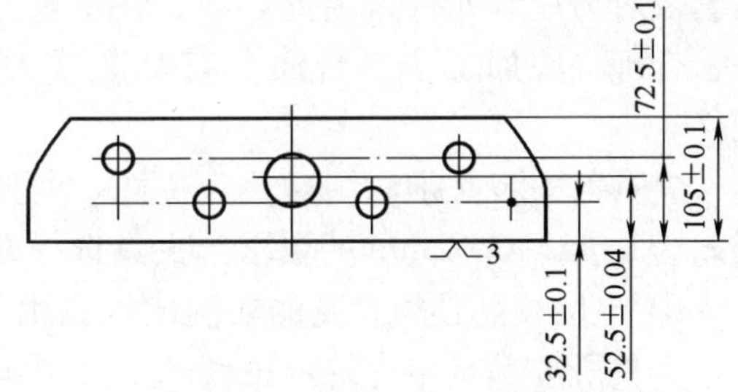

(b) 高度方向各孔具有统一的设计基准

图 3-1　零件的基准统一

(3) 分析零件的技术要求　根据零件在产品中的功能，分析各项几何精度和技术要求是否合理；考虑在加工中心加工，能否保证其精度和技术要求；选择哪一种加工中心最为合理。

(4) 审查零件的结构工艺性　分析零件的结构刚度是否足够，各加工部位的结构工艺性是否合理等。

三、零件的装夹

(1) 定位基准的选择　在加工中心加工时，零件的定位仍应遵循六点定位原则。同时还应特别注意以下几点。

① 进行多工位加工时，定位基准的选择应考虑能完成尽可能多的加工内容，即便于各个表面都能被加工的定位方式。例如，对于箱体零件，尽可能采用一面两销的组合定位方式。

② 当零件的定位基准与设计基准难以重合时，应认真分析装配图样，明确该零件设计基准的设计功能，通过尺寸链的计算，严格规定定位基准与设计基准间的尺寸位置精度要求，确保加工精度。

③ 编程原点与零件定位基准可以不重合，但两者之间必须要有确定的几何关系。编

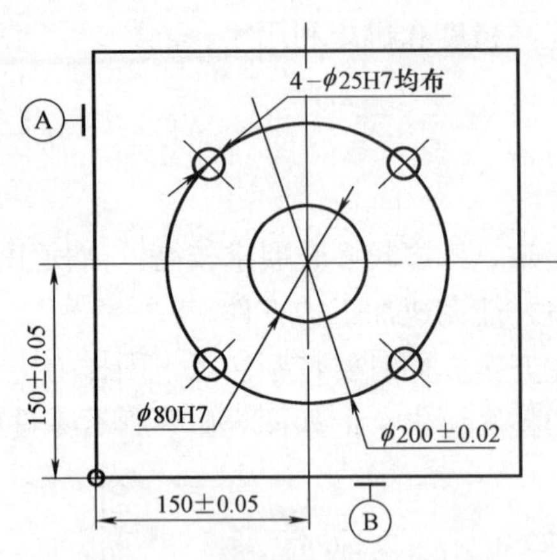

图 3-2　编程原点与定位基准

程原点的选择主要考虑便于编程和测量。例如，图 3-2 中的零件在加工中心上加工 ϕ80H7 孔和 4-ϕ25H7 孔，其中 4-ϕ25H7 都以 ϕ80H7 孔为基准，编程原点应选择在 ϕ80H7 孔的中心线上。当零件定位基准为 A、B 两面时，定位基准与编程原点不重合，但同样能保证加工精度。

（2）零件的夹紧　在考虑夹紧方案时，应尽量减小夹紧变形。零件在粗加工时，切削力大，需要的夹紧力大，因此必须慎重选择定位基准和确定夹紧力。夹紧力应作用在主要支撑范围内，并尽量靠近切削部位及刚性好的部位。如采用这些措施仍不能控制零件的变形，只能将粗、精加工工序分开，或者在粗加工程序后编入一段选择停止指令，粗加工后松开工件，使零件变形消除后，再重新夹紧零件继续进行精加工。

（3）夹具的选用　在加工中心上，夹具的任务不仅仅是装夹零件，而且要以定位基准为参考基准，确定零件的加工原点。加工中心的自动换刀功能又决定了在加工中不能使用钻套及对刀块等元件。因此，在选用夹具结构形式时要综合考虑各种因素，尽量做到经济、合理。在加工中心台面上有基准 T 形槽、转台中心定位孔、工作台侧面基准定位元件。

夹具的安装必须利用这些定位件，夹具底面表面粗糙度值不低于 $Ra3.2\mu m$ 和平面度误差为 0.01～0.02mm 的要求。夹具选择必须注意以下几点。

① 定位夹具必须有高的切削刚性。由于零件在一次装夹中要同时完成粗加工和精加工，夹具既要满足零件的定位要求，又要承受大的切削力。

② 夹紧零件后必须为刀具运动留有足够的空间。由于钻夹头、弹簧夹头镗刀杆很容易与夹具发生干涉，尤其是零件外轮廓的加工，很难安排定位夹紧元件的位置，箱体零件可利用零件内部空间来安排夹紧方式。

③ 夹具必须保证零件最小变形。由于零件在粗加工时切削力较大，当粗加工后松开压板零件可能产生变形，夹具必须谨慎地选择支撑点、定位点和夹紧点。夹紧点尽量接近支撑点，避免夹紧力作用在零件中间空的区域。如果上述方法仍不能控制零件变形，就只能分开零件的精加工程序，或者在编制精加工前使用机床暂停指令，让操作者放松夹具调节夹紧力，消除零件后变形再进行精加工。

④ 对于批量不大又经常换品种的零件来说，可优先使用组合或成组夹具。但是组合夹具的精度必须满足零件加工的要求。

⑤ 对小型、宽度小的工件可考虑在工作台上装夹几个零件同时加工。

常用的夹具有组合夹具、成组夹具、可调整夹具、拼装夹具和专用夹具。

夹具在机床上的安装误差和零件在夹具中的装夹误差对加工精度都将产生直接的影响。即使在编程原点与定位基准重合的情况，也要求对零件在机床坐标系中的位置进行准确的调整。夹具中零件定位支承的磨损及污垢都会引起加工误差。因此，操作者在装夹零件时一定将污物去除干净。

四、刀具的选择

加工中心上使用的刀具分刃具部分和连接刀柄部分。刃具部分包括钻头、铣刀、铰刀、丝锥等。加工中心有自动换刀装置。连接刀柄要满足机床主轴自动松开和拉紧、定位准确、安装方便、适应机械手的夹持和搬运、适应在自动化刀库中的储存和识别的要求，通常用 ISO 40、45、50 锥孔数据。

（1）刀柄的选择　标准刀柄与机床主轴联接结合面的锥度是 7∶24，国际标准（ISO）有 30、35、40、45、50 等型号。刀柄尺寸的选择需考虑机械手夹持尺寸和机床主轴夹紧刀柄的尾拉钉尺寸的要求。TSG 工具系统中有一部分刀柄不带刃具，必须配置相应的刀具如铣刀、钻头、镗刀头、丝锥和附件，如钻夹头、弹套、丝锥转矩保护套等。用户可根据典型零件的工艺分析，编制刀具卡片，考虑易损的备件。刀柄的选择直接影响机床效能的发挥，刀柄数量少，不能充分发挥机床的功能；刀柄数量多，又会影响投资。如何恰当地选择，只有根据典型零件和批量情况而定。如果刀库容量大，刀具更换频繁，可选用模块式刀柄。对批量大又反复生产的典型零件，可选用复合刀柄。对特殊刀柄的选用，可扩大加工范围，如把增速刀柄用于小孔加工，则转速比主轴转速增高几倍；多轴加工动力头刀柄可同时加工小孔；万能铣头刀柄可改变刀具与主轴轴线夹角，扩大工艺范围；内冷却刀具冷却液通过刀柄，经过刃具内通孔，直接在切削刃区冲击，可得到很好的冷却效果，适用于深孔加工；高速磨头刀柄适于在加工中心磨削淬火加工面或抛光模具面等。特殊刀柄的选用必须考虑对机床主轴端面安装位置要求，并考虑可否实现。

（2）对刀具的要求　加工中心用刀具必须具有能够承受高速切削和强力切削的性能，并且性能稳定。在选刀具材料时，一般应尽可能选用硬质合金涂层刀片，精密镗孔等还可选用性能好、耐磨的立方氮化硼和金刚石刀具。加工中心的 ATC 功能要求能快速、准确地完成自动换刀，同时加工的零件日益复杂和精密，这就要求刀具必须具备较高的形状精度。例如，加工中心上不能使用钻模板等辅助装置，钻孔精度除受机床结构因素影响外，主要取决于钻头本身，这就要求钻头的两切削刃必须有较高的对称度精度（一般为依靠钻模板加工时钻头对称度值的一半）。同时，对刀具装夹装置也应提出较高要求，必须保证刀具同心地夹持在刀具装夹装置内。

另外，在根据工艺卡确定所用的刃具及刀柄、编制刀具卡片时，还应注意下列因素：

① 机床允许的最大直径和质量。

② 注意刀具与夹具及零件发生干涉的可能性，零件形状越复杂，此项检验越重要。

③ 零件精度要求高、材料硬度高时，要注意刀具寿命的控制和备用刀具的准备。

④ 采用通用还是专用刀具，要根据生产批量、零件精度及刀库容量等因素决定。

第二节　加工中心的数控程序编制

加工中心的编程和数控铣床编程的不同之处，主要在于增加了用 M06、M19 和 T 指令进行自动换刀的功能，其他与数控铣床基本相同。

一、编程要点

（1）进行合理的工艺分析，安排加工工序　由于零件加工工序多，使用的刀具种类多，甚至在一次装夹下，要完成粗、半精、精加工，周密合理地安排各工序加工顺序，有利于提高精度和生产率。加工顺序按铣大平面、粗镗孔、半精镗孔、立铣刀加工、打中心孔、钻孔、攻螺纹、精加工、铰镗精铣等的加工次序。

（2）根据批量等情况，决定采用自动换刀还是手动换刀　一般对批量在10件以上，而刀具更换频繁时，以采用自动换刀为宜。但当加工批量很小而使用的刀具种类又不多时，把自动换刀安排到程序中，反而会增加机床的调整时间，当然，这时就相当于把加工中心当数控铣床来使用了。

（3）自动换刀要留出足够的换刀空间　刀具直径较大或尺寸较长，自动换刀时要注意避免发生撞刀事故。为安全起见，有的机床要求换刀前必须先回到参考点后才能进行换刀。

（4）尽量采用刀具机外预调　为提高机床利用率，尽量采用刀具机外预调，并将测量尺寸填写到刀具卡片中，以便操作者在运行程序前及时修改刀具补偿参数。

（5）对于编好的程序，应认真检查，并于加工前安排好试运行　从编程的出错率来看，采用手工编程出错率高，特别是在生产现场，为临时加工而编程时，出错率更高，认真检查程序并安排好试运行就更为必要。

（6）尽量把不同工序内容的程序，分别安排到不同的子程序中，或按工序顺序添加程序段号标记　当零件加工程序较多时，为便于程序调试，一般将各工序内容分别安排到不同的子程序中。主程序内容主要是完成换刀及子程序调用的指令。这样安排便于按每一工序独立地调试程序，也便于因加工顺序不合理而作出重新调整，对需要多次重复调用的子程序，可考虑采用G91增量编程方式处理其中的关键程序段，以便于在主程序中用M98P××××L××方式调用，这样可简化程序量。

（7）尽可能采用简化编程指令和宏指令来进行编程　尽可能地利用机床数控系统本身所提供的镜像、旋转、固定循环和宏指令编程功能，以简化程序量。

（8）换刀程序的使用　对加工时所要使用的第一把刀具，可以把它直接安装在主轴上，并将这把刀的刀号输入设置到某地址号中。这样，在加工程序的开头就可以不进行换刀操作。但在程序结束前必须要有换刀程序段，以便使加工最后用的刀具换为加工开始时用的刀具，使这个程序还能继续进行下一个零件的加工。若在调整时，主轴上先不装刀，所要用的几把刀具装在刀库上，那么，在程序的一开头，就要是换刀的程序段，以便使主轴装上刀具。当然，这次换刀时，主轴上是空的，只是把刀库上的刀具装到主轴上，在以后的程序则与前述相同。以后再要重复使用这个程序加工时，这种最前面安排的装刀程序段就没用了。这样可以使用系统提供的选择跳跃功能，即在程序段前增加“/”，按下操作面板上的“选择跳跃”键至灯亮（有效），则以后这些带“/”的程序段就跳过不执行。当需要运行这些程序段时，可在重复运行这些程序前，再按下“选择跳跃”键至灯灭（无效）。这些程序段可按下述形式编制。

```
/T01        选01号刀具
/M06 T02    换刀,再预选好02号刀具备用
```

如果刀库参考点位置的刀座上安装的是 T01 号刀具，则第一段程序可省去。

二、加工中心换刀程序的编写

加工中心配备的数控系统，其功能指令都比较齐全。全面数控铣床的所用的功能指令基本上都适用于加工中心，对这些指令就不再重复说明。在此主要介绍换刀程序的编制。

通常换刀程序中，选刀和换刀分开进行。选刀指令由 T 功能指令完成，换刀指令由 M06 实现，M19 实现主轴定向停止，确保主轴停止的方位和装刀标记方位一致。换刀完毕启动主轴后，方可进行下面程序段的加工。选刀可与机床加工重合起来，即利用切削时间进行选刀。多数加工中心都规定了换刀点位置，及定距换刀。主轴只有走到这个位置，机械手才能松开，执行换刀动作。一般立式加工中心规定换刀点的位置在机床 *ZO*（即机床坐标系 *Z* 轴零点处），卧式加工中心规定在机床 *YO*（即机床坐标系 *Y* 轴零点处）。

对于不采用机械手换刀的立、卧式加工中心，它们在进行换刀动作之时，先取下主轴上的刀具，在进行刀库转位的选刀动作；然后，再换上新的刀具。其选刀动作和换刀动作无法分开进行，故编程上一般用“T×× M06”的形式。而对于采用机械手换刀的加工中心来说，合理地安排选刀和换刀指令是其加工编程的要点。因此，对这类机床有必须要掌握“T01M06”和“M06T01”的本质区别。

“T01M06”是先执行选刀指令 T01，再执行换刀指令 M06。它是先由刀库转动将 T01 号刀具送到换刀位置上后，再由机械手实施换刀动作。换刀以后，主轴上装夹的就是 T01 号刀具，而刀库中目前换刀位置上安放的则是刚换下的旧刀具。执行完“T01M06”后，刀库即保持当前刀具安放位置不动。

“M06T01" 是先执行换刀指令 M06，再执行选刀指令 T01。它是先由机械手实施换刀动作，将主轴上原有的刀具和目前刀库中当前换刀位置上已有的刀具（上一次选刀 T××指令所选好的刀具）进行互换；然后，再由刀库转动将 T01 号刀具送到换刀位置上，为下次换刀作准备。换刀前后，主轴上装夹的都不是 T01 号刀具。执行完“M06T01”后，刀库中目前换刀位置上安放的则是 T01 号刀具，它是为下一个 M06 换刀指令预先选好的刀具。

在对加工中心进行换刀动作的编程安排时，应考虑如下问题。

（1）换刀动作必须在主轴停转的条件下进行，且必须实现主轴准停即定向停止（用 M19 指令）。

（2）换刀点的位置应根据所用机床的要求安排，有的机床要求必须将换刀位置安排在参考点处或至少应让 *Z* 轴方向返回参考点，这时就要使用 G28 指令。有的机床则允许用参数设定第二参考点作为换刀位置，这时就可在换刀程序前安排 G30 指令。无论如何，换刀点的位置应远离工件及夹具，应保证有足够的换刀空间。

（3）为了节省自动换刀时间，提高加工效率，应将选刀动作与机床加工动作在时间上重合起来。比如，可将选刀动作指令安排在换刀前的回参考点移动过程中，如果返回参考点所用的时间小于选刀动作时间，则应将选刀动作安排在换刀前的耗时较长的加工程序段中。

（4）若换刀位置在参考点处，换刀完成后，可使用 G29 指令返回到下一道工序的加工起始位置。

（5）换刀完毕后，不要忘记安排重新启动主轴指令，否则加工将无法持续。

本章项目实操　加工中心编程实例

在加工中心上加工如图 3-3 所示的零件。分别用 $\phi40$ 的端面铣刀铣上表面，用 $\phi20$ 的立铣刀铣四侧面和 A、B 面，用 $\phi6$ 的钻头钻 6 个小孔，$\phi14$ 的钻头钻中间的两个大孔。试编写加工程序。

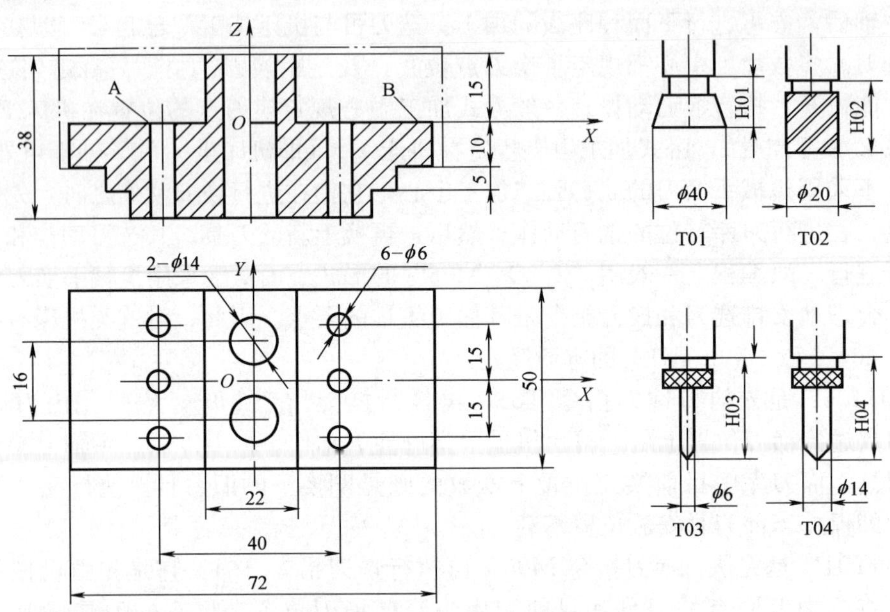

图 3-3　加工中心实例零件图样

程序如下：

```
%1000;
G92 X0 Y0 Z100.0;
G90 G00 G43 Z20.0 H01;           Z向下刀离毛坯上表面一定距离处
S300 M03;
G00 X60.0 Y15.0;                 移刀到毛坯右侧外部
G01 Z15.0 F100;                  工进下刀到预加工上表面高度处
    X−60.0                       加工左侧
    Y−15.0
    X60.0 T02;                   往回加工到右侧,同时预先选刀T02
G49 Z20.0 M19;                   上表面加工完成,抬刀,主轴准停
G28 Z100.0;                      返回参考点,自动换刀
G28 X0 Y0 M06;
G29 X60.0 Y25.0 Z100.0;          从参考点回到铣四侧的起始位置
S200 M03;
G00 G43 Z−12.0 H02;              下刀到Z−12高度处
```

```
G01 G42 X36.0 D02 F80;              建立刀具半径补偿,铣四侧开始
    X-36.0 T03;                     铣后侧面,同时选刀 T03
    Y-25.0;                         铣左侧面
    X36.0;                          铣前侧面
    Y30.0;                          铣右侧面
G00 G40 Y40.0;                      刀补取消
    Z0;
G01 Y-40.0 F80;                     工进铣削 B 面开始
    Z21.0;
    Y40.0;
    X-21.0;                         移到左侧
    Y-40.0;                         铣削 A 面开始
    X-36.0
    Y40.0
G49 Z20.0 M19;                      A 面铣削完成,抬刀,主轴准停
G28 Z100
G91G28 X0 Y0 M06;                   返回参考点,自动换刀
G90 G29 X20.0 Y30.0 Z100.0;         从参考点返回到右侧三个 φ6 小孔起始处
G00 G43 Z3.0 H03 S630 M03;          下刀到离 B 面 3mm 处,启动主轴
    M98 P120 L3;                    调用子程序,钻 3-φ6 孔
G00 Z20.0;                          抬刀
    X-20.0 Y30.0;                   移到左侧 3-φ6 孔钻削起始处
    Z3.0;                           下刀至离 A 面 3mm 处
M98 P120 L3;                        调用子程序,钻 3-φ6 孔
G49 Z20.0 M19;
G28 Z100.0 T04;
G91 G28 X0 Y0 M06
G90 G29 X0 Y24.0 Z100.0;            从参考点返回到中间 2-φ14 孔起始处
G00 G43 Z20.0 H04 S450 M03;         下刀到离上表面 5mm 处,启动主轴
    M98 P130 L2;                    调用子程序,钻 2-φ14 孔
G49 G28 Z0 T01 M19
G91 G28 X0 Y0 M06;
G90 G00 X0 Y0 Z100.0;
M30;
%120;                               子程序(钻 φ6 孔)
G91 G00 Y-15;
G99 G81 Z-25 R0 F30;
G00 Z25.0;
```

```
G90 M99;
%130                                子程序(钻 φ14 孔)
G91 G00 Y-16.0;
G99 G81 Z-48.0 R0 F40;
G00 Z48.0;
G90 M99;
```

思考题与习题

1. 简答题

(1) 试说明加工中心的定义和在加工中心上适合加工什么样的工件。

(2) 夹具的选择应该注意哪些问题?

(3) 刀具的选择应注意哪些问题?

(4) 在使用机械手换刀的加工中心上，执行程序“T02 M06”和“M06 T02”有什么不同?

2. 在加工中心上加工如图 3-4 所示各图零件。其中每个图样中各孔深 5mm，外轮廓面深 5mm。试编写加工程序。

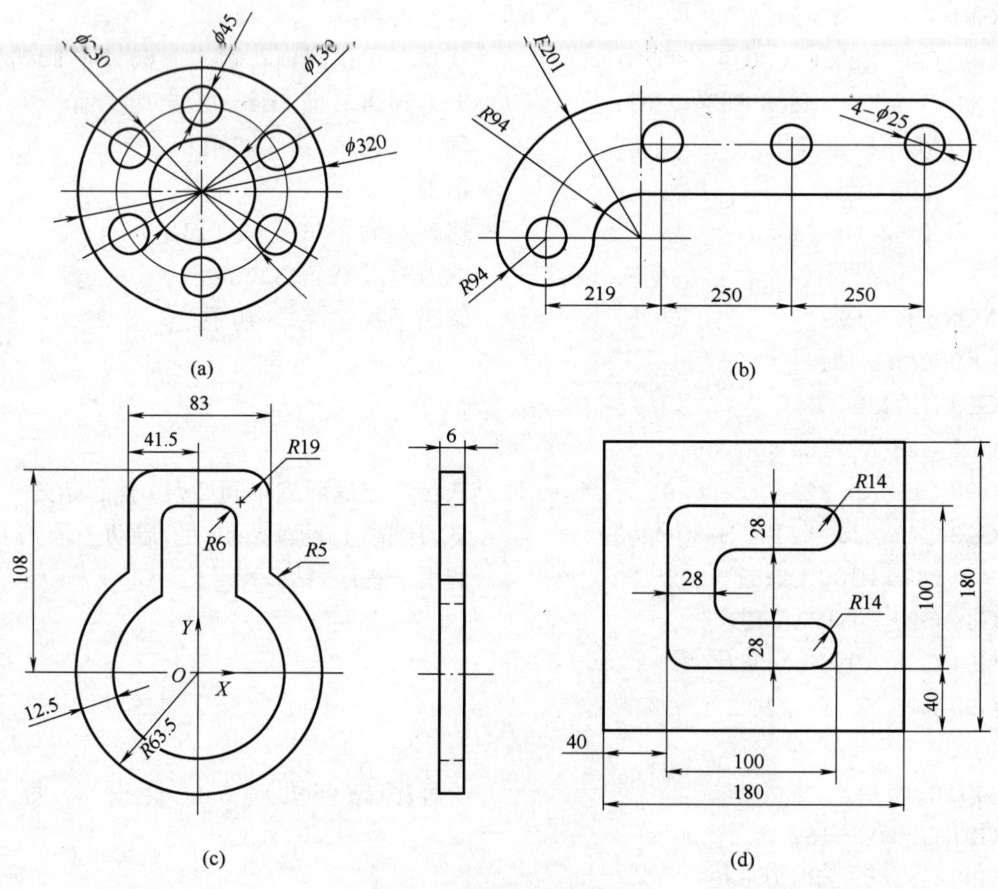

图 3-4 习题 2 图样

3. 在预先处理好的 100mm×100mm×100mm 合金铝铸造毛坯上加工图 3-5 所示的零件，其中正五边形外接圆直径为 80mm。试编写加工程序。

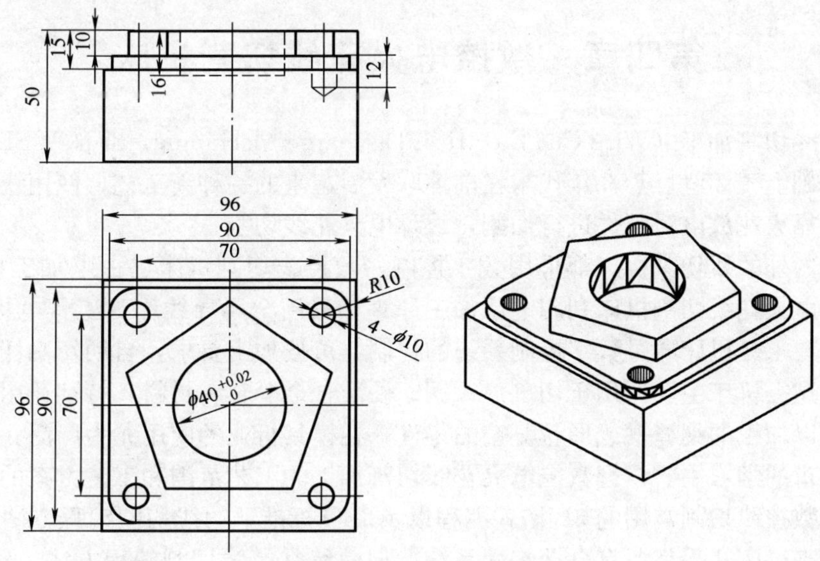

图 3-5　习题 3 图样

第四章　数控电火花线切割机床

电火花线切割加工（Wire Cut Electrical Discharge Machining，简称 WEDM）是在电火花加工基础上于 20 世纪 50 年代末在前苏联发展起来的一种新工艺，使用线状电极（钼丝或铜丝）靠火花放电对工件进行切割，故称电火花线切割。

目前国内外的线切割机床都采用数字控制，数控线切割机床已占电加工机床的 60％以上。数控电火花线切割机床利用电蚀加工原理，采用金属导线作为工具电极切割工件，以满足加工要求。机床通过数字控制系统的控制，可按加工要求，自动切割任意角度的直线和圆弧。这类机床主要适用于切割淬火钢、硬质合金等金属材料，特别适用于一般金属切削机床难以加工的细缝槽或形状复杂的零件，在模具行业的应用尤为广泛。

通过本章的学习主要掌握数控电火花线切割加工的工艺范围和工艺方案的制定，并结合实例学会数控线切割常用的 3B 格式编程以及 ISO 标准下的线切割编程方法。虽然现有的数控线切割机床几乎都备有自动编程系统，但熟练掌握线切割编程方法，对指导生产、分析程序错误、改进加工工艺等仍是必不可少的。

第一节　数控电火花线切割加工工艺

一、数控电火花线切割加工机床及其组成

1. 数控线切割机床的分类

线切割机床按电极丝运动的线速度，可分高速走丝和低速走丝两种。线切割慢速走丝是指电极丝实施低速、单向运动的电火花线切割加工。电极丝只一次性通过加工区域，电极丝经过加工区域后，被收丝轮绕在废丝轮上，一般走丝速度在 2～15mm/min。由于单向走丝，因此电极丝的损耗对加工精度几乎没有影响。线切割快速走丝是指电极丝高速往复运动的电火花线切割加工，其电极丝被整齐地排列在储丝筒上，由储丝筒的一端经丝架上的上、下导轮定位，穿过工件，返回到储丝筒的另一端。加工时，电极丝在储丝筒驱动电机的作用下，随着储丝筒作高速往返运动，一般运动速度在 450～700m/min。我国目前常见的是快走丝线切割机床，本书也是以快走丝线切割为例加以介绍。

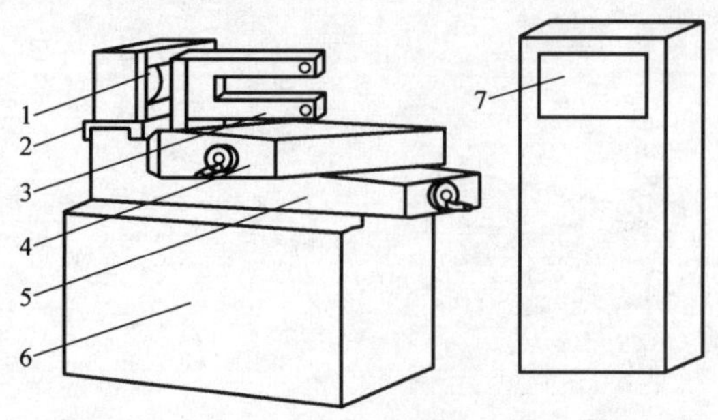

图 4-1　高速走丝线切割机床结构简图

1—储丝筒　2—走丝溜板　3—丝架　4—上工作台　5—下工作台　6—床身　7—脉冲电源及微机控制柜

2. 数控线切割机床的组成

快速走丝数控线切割机床由机床本体、脉冲电源、微机控制装置、工作液循环系统等部分组成，如图 4-1 所示。

（1）机床本体　机床本体由床身、走（运）丝机构、工作台和丝架等组成。

① 床身　用于支承和连接工作台、运丝机构等部件和工作液循环系统。

② 走（运）丝机构　电动机通过联轴节带动储丝筒交替作正、反向运动，钼丝整齐地排列在储丝筒上，并经过丝架作往复高速移动。

③ 工作台　用于安装并带动工件在水平面内作 X、Y 两个方向的移动。工作台分上、下两层，分别与 X、Y 向丝杠相连，由两个步进电机分别驱动。步进电机每接受到计算机发出的一个脉冲信号，其输出轴就旋转一个步距角，再通过一对变速齿轮带动丝杠转动，从而使工作台在相应的方向上移动一个脉冲距离。

④ 丝架　丝架的主要功用是在电极丝按给定线速度运动时，对电极丝起支撑作用，并使电极丝工作部分与工作台平面保持一定的几何角度。

(2) 脉冲电源　脉冲电源又称高频电源，其作用是把工频 50Hz 交流电转换成高频率的单向脉冲电压，加工中供给火花放电的能量。电极丝接脉冲电源负极，工件接正极。

(3) 微机控制装置　微机控制装置的主要功用是轨迹控制。其控制精度为可达±0.001mm，机床切割加工精度为±0.01mm。

(4) 工作液循环系统　由工作液泵、工作液箱和循环导管组成。工作液起绝缘、排屑、冷却的作用。每次脉冲放电后，工件与电极丝（钼丝）之间必须迅速恢复绝缘状态，否则脉冲放电就会转变为稳定持续的电弧放电，影响加工质量。在加工过程中，工作液可把加工过程中产生的金属微颗粒迅速从电极之间冲走，使加工顺利进行，工作液还可冷却受热的电极丝和工件，防止烧丝和工件变形。

二、数控电火花线切割加工的特点及应用

1. 数控电火花线切割加工的特点

(1) 不需要制造成形电极，用简单的电极丝即可对工件进行加工。可切割各种高硬度、高强度、高韧性和高脆性的导电材料，如淬火钢、硬质合金等。

(2) 由于电极丝比较细，可以加工微细异形孔、窄缝和复杂形状的工件。

(3) 能加工各种冲模、凸轮、样板等外形复杂的精密零件，尺寸精度可达 0.01mm，表面粗糙度 Ra 值可达 1.6μm。还可切割带斜度的工件。

(4) 由于切缝很窄，切割时只对工件进行“套料”加工，故余料还可以利用。

(5) 自动化程度高，操作方便，劳动强度低。

(6) 加工周期短，成本低。

2. 数控电火花线切割加工的应用范围

(1) 应用最广泛的是加工各类模具，如冲模、铝型材挤压模、塑料模具及粉末冶金模具等，如图 4-2 所示。

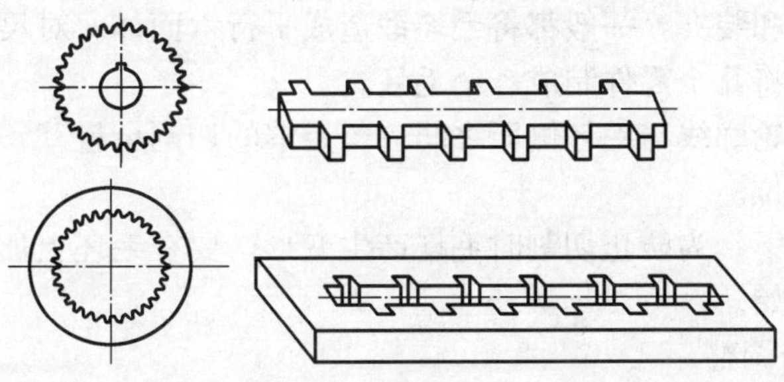

图 4-2　适于线切割加工的齿轮模具和窄长冲裁模具

（2）加工二维直纹曲面的零件（需配有数控回转工作台），如图 4-3 所示。

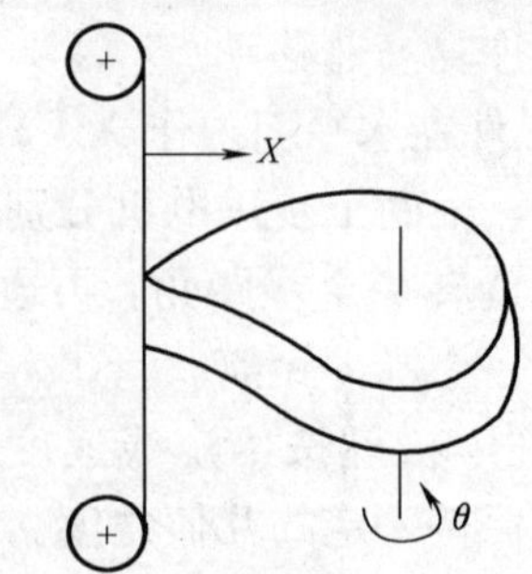

图 4-3　线切割加工平面凸轮

（3）加工三维直纹曲面零件，如图 4-4 所示。

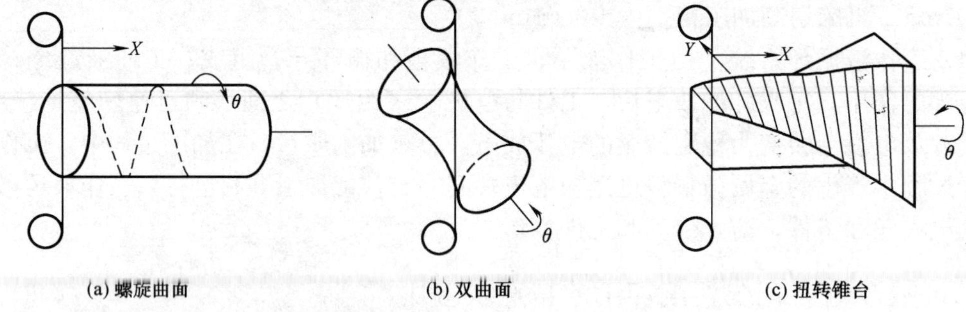

图 4-4　线切割加工三维直纹曲面示例

（4）各种导电材料和半导体材料以及稀有、贵重金属的切断。

（5）加工微细槽、复杂曲线窄缝。

三、数控电火花线切割加工的工艺要点

1. 毛坯的制备

适于数控线切割加工的零件一般采用锻造毛坯，其线切割加工常在淬火与回火后进行。由于受材料淬透性的影响，当大面积去除金属和切断加工时，会使材料内部残余应力的相对平衡状态遭到破坏而产生变形，影响加工精度，甚至在切割过程中造成材料突然开裂。为减少这种影响，除在设计时应选用锻造性能好、淬透性好、热处理变形小的合金工具钢（如 Cr12、Cr12MoV、CrWMn）作模具材料外，对模具毛坯锻造及热处理工艺也应正确进行。另外还要注意以下几点：

（1）为便于加工和装夹，一般都将毛坯锻造成平行六面体。对尺寸、形状相同，断面尺寸较小的零件，可将几个零件制成一个毛坯。

（2）零件的切割轮廓线与毛坯侧面之间应留足够的切割余量（一般不小于 5mm）。毛坯上还要留出装夹部位。

（3）在有些情况下，为防止切割时毛坯产生变形，要在毛坯上加工出穿丝孔。切割的引入程序从穿丝孔开始。

2. 工件的装夹与调整

（1）工件的装夹　装夹工件时，必须保证工件的切割部位位于机床工作台纵向、横向

进给的允许范围之内，避免超出极限。同时应考虑切割时电极丝运动空间。夹具应尽可能选择通用（或标准）件，所选夹具应便于装夹，便于协调工件和机床的尺寸关系。在加工大型模具时，要特别注意工件的定位方式，尤其在加工快结束时，工件的变形、重力的作用会使电极丝被夹紧，影响加工。

① 悬臂式装夹　如图 4-5 所示是悬臂方式装夹工件，这种方式装夹方便、通用性强。但由于工件一端悬伸，易出现切割表面与工件上、下平面间的垂直度误差。仅用于加工要求不高或悬臂较短的情况。

② 两端支撑方式装夹　如图 4-6 所示是两端支撑方式装夹工件，这种方式装夹方便、稳定，定位精度高，但不适于装夹较大的零件。

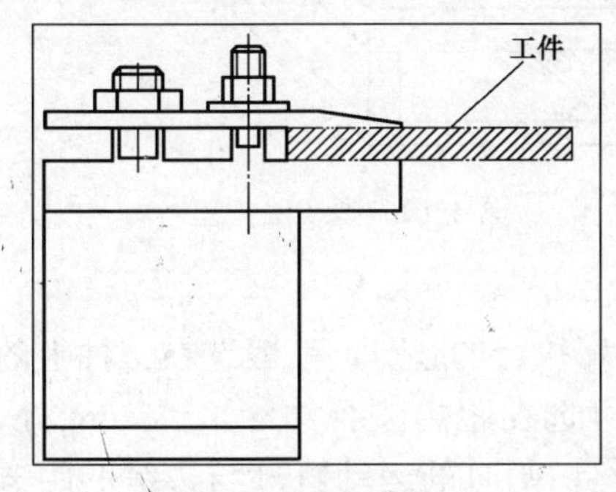

图 4-5　悬臂式装夹

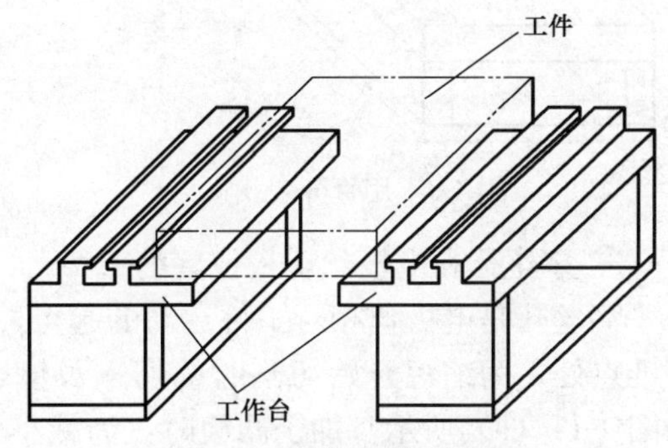

图 4-6　两端支撑式装夹

③ 桥式支撑方式装夹　这种方式是在通用夹具上放置垫铁后再装夹工件，如图 4-7 所示。这种方式装夹方便，对大、中、小型工件都能采用。

④ 板式支撑方式装夹　如图 4-8 所示是板式支撑方式装夹工件。根据常用的工件形状和尺寸，采用有通孔的支撑板装夹工件。这种方式装夹精度高，但通用性差。

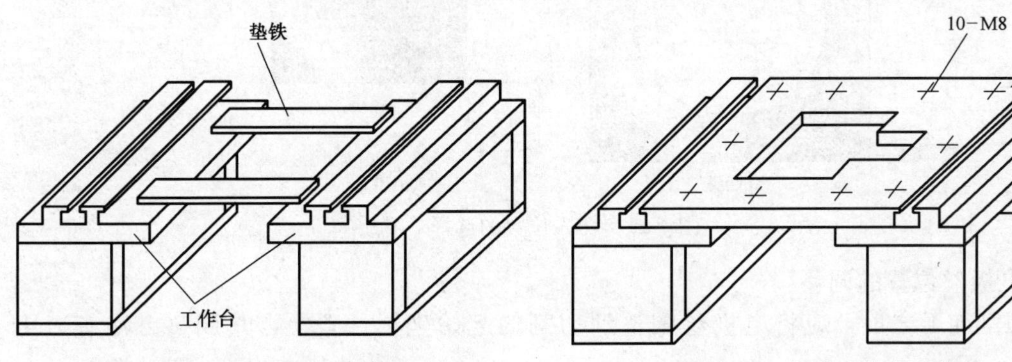

图 4-7　桥式支撑式装夹

图 4-8　板式支撑方式装夹

（2）工件的调整　采用以上方式装夹工件，还必须配合找正法进行调整，方能使工件的定位基准面分别与机床的工作台面和工作台的进给方向 X、Y 保持平行，以保证所切割的表面与基准面之间的相对位置精度。常用的找正方法有：

① 用百分表找正　如图 4-9 所示，用磁力表架将百分表固定在丝架或其他位置上，百分表的测量头与工件基面接触，往复移动工作台，按百分表指示值调整工件的位置，直至百分表指针的偏摆范围达到所要求的数值。找正应在相互垂直的三个方向上进行。

② 画线法找正　工件的切割图形与定位基准之间的相互位置精度要求不高时，可采

用画线法找正，如图 4-10 所示。利用固定在丝架上的画针对准工件上画出的基准线，往复移动工作台，目测画针、基准间的偏离情况，将工件调整到正确位置。

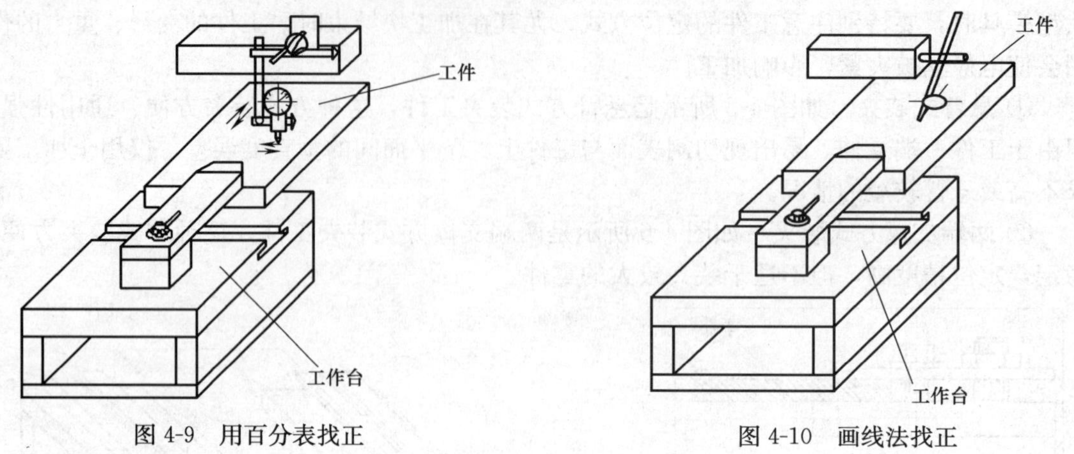

图 4-9　用百分表找正　　图 4-10　画线法找正

3. 穿丝孔和电极丝切入位置的选择

穿丝孔是电极丝相对工件运动的起点，同时也是程序执行的起点，一般选在工件上的基准点处。为缩短开始切割时的切入长度，穿丝孔也可选在距离型孔边缘 2～5mm 处，如图 4-11（a）所示。加工凸模时，为减小变形，电极丝切割时的运动轨迹与边缘的距离应大于 5mm，如图 4-11（b）所示。

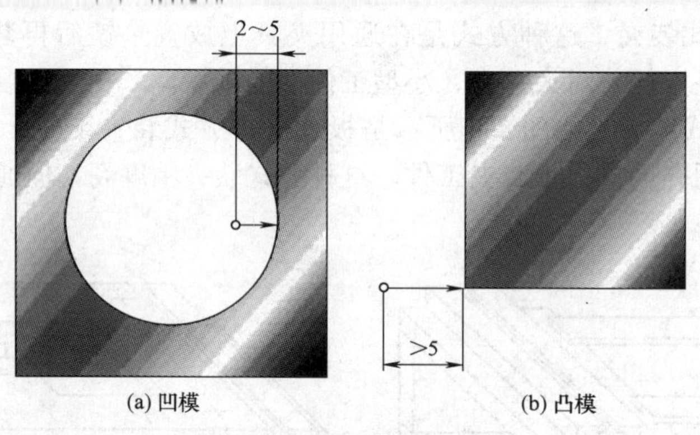

(a) 凹模　　(b) 凸模

图 4-11　切入位置的选择

4. 电极丝位置的调整

线切割加工之前，应将电极丝调整到切割的起始坐标位置上，其调整方法有以下几种：

（1）目测法　对于加工要求较低的工件，在确定电极丝与工件基准间的相对位置时，可以直接利用目测或借助 2～8 倍的放大镜来进行观察。图 4-12 是利用穿丝处画出的十字基准线，分别沿画线方向观察电极丝与基准线的相对位置，根据两者的偏离情况移动工作台，当电极丝中心分别与纵横方向基准线重合时，工作台纵、横方向上的读数就确定了电极丝中心的位置。

（2）火花法　如图 4-13 所示，移动工作台使工件的基准面逐渐靠近电极丝，在出现火花的瞬时，记下工作台的相应坐标值，再根据放电间隙推算电极丝中心的坐标。此法简单易行，但往往因电极丝靠近基准面时产生的放电间隙，与正常切割条件下的放电间隙不完全相同而产生误差。

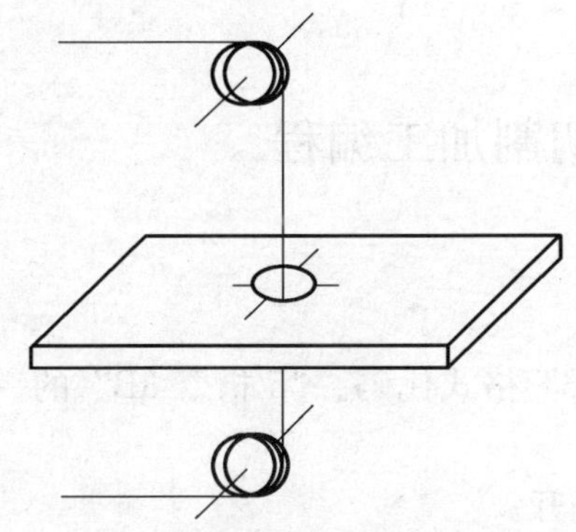

图 4-12　目测法调整电极丝位置

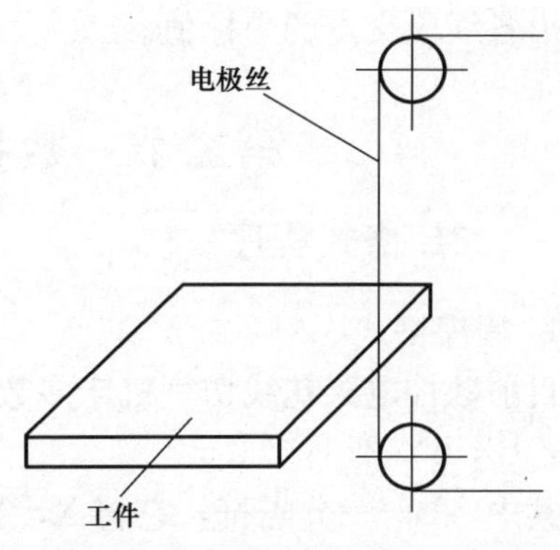

图 4-13　火花法调整电极丝位置

（3）自动找中心　所谓自动找中心，就是让电极丝在工件孔的中心自动定位。此法是根据线电极与工件的短路信号，来确定电极丝的中心位置。数控功能较强的线切割机床常用这种方法。如图 4-14 所示，首先让线电极在 X 轴方向移动至与孔壁接触，则此时当前点 X 坐标为 X_1，接着线电极往反方向移动与孔壁接触，此时当前点 X 坐标为 X_2，然后系统自动计算 X 方向中点坐标 X_0 $[X_0=(X_1+X_2)/2]$，并使线电极到达 X 方向中点 X_0；接着在 Y 轴方向进行上述过程，线电极到达 Y 方向中点坐标 Y_0 $[Y_0=(Y_1+Y_2)/2]$。这样经过几次重复就可找到孔的中心位置，如图 4-14 所示。当精度达到所要求的允许值之后，就确定了孔的中心。

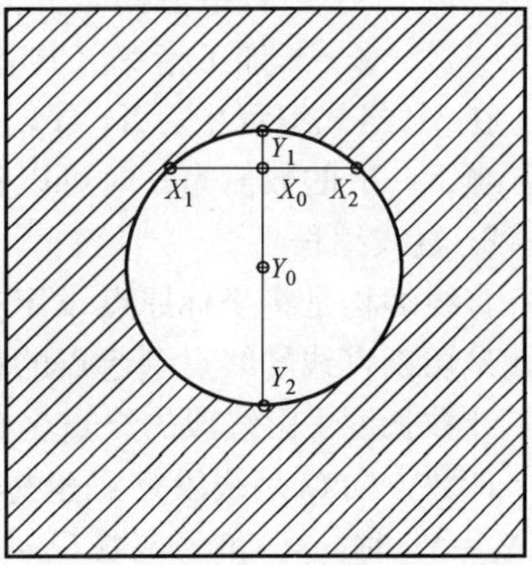

图 4-14　自动找中心调整电极丝位置

5. 工艺尺寸的确定

线切割加工时，为了获得所要求的加工尺寸，电极丝和加工图形之间必须保持一定的距离，如图 4-15 所示，图中双点画线表示电极丝中心的轨迹，实线表示型孔或凸模轮廓。编程时首先要求出电极丝中心轨迹与加工图形之间的垂直距离 ΔR（间隙补偿距离），并将电极丝中心轨迹分割成单一的直线或圆弧段，求出各线段的交点坐标后，逐步进行编程。具体步骤如下：

（1）设置加工坐标系　根据工件的装夹情况和切割方向，确定加工坐标系。为简化计算，应尽量选取图形的对称轴线为坐标轴。

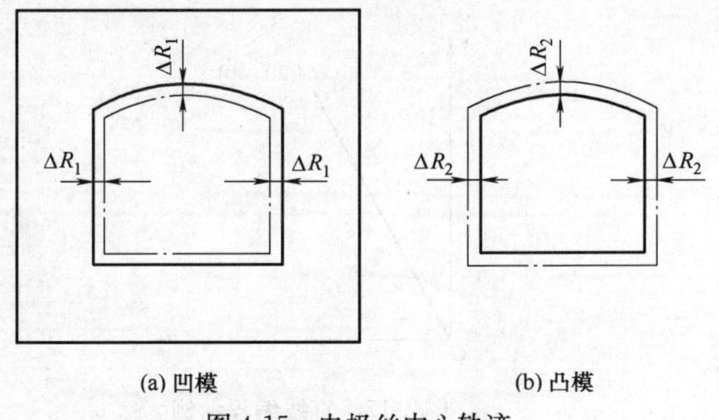

图 4-15　电极丝中心轨迹

（2）补偿计算　按选定的电极丝半径 r，放电间隙 δ 和凸、凹模的单面配合间隙 $Z/2$，则加工凹模的补偿距离 $\Delta R_1=r+\delta$，如图 4-15（a）所示。加工凸模的补偿距离 $\Delta R_2=r+\delta-Z/2$，如图 4-15（b）所示。

（3）将电极丝中心轨迹分割成平滑的直线和单一的圆弧线，按型孔或凸模的平均尺寸计算出各线段交点的坐标值。

第二节　数控电火花线切割加工编程

一、3B格式程序

1. 程序格式

目前数控电火花线切割机床多数采用“5 指令 3B”格式代码。“5 指令 3B”的一般格式是：BX BY BJ G Z

其中　B——分隔符，它将 X，Y，J 的数值分隔开；

X——X 轴坐标值，取绝对值，μm；

Y——Y 轴坐标值，取绝对值，μm；

J——计数长度，取绝对值，μm；

G——计数方向，分为按 X 方向计数（G_X）和按 Y 方向计数（G_Y）；

Z——加工指令（共有 12 种指令，直线 4 种、圆弧 8 种）。

在 3B 格式编程中，X，Y，J 的数值最多为 6 位，而且都要取绝对值，即不能用负数。当 X、Y 的数值为 0 时可以省略，即“B0”可以省略成“B”。

2. 直线编程

直线编程是将坐标原点设定在线段的起点，X，Y 是线段的终点坐标值（X_e，Y_e），也就是切割直线的终点到起点的相对坐标的绝对值。

计数长度 J 由线段的终点坐标值中较大的值来确定。如 $X_e > Y_e$ 则取 X_e；反之取 Y_e。

计数方向 G 是线段终点坐标值中较大值的方向。如 $X_e > Y_e$，则取 G_X；反之取 G_Y。当 $X_e = Y_e$ 时，45°和 225°取 G_Y，135°和 315°取 G_X。

直线编程中的 Z 取值有 4 种：L_1，L_2，L_3，L_4，按象限划分，如图 4-16 所示。

第一象限取 L_1，$0° \leqslant \alpha < 90°$；

第二象限取 L_2，$90° \leqslant \alpha < 180°$；

第二象限取 L_3，$180° \leqslant \alpha < 270°$；

第四象限取 L_4，$270° \leqslant \alpha < 360°$；

例 4-1　编写加工图 4-17 所示直线 OA 的程序，坐标原点设定在线段的起点 O，线段的终点 A 坐标为（20，40）。

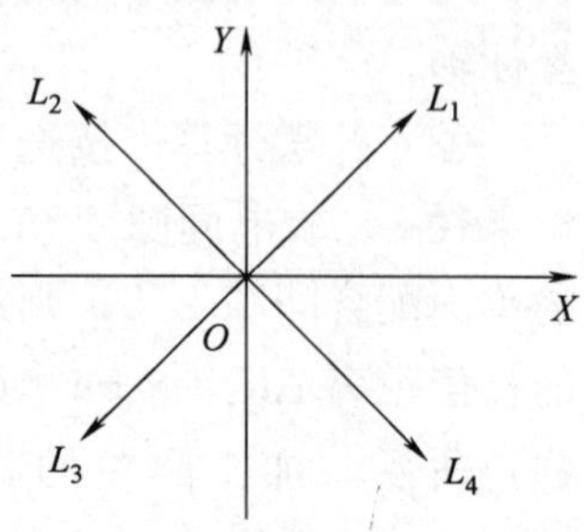

图 4-16　直线加工指令示意图

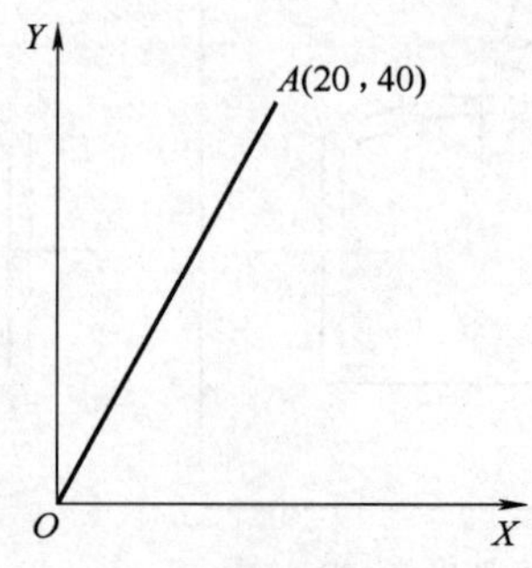

图 4-17　直线编程示例

解： 因为 $X_e < Y_e$，所以 $G=G_Y$，$J=J_Y=4000$。因直线位于第一象限，所以取加工指令 Z 为 L_1，线切割系统坐标取值单位一般为微米（μm）。

直线 OA 的程序为：B2000 B4000 B4000 G_Y L_1。

3. 圆弧编程

坐标系原点设定在圆弧的圆心，(X, Y) 是圆弧的起点坐标值，即圆弧起点相对于圆心的坐标值的绝对值。

计数方向 G 由圆弧的终点坐标值中绝对值较小的值来确定。如 $X_e > Y_e$，则取 Y_e；反之取 X_e。

计数长度 J 取从起点到终点的某一坐标移动的总距离。当计数方向确定后，计数长度 J 就是被加工曲线在该方向（计数方向）投影长度的总和。对圆弧来讲，它可能跨越几个象限。

加工指令 Z 由圆弧起点所在的象限决定。指令共有 8 种，逆时针 4 种，顺时针 4 种。圆弧的加工指令如图 4-18 所示，对应指令见表 4-1。

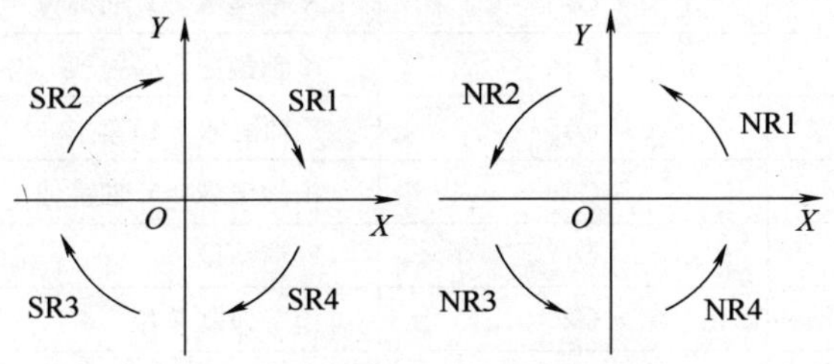

图 4-18　圆弧加工指令示意图

表 4-1　　圆弧加工指令

旋转方向＼象限	第一象限	第二象限	第三象限	第四象限
逆时针	NR1	NR2	NR3	NR4
顺时针	SR1	SR2	SR3	SR4

例 4-2　编写如图 4-19 所示圆弧 AB 的加工程序。坐标系原点设在圆心 O 点，起点 A 的坐标为（$X_A=1000$，$Y_A=7000$），终点 B 的坐标为（$X_B=7000$，$Y_B=1000$）。

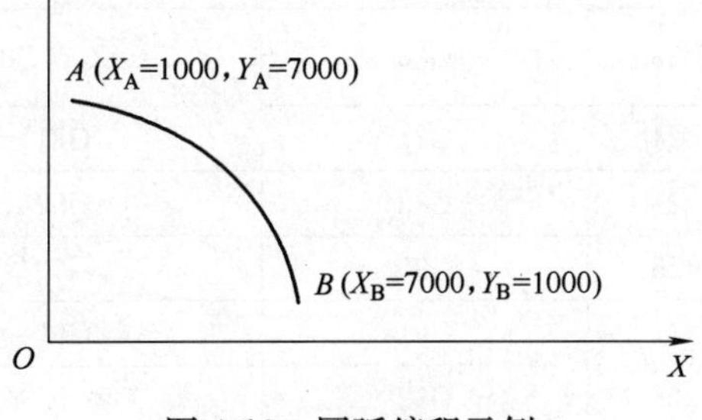

图 4-19　圆弧编程示例

解： 因为终点坐标 $X_B=7000$，$Y_B=1000$，则 $G=G_Y$。

$J=J_Y=Y_A-Y_B=7000-1000=6000$。

由于圆弧起点 A 位于第一象限，圆弧 AB 为顺时针，所以取加工指令为 SR1。

AB 圆弧的程序为：B1000 B7000 B6000 G_Y SR1。

二、ISO 标准 G 代码程序

ISO 标准代码编程方式，其控制功能较强大，适用于大部分高速走丝线切割机床和低速走丝线切割机床，应用比较广泛。表 4-2 列出了某公司线切割机床系统的 G 代码和 M 代码的基本编程指令及编程格式。

表 4-2　　　线切割编程基本指令表

序号	基本代码	编程格式	功　能
1	G00	G00 X_Y_	快速直线移动指令
2	G01	G01 X_Y_	直线插补移动指令
3	G02	G02 X_Y_I_J_	顺圆插补指令
4	G03	G03 X_Y_I_J_	逆圆插补指令
5	G04	G04 d_	暂停,d 后数字单位为秒
6	G10	G10	对 X 轴镜像(X=－X)
7	G11	G11	对 Y 轴镜像(Y=－Y)
8	G12	G12	45°镜像(X－Y,Y=X)
9	G13	G13	X 轴镜像＋Y 轴镜像
10	G14	G14	X 轴镜像＋45°镜像
11	G15	G15	Y 轴镜像＋45°镜像
12	G16	G16	X 轴镜像＋Y 轴镜像＋45°镜像
13	G17	G17	取消镜像
14	G20	G20	指定公制单位
15	G21	G21	指定英制单位
16	G40	G40	取消补正
17	G41	G41 D_	左补正,D 后数字为钼丝半径和放电间隙之和
18	G42	G42 D_	右补正,D 后数字为钼丝半径和放电间隙之和
19	G50	G50	取消锥度
20	G51	G51 A_	锥度左偏,A 后的数字单位为度
21	G52	G52 A_	锥度右偏,A 后的数字单位为度
22	G54～G59	G54 或 G55～G59	工作坐标系 1～6
23	G80	G80 X 或 G80 Y	X(或 Y)表示朝 X(或 Y)的正方向接触到工件后返回到当前 X(或 Y)坐标值的一半处
24	G81	G81	撞限位
25	G82	G82	半程移动
26	G90	G90	绝对坐标
27	G91	G91	增量坐标
28	G92	G92 X_Y_	坐标起止值设定
29	M01	M01	程序暂停
30	M02	M02	程序结束
31	M05	M05	接触感知解除
32	M96	M96 文件目录 文件名	主程序调用文件程序如：M96d:\2003\wirecut\da.iso
33	M97	M97	主程序调用文件程序结束

三、典型零件线切割编程综合实例

例 4-3　编制加工如图 4-20 所示的凸凹模的数控线切割程序。图示尺寸是根据刃口尺寸公差及凸凹模配合间隙计算出的平均尺寸，电极丝为直径 $\phi 0.1$mm 的钼丝，单面放电间隙为 0.01mm。

解：（1）确定编程坐标系　由于图形上、下对称，孔的圆心在图形对称轴上，圆心为坐标原点。因为图形对称于 X 轴，所以只需求出 X 轴上半部（或下半部）钼丝中心轨迹上各段的交点坐标值，就能使计算过程简化。

（2）确定补偿量

补偿量为：ΔR＝0.1mm/2＋0.01mm＝0.06mm

偏移后的钼丝中心轨迹，如图 4-21 中的细线所示。

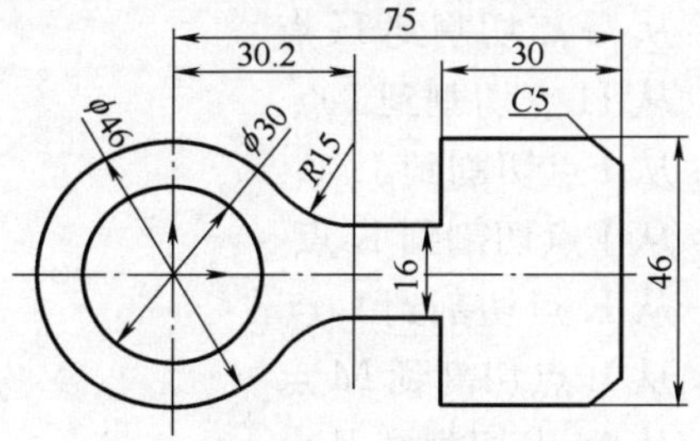

图 4-20　例 2-3 凸凹模零件图

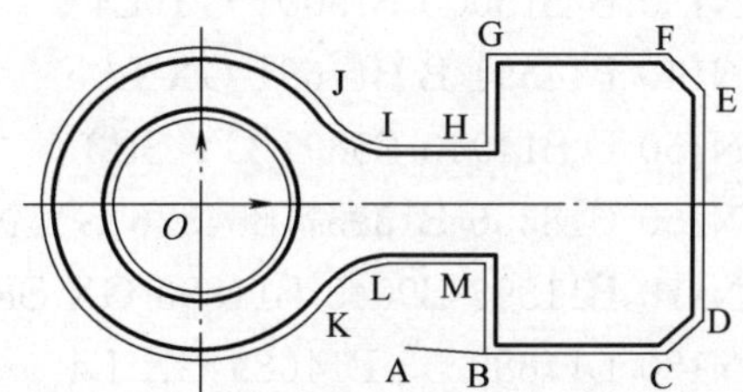

图 4-21　凸凹模编程示意图

（3）计算交点坐标　将电极丝中心点轨迹划分成单一的直线或圆弧段。求 I 点的坐标值：因两圆弧的切点必定在两圆弧的连心线上，以此可计算出 I 点的坐标值为（X30.249，Y8.060）。其余各点坐标可直接从图形中求得，见表 4-3。切割型孔时电极丝中心至圆心 O 的距离（半径）为 R＝15mm－0.06mm ＝14.94mm。

表 4-3　**凸凹模加工轨迹各节点坐标**

节　点	坐　标	节　点	坐　标
O	X0Y0	G	X44.940Y23.060
A	X30.249Y－23.000	H	X44.940Y8.060
B	X44.940Y－23.060	I	X30.249Y8.060
C	X70.025Y－23.060	J	X18.356Y13.957
D	X75.060Y－18.025	K	X18.356Y－13.957
E	X75.060Y18.025	L	X30.249Y－8.060
F	X70.025Y23.060	M	X44.940Y－8.060

（4）编写程序单　切割凸凹模时，不仅要切割外表面，而且还要切割内表面，因此要在凸凹模型孔的中心 O 处和圆角中心 A 处钻穿丝孔。先切割型孔，切割完成后拆丝，移动机床到 A 点再重新穿丝，然后再按 A→B→C→D→E→F→G→H→I→J→K→L→M→A 的顺序切割。

1）3B 格式程序

N10 B14940 B B14940 GX L1　　　　从 O 点往 X 向切割直线 14940μm

N20 B14940 B B59760 GY SR4	顺时针切割圆孔 ϕ30mm
N30 B14940 B B14940 GX L3	沿 X 负方向退回原点 O
N40 D	暂停，拆丝
N50 B30249 B23000 B30249 GX L4	空走到 A 点
N60 D	暂停，穿丝
N70 B14691 B60 B14691 GX L4	从 A 点切割到 B 点
N80 B25085 B B25085 GX L1	从 B 点切割到 C 点
H90 B5035 B5035 B5035 GY L1	从 C 点切割到 D 点
N100 B B36050 B36050 GY L2	从 D 点切割到 E 点
N110 B5035 B5035 B5035 GY L2	从 E 点切割到 F 点
N120 B25085 B25085 GX L3	从 F 点切割到 G 点
N130 B B15000 B15000 GY L4	从 G 点切割到 H 点
N140 B14691 B B14691 GX L3	从 H 点切割到 I 点
N150 B B14940 B5897 GY SR3	从 I 点切割到 J 点
N160 B18356 B13957 B64326 GY NR1	从 J 点切割到 K 点
N170 B11893 B9043 B11893 GX SR2	从 K 点切割到 L 点
N180 B14689 B3 B14689 GX L4	从 L 点切割到 M 点
N190 B B15000 B15000 GY L4	从 M 点切割到 B 点
N200 B14691 B60 B14693 GX L	从 B 点切割到 A 点
N210 DD	加工结束

2）ISO 格式程序如下

N10 G90 G92 X0. 000 Y0. 000
N20 G01 X14. 940 Y0. 000
N30 G02 X14. 940 Y0. 000 I－14. 940 J0. 000
N40 G01 X0. 000 Y0. 000
N50 M01
N60 G00 X30. 249 Y－23. 000
N70 M01
N80 G01 X44. 940 Y－23. 060
N90 G01 X70. 025 Y－23. 060
N100 G01 X75. 060 Y－18. 025
N110 G01 X75. 060 Y18. 025
N120 G01 X70. 025 Y23. 060
N130 G01 X44. 940 Y23. 060
N140 G01 X44. 940 Y8. 060
N150 G01 X30. 249 Y8. 060
N160 G02 X18. 356 Y13. 957 I0. 000 J14. 940
N170 G03 X18. 356 Y13. 957 I－18. 356 J－13. 95；
N180 G02 X30. 249 Y－8. 060 I11. 893 J－9. 043

N190 G01 X44.940 Y8.060
N200 G01 X44.940 Y23.060
N210 G01 X30.249 Y－23.000
N220 M02

思考题与习题

1. 数控电火花线切割加工机床的主要组成部分有哪些？
2. 数控电火花线切割加工的特点是什么？
3. 数控电火花线切割加工的应用范围有哪些？
4. 数控电火花线切割加工时，其工件的装夹与调整有哪些方法？
5. 如何根据选定的电极丝半径 r 和放电间隙 δ 对加工进行补偿？
6. 试用 3B 格式代码编制下面零件的加工程序，零件如图 4-22 和图 4-23 所示。

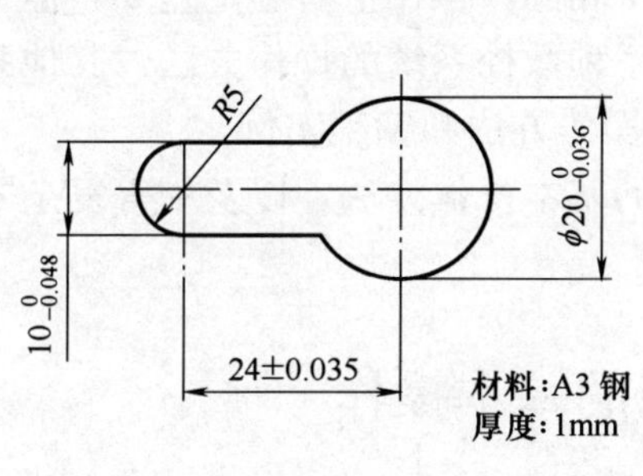

图 4-22　垫片

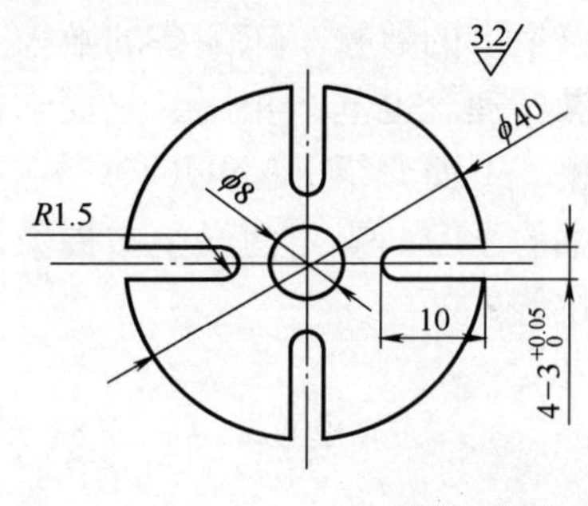

图 4-23　盘盖

第二篇　数控加工实训指导

第五章　数控车床加工实训指导

数控车床的操作是通过车床上的操作面板进行的，数控车床的操作界面由数控系统操作面板（也称为CRT/MDI面板）和车床操作面板组成。

不同厂家生产的数控车床配备的数控系统各不相同，操作上有一定差异，但基本功能大致相同，操作理念也基本相同。只要掌握一种系列数控系统的操作方法，其他系统的操作也不难理解。下面介绍FANUC 0i数控系统的操作方法和编程实例。

通过本章的学习，应当使学生掌握数控车床的基本操作方法，以及中等复杂零件的数控车削加工技能。

第一节　数控车床的基本操作

一、FANUC 0i数控车床操作面板

（一）FANUC 0i数控车床数控系统操作面板

1. MDI键盘说明

如图5-1所示为配置有FANUC 0i数控系统的数控车床操作系统的标准面板。其中右上半部分为MDI键盘，左上部分为CRT显示界面，设在显示器下面的一行键称为软键，软键的用途是可以变化的，在不同的界面下随屏幕最下面一行的软件功能提示而有不同的用途。MDI键盘用于程序编辑、参数输入等功能，MDI键盘上各个键的功能见表5-1。标准面板下半区是数控车床的机床操作面板，用以对机床进行手动控制和功能选择。

表5-1　　MDI键盘上各个键的功能

名　称	功能说明
复位键 RESET	按下这个键可以使CNC复位或者取消报警等
帮助键 HELP	当对MDI键的操作不明白时，按下这个键可以获得帮助
软键	根据不同的画面，软键有不同的功能。软键功能显示在屏幕的底端

续表

名　　称	功能说明
地址和数字键  O_P	按下这些键可以输入字母，数字或者其他字符
切换键  SHIFT	在键盘上的某些键具有两个功能。按下<SHIFT>键可以在这两个功能之间进行切换
输入键  INPUT	当按下一个字母键或者数字键时，再按该键数据被输入到缓冲区，并且显示在屏幕上。要将输入缓冲区的数据拷贝到偏置寄存器中等，请按下该键。这个键与软键中的[INPUT]键是等效的
取消键  CAN	取消键，用于删除最后一个进入输入缓存区的字符或符号
程序功能键  ALTER、INSERT、DELETE	ALTER：替换键 INSERT：插入键 DELETE：删除键
功能键 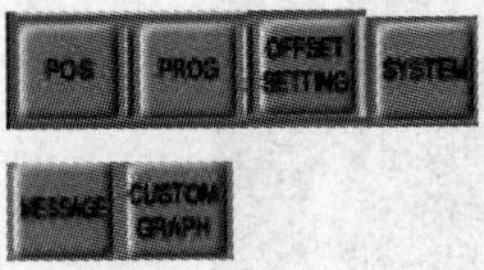 POS PROG OFFSET SETTING SYSTEM MESSAGE CUSTOM GRAPH	按下这些键，切换不同功能的显示屏幕
光标移动键 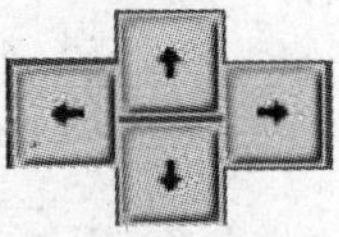	有四种不同的光标移动键 → 这个键用于将光标向右或者向前移动 ← 这个键用于将光标向左或者往回移动 ↓ 这个键用于将光标向下或者向前移动 ↑ 这个键用于将光标向上或者往回移动
翻页键  PAGE↑ PAGE↓	有两个翻页键 PAGE↓ 该键用于将屏幕显示的页面往前翻页 PAGE↑ 该键用于将屏幕显示的页面往后翻页

2. 功能键和软键

表 5-1 中的 6 个功能键作用分别为：

POS：按下这一键以显示位置屏幕。

PROG：按下这一键以显示程序屏幕。

OFFSET SETTING：按下这一键以显示偏置/设置（SETTING）屏幕。

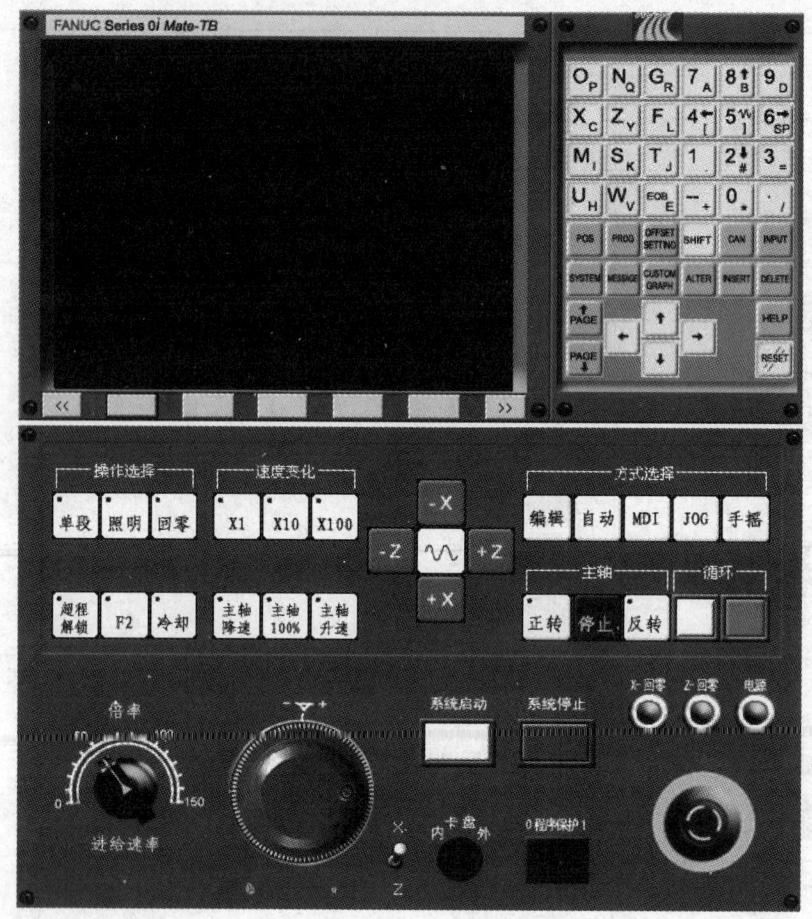

图 5-1　采用 FANUC 0i 数控系统的某型号数控车床标准面板

：按下这一键以显示系统屏幕。

：按下这一键以显示信息屏幕。

：按下这一键以显示用户宏屏幕。

按下这些功能键，用于切换不同的显示界面。数控系统具有的操作功能分为六类，系统执行某一类功能，需要在相应的显示屏幕中操作，功能键是用来选择六类不同功能的屏幕界面。使用功能键可以打开所需要的某操作功能界面。

在显示屏下方分布有七个按键，称为“软键”。软键用于在一个功能键所能显示的诸多界面中切换界面，或选择操作。根据软键的用途，把中间五个软键分为两类，用于切换界面的称为“章节选择软键”，用于选择操作的称为“操作选择软键”，如图 5-2 所示。这五个软键用途是可变的，在按下不同的功能键后，它们各有不同的当前用途，依据 CRT 显示界面最下方显示的五个软键菜单提示，可以分别确定其当前用途。

处于七个软键两端的两个键是用于扩展软键菜单的，分别称为“菜单返回键”和“菜单继续键”，如图 5-3 所示。虽然屏幕上只有五个软键菜单位置，但按下菜单返回键和菜单继续键，可以依次显示更多的软键菜单。

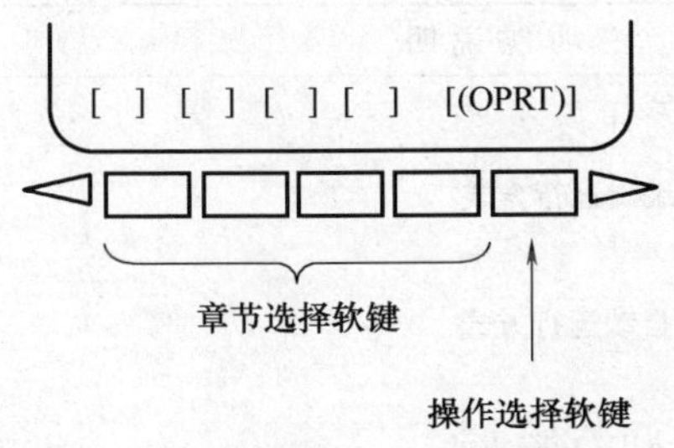

图 5-2　章节选择软键及操作选择软键

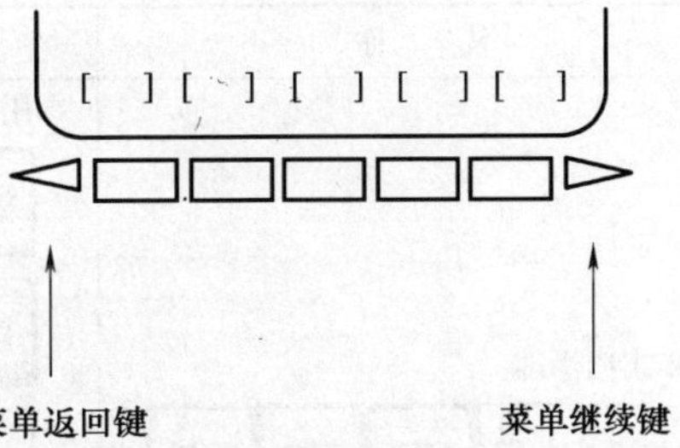

[ ] [ ] [ ] [ ] [ ]

菜单返回键　　菜单继续键

图 5-3　菜单返回键和菜单继续键

数控系统的显示界面非常多，为方便检索界面，把显示界面按功能分类，用功能键切换不同功能的显示界面，在同一种功能界面下，用软键选择并切换所需要的屏幕界面。

屏幕上界面切换的操作步骤如下：

（1）按下 MDI 面板上的某功能键，属于该功能涵盖的软键提示在屏幕最下面一行显示出来。

（2）按下其中一个“章节选择软键”，如图 5-2 所示，则该软键所规定的界面显示在屏幕上，如果有某个章节选择软键提示没有显示出来，按下菜单继续键，如图 5-3 所示，则可以扩展显示菜单，显出下一个软键菜单。

（3）当所选界面在屏幕上显示后，按下“操作选择软键”，如图 5-2 所示，显示要进行操作的数据。

（4）为了重新显示屏幕上的软键提示行，则可以按菜单返回键，如图 5-3 所示。

3. 输入缓冲区

当按下一个地址或数字键时，与该键相应的字符就立即被送入输入缓冲区。输入缓冲区的内容显示在 CRT 屏幕的底部。为了标明这是键盘输入的数据，在该字符前面会显示一个符号“>”。在输入数据的末尾显示一个符号“_”标明下一个输入字符的位置，如图 5-4 所示。

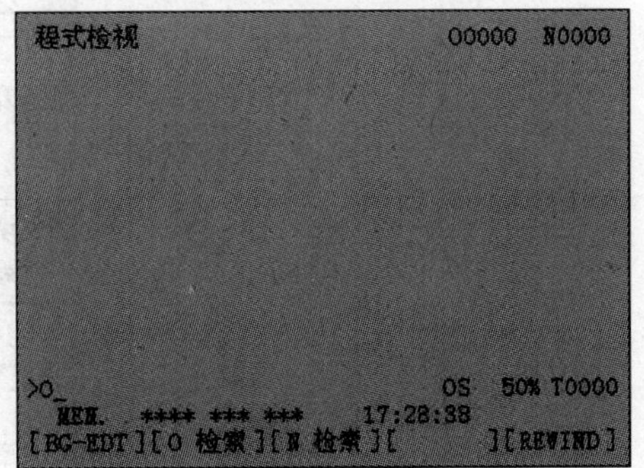

图 5-4　字符“0”输入缓冲区

为了输入同一个键上右下方的字符，首先按下键，然后按下需要输入的键 就可以了。例如要输入字母 P，首先按下键，这时 shift 键指示灯变亮，然后按下键，缓冲区内就可显示字母 P。再按一下键，shift 键指示灯熄灭，表明此时不能输入右下方字符。按下键可取消缓冲区最后输入的字符或者符号。

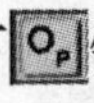

（二）FANUC 0i 数控车床的机床操作面板

图 5-1 所示的数控车床标准面板中的下半部分，即为数控车床的机床操作面板。该操作面板上各个键的功能见表 5-2。

表 5-2　　数控车床的机床操作面板各键功能

名　称	功能说明
方式选择键 编辑 自动 MDI JOG 手摇	用来选择系统的运行方式 编辑：按下该键，进入编辑运行方式 自动：按下该键，进入自动运行方式 MDI：按下该键，进入 MDI 运行方式 JOG：按下该键，进入 JOG 运行方式 手摇：按下该键，进入手轮运行方式
操作选择键 单段 照明 回零	用来开启单段、回零操作 单段：按下该键，进入单段运行方式 回零：按下该键，可以进行返回机床参考点操作（即机床回零）
主轴旋转键 正转 停止 反转	用来开启和关闭主轴 正转：按下该键，主轴正转 停止：按下该键，主轴停转 反转：按下该键，主轴反转
循环启动/停止键	用来开启和关闭程序的运行，在自动加工运行和 MDI 运行时都会用到它们
主轴倍率键 主轴降速 主轴100% 主轴升速	在自动或 MDI 方式下，当 S 代码的主轴速度偏高或偏低时，可用来修调程序中编制的主轴速度 按 主轴100%（指示灯亮），主轴修调倍率被置为 100%，按一下 主轴升速，主轴修调倍率递增 5%；按一下 主轴降速，主轴修调倍率递减 5%
超程解除 超程解锁	用来解除超程警报
进给轴和方向选择开关 -X -Z ∿ +Z +X	用来选择机床欲移动的轴和方向 其中的 ∿ 为快进开关。当按下该键后，该键指示灯变亮，表明快进功能开启。再按一下该键，该键指示灯熄灭，表明快进功能关闭

续表

名　　称	功能说明
JOG 进给倍率刻度盘	用来调节 JOG 进给的倍率。倍率值从 0～150%。每格为 10%。在加工过程中，可以用此功能调整走刀速度，完成试切
系统启动/停止	用来开启和关闭数控系统。在通电开机和关机的时候用到
电源/回零指示灯	用来表明系统是否开机和回零的情况。当系统开机后，电源灯始终亮着。当进行机床回零操作时，某轴返回零点后，该轴的指示灯亮
急停键	用于锁住机床。按下急停键时，机床立即停止运动。在发生紧急情况时，按下此键
手轮进给倍率键	用于选择手轮移动倍率。按下所选的倍率键后，该键左上方的红灯亮 X1 为 0.001、X10 为 0.010、X100 为 0.100
手轮	手轮模式下用来使机床移动 手轮逆时针旋转，机床向负方向移动；手轮顺时针旋转，机床向正方向移动 手轮旋转刻度盘上的一格，机床根据所选择的移动倍率移动一个挡位
手轮进给轴选择开关	手轮模式下用来选择机床要移动的轴 开关扳手向上指向 *X*，表明选择的是 *X* 轴；开关扳手向下指向 *Z*，表明选择的是 *Z* 轴

二、FANUC 0i 数控车床的操作

（一）基本操作步骤

1. 通电开机

接通机床电源，启动数控系统，操作步骤如下：

（1）按下机床面板上的系统启动键，显示屏由原先的黑屏变为有文字显示，电源指示灯亮。

（2）旋转抬起急停按钮，使急停键抬起。这时系统完成上电复位，可以进行后面的操作。

2. 手动操作

手动操作主要包括手动返回机床参考点和手动移动刀具。电源接通后，首先要做的事就是将刀具移到参考点。然后可以使用按钮或手轮，使刀具沿各轴运动。手动移动刀具包括 JOG 进给、增量进给、手轮进给。

（1）手动返回参考点　手动返回参考点就是用机床操作面板上的按钮，将刀具移动到机床的参考点。操作步骤如下：

在方式选择键中按下 JOG 键，进入手动状态，在操作选择键中按下回零键。这时该键左上方的指示灯亮。在坐标轴选择键中按下＋X 键，X 轴返回参考点，同时 X 回零指示灯亮；

依上述方法，按下＋Z 键，Z 轴返回参考点，同时 Z 回零指示灯亮。

（2）JOG 进给　JOG 进给就是手动连续进给。在 JOG 方式下，按机床操作面板上的进给轴和方向选择开关，机床沿选定轴的选定方向移动。手动连续进给速度可用 JOG 进给倍率刻度盘调节。操作步骤如下：

按下 JOG 按键，系统处于 JOG 运行方式。按下进给轴和方向选择开关，机床沿选定轴的选定方向移动。可在机床运行前或运行中使用 JOG 进给倍率刻度盘

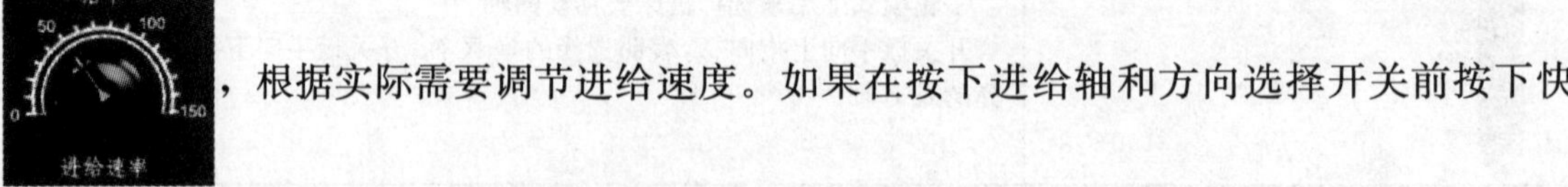

，根据实际需要调节进给速度。如果在按下进给轴和方向选择开关前按下快速移动开关，则机床按快速移动速度运行。

（3）手轮进给　在手轮方式下，可使用手轮使机床发生移动。操作步骤如下：

按手摇键，进入手轮方式。通过手轮进给轴选择开关，选择要移动的坐标

轴。按手轮进给倍率键[X1][X10][X100]，选择移动倍率。根据需要移动的方向，旋转手轮旋钮，此时机床发生移动。手轮每旋转刻度盘上的一格，机床则根据所选择的移动倍率移动一个挡位。如倍率键选“×10”，则手轮每旋转一格，机床相应移动 10μm，即 0.01mm。

（4）主轴的手动操作　此时系统应处于 JOG 手动方式下，进行主轴的启停手动操作：

按下“主轴正转”按键[正转]（指示灯亮），主轴以机床参数设定的转速正转；按下“主轴反转”按键[反转]（指示灯亮），主轴以机床参数设定的转速反转；按下“主轴停止”按键[停止]（指示灯亮），主轴停止运转。也可以使用主轴倍率修调键，调整主轴转速。

3. 自动运行

自动运行就是机床根据编制的零件加工程序来运行。自动运行包括存储器运行和 MDI 运行。

存储器运行就是指将编制好的零件加工程序存储在数控系统的存储器中，调出要执行的程序来使机床运行。主要步骤如下：

（1）按编辑键[编辑]，进入编辑运行方式。

（2）按数控系统面板上的 PROG 键[PROG]。

（3）按数控屏幕下方的软键 DIR 键，屏幕上显示已经存储在存储器里的加工程序列表。

（4）按地址键 O。

（5）按数字键输入程序号。

（6）按数控屏幕下方的软键 O 检索键。这时被选择的程序就被打开显示在屏幕上。

（7）按自动键[自动]，进入自动运行方式。

按机床操作面板上的循环键中的白色启动键，开始自动运行。运行中按下循环键中的红色暂停键，机床将减速停止运行。再按下白色启动键，机床恢复运行。如果按下数控系统面板上的[RESET]键，自动运行结束并进入复位状态。

MDI 运行是指用键盘输入一组加工命令后，机床根据这个命令执行操作。操作方法是：按下[MDI]键，系统进入 MDI 状态；按下[PROG]键，输入一段程序；按下循环启动键[ ]，机床则执行刚才输入的那一段程序。MDI 一般用于临时调整机床状态或验证坐标等，其程序号为 O0000，输入的程序只能执行一次，且执行后自动删除。

（二）创建和编辑程序

1. 创建程序

（1）按下机床面板上的编辑键[编辑]，系统处于编辑运行方式。

（2）按下系统面板上的程序键[PROG]，显示程序屏幕。

（3）使用字母/数字键，输入程序号。例如，输入程序号：O2345；开头必须用大写

图 5-5 创建程序界面

字母“O”。

（4）按下系统面板上的插入键；这时程序屏幕上显示新建立的程序名，接下来可以输入程序内容，如图 5-5 所示。

（5）在输入到一行程序的结尾时，先按 EOB 键生成“;”，然后再按插入键。这样程序会自动换行，光标出现在下一行的开头。

2. 编辑程序

（1）字的插入　例如，要在第一行“G50 X100.0;”后面插入“Z200.0”。此时，应当使用光标移动键，将光标移到需要插入位置之前的最后一个程序字上，即“X100.0”处，如图 5-6 所示。

键入要插入的字和数据：“Z200.0”，按下插入键；“Z200.0”即被插入，如图 5-7 所示。

图 5-6 光标移到插入字符位置

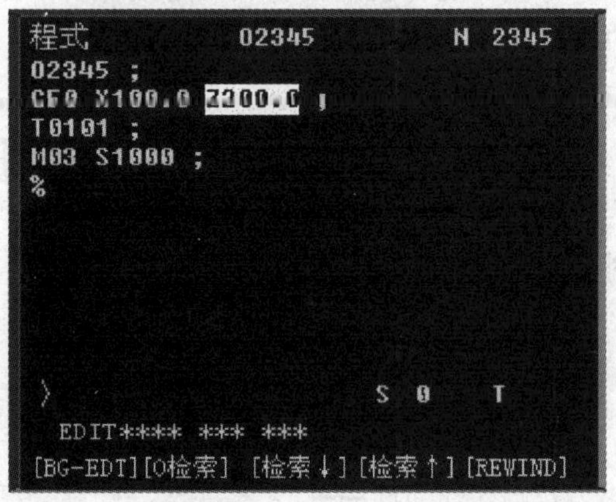

图 5-7 插入字符“Z200.0”

（2）字的替换　使用光标移动键，将光标移到需要替换的字符上；键入要替换的字和数据；按下替换键；光标所在的字符被替换，同时光标移到下一个字符上。

（3）字的删除　使用光标移动键，将光标移到需要删除的字符上；按下删除键；光标所在的字符被删除，同时光标移到被删除字符的下一个字符上。

（4）输入过程中的删除　在输入过程中，即字母或数字还在输入缓存区、没有按插入键的时候，可以使用取消键来进行删除。每按一下，则删除光标前面的一个字母或数字。

（三）参数设置

1. 设置刀具磨耗值

例如，我们要设定 02 号刀的 X 轴磨耗值为 1.000。按下偏置/设置键；按下“磨耗”软键；显示工具补正/磨耗界面；可以使用翻页键和光标键将光标移到番号 02 号一行的X列；使用地址/数字键输入“1.0”，然后按输入键，如图5-8所示。这时该值显示为新输入的数值；如果要修改输入的值，可以直接输入新值，然后按输入键。

2. 设置刀具形状（偏置）值

例如，我们要设定01号刀的Z轴偏置值为1.000。按下偏置/设置键；按下“形状”软键；显示工具补正/形状界面；可以使用翻页键和光标键将光标移到需要设定的地方；使用地址/数字键输入“1.0”，然后按输入键，如图5-9所示。这时该值显示为新输入的数值；如果要修改输入的值，可以直接输入新值，然后按输入键。

工具补正　　O　　N

番号	X	Z	R	T
01	0.000	0.000	0.000	0
02	1.000	0.000	0.000	0
03	0.000	0.000	0.000	0
04	0.000	0.000	0.000	0
05	0.000	0.000	0.000	0
06	0.000	0.000	0.000	0
07	0.000	0.000	0.000	0
08	0.000	0.000	0.000	0

现在位置(相对坐标)
U　600.000　W　1010.000
>　S　0　T
REF **** *** ***
[NO检索][测量][C.输入][+输入][输入]

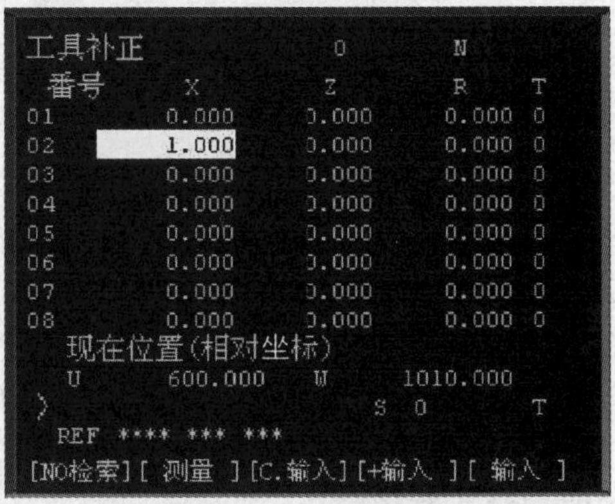

图5-8　刀具磨耗的设置

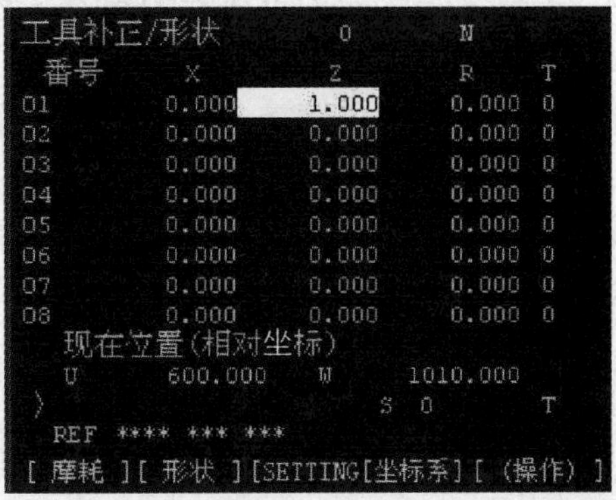

工具补正/形状　　O　　N

番号	X	Z	R	T
01	0.000	1.000	0.000	0
02	0.000	0.000	0.000	0
03	0.000	0.000	0.000	0
04	0.000	0.000	0.000	0
05	0.000	0.000	0.000	0
06	0.000	0.000	0.000	0
07	0.000	0.000	0.000	0
08	0.000	0.000	0.000	0

现在位置(相对坐标)
U　600.000　W　1010.000
>　S　0　T
REF **** *** ***
[摩耗][形状][SETTING[坐标系][(操作)]

图5-9　刀具形状（偏置）的设置

3. 显示和设置工件原点偏移值

例如，要设定G54 X-63.01 Z-400.02。按下偏置/设置键；按下“坐标系”软键 [坐标系]；屏幕上显示工件坐标系设定界面。该屏幕包含两页，可使用翻页键翻到所需要的页面；使用光标键将光标移动到想要改变的工件原点偏移值上。首先将光标移到G54上；使用地址数字键输入“X-63.01”，然后按下输入键。相同方法设置Z偏移值，如图5-10所示。

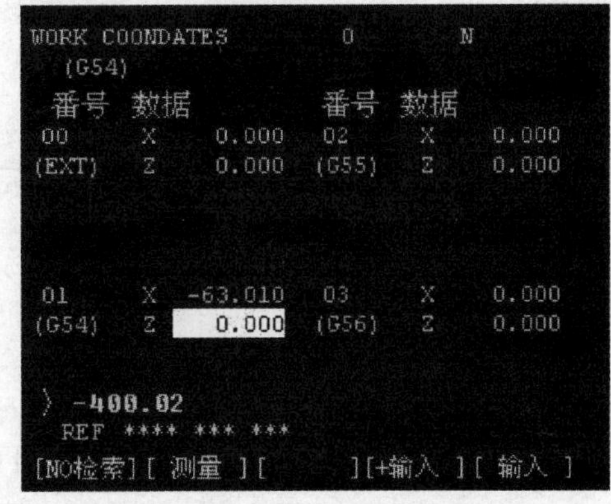

图5-10　坐标系偏移设置界面

（四）数控车床刀具的安装要求

刀具的安装是数控车床操作中非常重要的一项基本工作。装刀的精度将直接影响到加工零件的尺寸精度。车刀安装正确与否，将直接影响切削能否顺利进行和工件的加工质量。安装刀具时的基本要求有如下几点：

(1) 车刀安装在刀架上时，刀头伸出长度为刀杆厚度的1～1.5倍。伸出过长会使刀杆刚性变差，切削时容易产生振动，影响零件的表面粗糙度。

(2) 车刀垫片要平整，数量要少，垫铁与刀架对齐，车刀至少用两个螺钉压紧在刀架上，并逐个拧紧。

(3) 车刀装夹时，刀尖必须严格对准工件旋转中心，即刀尖应与工件轴线等高，过高或过低都可能造成刀尖碎裂。

（4）车刀刀杆中心线应与进给方向垂直，否则会使主偏角的数值发生变化。

（五）FANUC 0i 数控车床加工时的对刀方法

对刀就是在机床上确定刀补值或工件坐标系原点的过程。配置有 FANUC 0i 数控系统的车床对刀方法有三种。

1. 用 G50 来建立工件坐标系

这种方法对刀的实质是通过确定对刀点或起刀点（调用程序加工之前，刀具所在的位置点，如图 5-11 中所示）在工件坐标系中的坐标，从而将工件坐标系建立起来。

它的格式为：G50 X＿ Z＿；

其中，X＿ Z＿为对刀点或起刀点在工件坐标系中的坐标。用 G50 设置工件坐标系原点的步骤如下：

（1）回机床的机械零点，即回零操作。

（2）试切操作。工件装夹好，选择“MDI”工作方式或“JOG”工作方式。启动主轴正转，在“MDI”方式下选择需要的刀具（刀尖要找正轴线）。然后以“JOG”或“手摇”方式将刀具移到工件外圆表面试切一刀。此时，X 轴方向不能动，沿纵向（Z 轴方向）退出，主轴停止。用卡尺或千分尺测量试切工件的直径，记下它并设为尺寸 D，并记录 CRT 机械坐标系 X 的值，设其为 X_t。再用同样方法，将刀具移到工件右端面试切一刀，此时 Z 轴方向不能动，刀具沿横向（X 轴方向）退出。如果把工件的右端面设为 Z_0，主轴不用停止，此时记录 CRT 机械坐标系中的 Z 的值，设其为 Z_t。

（3）计算换刀点的 X、Z 的坐标值。如图 5-11 所示，工件坐标系的零点设在工件的右端轴线上，刀尖所处位置是 G50 X＿ Z＿的位置，可称为换刀位。这个位置的条件要具备两条，一换刀不碰工件，二尽量选取整数，便于计算。

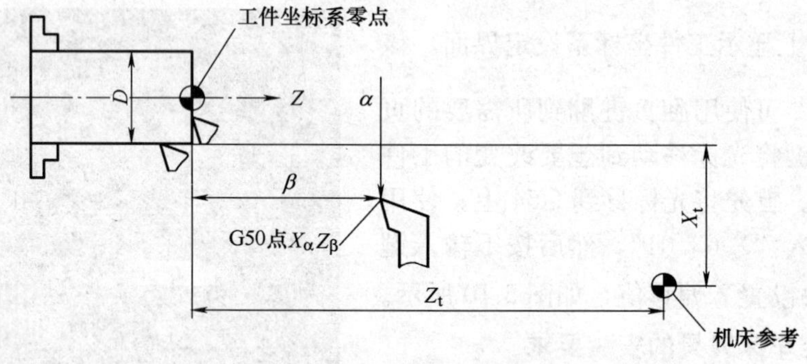

图 5-11 用 G50 建立工件坐标系

举例说明：设试切工件外圆后，测得工件直径 $D=18.8$，此时机床坐标系 X 坐标值为 $X_t=-495.1$；试切工件右端面后，机床坐标系 Z 坐标值为 $Z_t=-809.9$。程序开始运行前，刀具的起刀点在工件坐标系中的坐标值为：$\alpha=100$，$\beta=150$。则该起刀点（即 G50 点），在机床坐标系中的位置为：

$$X_\alpha=X_t+(\alpha-D)=-495.1+(100-18.8)=-413.9$$

$$Z_\beta=Z_t+\beta=-809.9+150=-659.9$$

（4）确定 G50 点。选择“MDI”工作方式，输入程序段“G00 X-413.9 Z-659.9；”按循环启动键，使刀具自动到达 G50 坐标点。当选择“自动”工作方式，程序运行到 G50

X100 Z150 时，坐标系自动变成了刀具当前的工作坐标系，对刀完成。在用 G50 设置刀具的起点时，一般要将该刀的刀偏值设为零。此方式的缺点是起刀点位置要在加工程序中设置，且操作较为复杂。但它提供了用手工精确调整起刀点的操作方式。

2. 采用 G54～G59 指令构建工件坐标系

采用 G54～G59 指令构建工件坐标系是先测定出预置的工件原点在机床坐标系中的坐标值（即相对于机床原点的偏置值），并把该偏置值预置在为 G54～G59 设置的寄存器中。由于 G54～G59 的原点是以固定不变的机床原点作为基准的，对起刀位置无严格的要求；而 G50 的原点则对起刀位置有较高的要求，所以实际加工应用中，G54～G59 比 G50 使用起来更方便。G54～G59 对刀的关键有两点：一是如何找到工件坐标系原点的机床坐标值，二是如何将这个坐标值输入到 G54～G59 中。找到工件坐标系原点的方法多数采用试切法。

利用试切法建立 G54～G59 工件坐标系的步骤如下：

（1）切削外径 点击操作面板上的“手动”按钮，点击控制面板上的“X”按钮，使 *X* 轴方向移动指示灯变亮，点击“＋”或“－”按钮，使机床在 *X* 轴方向移动；同样使机床在 *Z* 轴方向移动。通过手动方式将刀具移到靠近工件的一点上。点击操作面板上的主轴正转按钮，主轴转动。再点击“*Z* 轴方向选择”按钮“*Z*”，点击“－”，用所选刀具来试切工件外圆。然后按“＋”按钮，*X* 方向保持不动，刀具退出。

（2）测量切削位置的直径 点击操作面板上的主轴停转按钮，使主轴停止转动，利用测量工具测量所切工件的直径并记录下来。

（3）点击“OFFSET SETTING”键 把光标定位在需要设定的坐标系上光标移到 *X*，输入刚测量的直径值。

（4）按菜单软键“测量”。(通过按软键“操作”，可以进入相应的菜单。)

（5）切削端面 点击操作面板上主轴正转按钮。通过手动方式将刀具移到靠近工件的一点上。点击控制面板上的“*X*”按钮，点击“－”按钮，切削工件端面。然后按“＋”按钮，*Z* 方向保持不动，刀具退出。

（6）点击操作面板上的“主轴停止”按钮，使主轴停止转动。

（7）把光标定位在需要设定的坐标系上。

（8）在 MDI 键盘面板上按下需要设定的轴“*Z*”键。

（9）输入工件坐标系原点的距离（注意距离有正负号）。

（10）按菜单软键“测量”，自动计算出 *Z* 坐标值并写入。

3. 通过测量并输入刀具偏移量来建立工件坐标系

现在有更多的机床直接采用刀偏设置，通过 Txxxx 指令来构建工件坐标系，即直接将工件零点在机床坐标系中的坐标值设置到刀偏地址寄存器中，相当于假设加长或缩短刀具来实现坐标系的偏置。

（1）用所选刀具试切工件外圆，点击“主轴停止”按钮，使主轴停止转动，点击菜单“测量/坐标测量”，得到试切后的工件直径，记为 ϕ。

（2）保持 *X* 轴方向不动，刀具退出。点击 MDI 键盘上的“OFFSET SETTING”键，进入形状补偿参数设定界面，将光标移到与刀位号相对应的位置，输入 $X\phi$，按菜单软键“测量”，对应的刀具偏移量自动输入。

(3) 试切工件端面，把端面在工件坐标系中 Z 的坐标值，记为 α（此处以工件端面中心点为工件坐标系原点，则 $\alpha=0$）。

(4) 保持 Z 轴方向不动，刀具退出。进入形状补偿参数设定界面，将光标移到相应的位置，输入 Z_α（一般为 Z_0），按"测量"软键，对应的刀具偏移量自动输入。

(5) 多把刀具偏移值的输入。

按以上步骤操作，可以直接输入工件原点偏移值，确定工件坐标系原点位置。在设定工件坐标系的同时，确立了该刀具位置为标准刀位，把其余刀具的刀尖距标准刀的距离为补偿值，设置刀偏值，从而完成多把刀具偏移值的输入。

不论是采用哪种对刀方法，在加工中经常会遇到切出的工件和实际尺寸有一定误差。例如：试切对刀时，测量是 $\phi30.8$，而实际加工会大些或小些，这时的调整，可使用刀具补偿值中的磨损补偿，操作步骤如下：

(1) 磨损页面的查找　点击"OFFSET SETTING"键，找到 CRT 画面中的"磨损"软键，按此软键，CRT 出现 01、02……画面，1 号刀具对应的 01，2 号刀具对应 02……。

(2) 磨损值的输入　以直径方向为例，如果用 2 号刀加工结果比期望值大 0.1，先把光标移到当前刀号 02 的磨损号前，输入 $X-0.1$，按"INPUT"键，-0.1 就进入了 02 号刀 X 值的位置里。如果 2 号刀 X 处已有数值，例如已有 -0.15，此时就要使用增量值，输入 U-0.1。这样 X 值就可以进行减法运算，内部值为 $-0.15-0.1=-0.25$。如果 Z 方向有误差，同理往 Z 值里输入值，Z 值也有正负值，输入正值，刀具向 Z 正方向偏移，反之，刀具往负方向偏移。

以上是工件出现误差时，利用刀具补偿值中的磨损功能进行修正。如果刀具加工中出现磨损，用同样方法可进行刀具磨损补偿。例如：硬质合金刀片加工一段时间后，都会有磨损，为保持工件的尺寸公差，必须使用此项功能进行补偿。补偿中必须注意 X 方向正负号，磨损补偿的方向应指向轴线，X 负方向补偿。

由于数控机床所用的刀具各种各样，刀具尺寸也不统一，故对刀时应根据实际加工情况，选择好对刀方法，确定程序指令，设置好对刀参数和刀补值。以便简化数控加工程序的编制，使得编程时不必考虑各把刀具的尺寸与安装位置，最终加工出合格的零件。

（六）试切削

正式加工前，应进行首件试切，只有试切合格，才能说明程序正确，对刀无误。首件试切时，如程序用 G50 设置坐标系，需将刀具位置移动到相应的起刀点位置；如用G54～G59 指令设定坐标系，需将刀具移到不会发生碰撞的位置。

一般用单程序段运行工作方式进行试切。将工作方式选择旋钮打到"单段"方式，同时将进给倍率调低，然后按"循环启动"键，系统执行单程序段运行工作方式。加工时，每加工一个程序段，机床停止进给后，都要看一看下一段要执行的程序，确认无误后再按"循环启动"键，执行下一程序段。要时刻注意刀具的加工状况，观察刀具、工件有无松动，是否有异常的噪声、振动、发热等，观察是否会发生碰撞。加工时，一只手要放在急停按钮附近，一旦出现紧急情况，随时按下按钮。

整个工件加工完毕后，检查工件尺寸，如有错误或超差，应分析检查编程、补偿值设定、对刀等工作环节，有针对性地调整。例如，加工完某零件槽后，发现槽深均少了 0.1mm，应是对刀、设置刀补或设定工件坐标系的偏差，此时可将刀补 X 值减少 0.1mm

或将工件坐标系原点位置向 X 的负向移动 0.1mm 即可，而不需重新对刀。通常在重新调整后，再加工一遍即可合格。首件加工完毕后，即可进行正式加工。

（七）数控车床的技术操作规范

（1）操作人员必须熟悉机床使用说明书等有关资料，如主要技术参数、传动原理、主要结构、润滑部位及维护保养等一般知识。

（2）开机前应对机床进行全面细致的检查，确认无误后方可操作。

（3）机床通电后，检查各开关、按钮和按键是否正常、灵活，机床有无异常现象。

（4）检查电压、油压是否正常，有手动润滑的部位先要进行手动润滑。

（5）各坐标轴手动回零（机械原点）。

（6）程序输入后，应仔细核对，其中包括代码、地址、数值、正负号、小数点及语法。

（7）正确测量和计算工件坐标系，并对所得结果进行检查。

（8）输入工件坐标系，并对坐标、坐标值、正负号及小数点进行认真核对。

（9）未装工件前，空运行一次程序，看程序能否顺利运行，刀具和夹具安装是否合理，有无超程现象。

（10）无论是首次加工的零件，还是重复加工的零件，首件都必须对照图纸、工艺规程、加工程序进行试切。

（11）试切时快速进给倍率开关必须打到较低挡位。

（12）每把刀首次使用时，必须先验证它的实际长度与所给刀补值是否相符。

（13）试切进刀时，在刀具运行至离工件表面 30～50mm 处，必须在进给保持下验证 X 轴和 Z 轴坐标剩余值与加工程序是否一致。

（14）试切和加工中，刃磨刀具和更换刀具后，要重新测量刀具位置并修改刀补值和刀补号。

（15）程序修改后，对修改部分要仔细核对。

（16）手动进给连续操作时，必须检查各种开关所选择的位置是否正确，运动方向是否正确，然后再进行操作。

（17）必须在确认工件夹紧后才能启动机床，严禁工件转动时测量、触摸工件。

（18）操作中出现工件跳动、异常声音、夹具松动等异常情况时必须立即停车处理。

（19）加工完毕，清理机床。

第二节　简单零件的数控车削加工综合训练

1. 任务引入

试加工如图 5-12 所示的轴类零件，完成车削端面及外轮廓并切断。毛坯为 ϕ45mm 的圆钢，材料是低碳钢。

2. 数控加工工艺设计

（1）零件分析。该零件由圆弧面、圆柱面和螺纹组成，用普通车床难以控制加工精度，适合采用数控机床加工。

（2）确定工件坐标系原点。X 轴的原点：工件的轴线。Z 轴原点：原点的设在右端面。

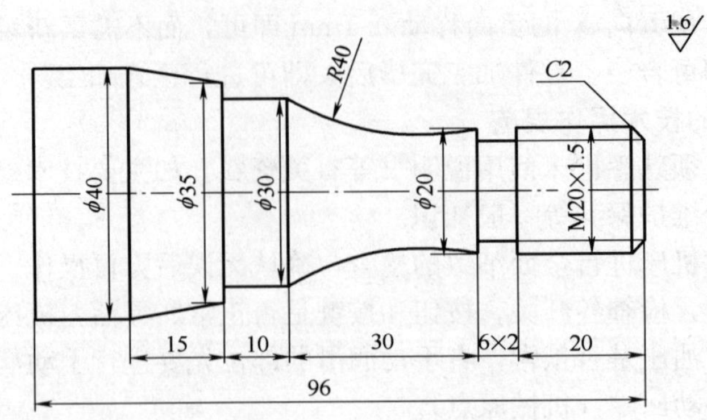

图 5-12 轴类零件图

（3）确定换刀点。换刀点设在工件尺寸之外，工件坐标系中（X100，Z200）处。

（4）倒角。倒角安排在精车工步中，与外圆加工一起连续车削成 45°。为使切削连续，把精车起点安排在 C2 倒角的延长线上，因倒角是 45°，经计算后的精车外圆起点坐标为（10，3）（*X* 轴直径编程）。

（5）加工工序设计。该零件的车削工序设计为：粗车外圆→精车外圆→切槽→车螺纹→切断，数控加工工序卡见表 5-3。

表 5-3　　数控加工工序卡

工步号	工步内容	刀具	切削用量		
			背吃刀量/mm	主轴转速/(r/min)	进给速度/(mm/r)
1	粗车外圆、端面	T01	1.0	<1500	0.3
2	精车外圆	T01	0.2	<1500	0.2
3	切槽	T02		<1500	0.15
4	车螺纹	T03		<1500	0.15
5	切断，保证总长 96	T02		<1500	0.15

3. 数控加工程序

```
O1520;                              程序号 O1520
N5 G54 G99 G00 X100.0 Z200.0;       设置工件原点在右端面，快速到换刀点
N10 T0101;                          换 1 号刀，1 号刀补
N15 G50 S1500;                      限制最高主轴转速为 1500r/min
N20 G96 S80 M03;                    恒切削速度为 80m/min
N25 G00 X50.0 Z0;                   定位到车端面起点
N30 G01 X-1.0 F0.1;                 车端面
N35 G00 Z10.0;                      轴向退刀
N40 X50.0;
N45 G00 G42 X47.0 Z5.0;             快速到外圆粗车起点，刀尖半径右补偿
N50 G71 U2.0 R1.0;                  粗车外圆循环
N60 G71 P80 Q150 U0.4 W0.2 F0.2;
```

```
N70 G00 X10.0 Z3.0;                     定位到精车始点
N80 G01 X20.0 Z－2.0 F0.08;             倒角
N90 Z－26.0;                            车外圆
N100 G02 X30.0 W－30.0 R40.0;           车圆弧
N110 G01 W－10.0;                       车外圆
N120 X35.0;                             车台阶面
N130 X40.0 W－15.0;                     车锥面
N140 Z－100.0;                          车外圆
N150 X47.0;                             径向退刀
N160 G70 P80 Q150;                      精车循环
N170 G00 G40 X100.0 Z200.0;             快速回到换刀点,取消半径补偿
N180 T0202;                             换切槽刀
N190 G00 X25.0 Z－26.0;                 定位到切槽起点
N200 G01 X16.0 F0.08;                   切槽(第 1 刀)
N210 G04 P1000;                         刀停 1s(使槽底光滑)
N220 G00 X25.0;                         快速退刀
N230 W3.0;                              横向定位
N240 G01 X16.0;                         切槽(第 2 刀)
N245 G04 P1000;                         刀停 1s(使槽底光滑)
N250 G00 X25.0;                         快速退刀
N260 G00 X100.0 Z200.0;                 横向定位
N270 G97 S800;
N280 T0303;                             换螺纹刀
N290 G96 S30;
N300 G00X20.0 Z8.0;                     定位到车螺纹始点
N310 G92 X19.2 Z－23.0 F1.5;            车螺纹,走刀 1 次
N320 X18.7;                             车螺纹,走刀 2 次
N330 X18.3;                             车螺纹,走刀 3 次
N340 X18.05;                            车螺纹,走刀 4 次
N350 G00 X100.0 Z200.0;                 快速回到换刀点
N360 T0202;                             换切槽刀
N370 G96 S60;
N380G00 X50.0 Z－100.0;                 定位到切断始点
N390 G01 X－1.0 F0.08;                  切断
N400 G04 P1000;                         停 1s
N410 G00 W5.0;                          快速退刀
N420 X100.0 Z200.0;                     回到换刀点
N430 T0200;                             取消刀补
N440 M30;                               程序结束
```

第三节 内外圆表面的数控车削加工综合训练

很多机器零件如齿轮、轴套、带轮等，不仅有外圆柱面，而且有内圆柱面，一般情况下，通常采用钻孔、扩孔、车孔等方法加工内圆柱面。车孔是车削加工的主要内容之一，可作为半精加工和精加工，车孔后的精度一般可达 IT7～IT8，表面粗糙度可达 $Ra1.6$～$3.2\mu m$。

1. 任务引入

加工图 5-13 所示带有阶梯孔的零件，材料为铝合金，材料规格为 ϕ50mm×30mm，其中毛坯轴向余量为 5mm，按图纸要求完成该零件的加工。

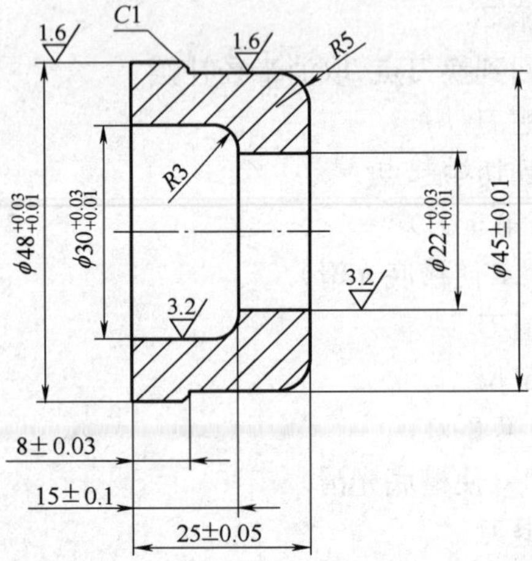

图 5-13　零件图样

2. 车孔时的技术问题

（1）增加内孔车刀的刚性可采取以下措施

① 尽量增加刀柄的截面积，通常内孔车刀的刀尖位于刀柄的上面，这样刀柄的截面积较小，还不到孔截面积的 1/4，若使内孔车刀的刀尖位于刀柄的中心线上，那么刀柄在孔中的截面积可大大地增加。

② 尽可能缩短刀柄的伸出长度，以增加车刀刀柄刚性，减小切削过程中的振动，此外还可将刀柄上下两个平面做成互相平行，这样就能很方便地根据孔深调节刀柄伸出的长度。

（2）解决排屑问题　主要是控制切屑流出方向。精车孔时要求切屑流向待加工表面，称前排屑。为此，应采用正刃倾角的内孔车刀；而加工盲孔时，则应采用负的刃倾角，使切屑从孔口排出。

（3）编程注意事项　数控车削内孔的指令与外圆车削指令基本相同，关键应该注意外圆柱在加工过程中是越加工越小，而内孔在加工过程中是越加工越大，这在保证尺寸方面尤为重要。对于内外径粗车循环指令 G71，在加工外径时余量 U 为正，但在加工孔时余量 U 应为负。

3. 工艺分析

该零件表面由内外圆柱面、圆弧等表面组成，工件在加工的过程中要进行两次装夹才能够完成加工，同时根据在加工有孔的轴（套）类零件时一般按照先进行内腔加工工序，后进行外形的加工工序的原则应该首先进行孔的加工然后进行其他面的加工。

4. 操作步骤及加工程序

（1）工件装夹　内孔加工时以外圆定位，用三爪自定心卡盘夹紧。

（2）内孔车刀（镗刀）的对刀　内孔刀对刀之前内孔已经钻削完成，此时应调用所需的内孔车刀，靠近工件。首先对 Z 轴，刀具刀尖接近工件外端面，试切削工件外端面，然后在工件补正界面内输入 Z0 测量，Z 轴对刀完成；X 轴对刀，沿 Z 轴切削工件内孔表面，沿 Z 轴切削深度控制在 10mm 左右，刀具沿 Z 向退刀，主轴停转，测量工件内孔直径，在工件补正界面内输入 X 测量值即可完成 X 轴对刀。有时，也可以借助心轴等辅助工具进行间接的 X 向对刀。

（3）加工工艺设计　该零件的机械加工工步顺序、所用刀具及切削用量，见表 5-4。

表 5-4　　**机械加工工序卡片**

工步	工步内容	刀具	切削用量		
			背吃刀量/mm	主轴转速/(r/min)	进给速度/(mm/r)
1	粗车工件端面	T1 90°外圆车刀		400	0.3
2	钻孔	中心钻		400	
3	钻底孔	ϕ15 麻花钻		400	
4	扩孔	ϕ20 麻花钻		400	
5	粗加工 ϕ45 外圆、R5 圆弧	T1 90°外圆车刀	2	500	0.3
6	精加工工件端面、ϕ45 外圆、R5 圆弧	T2 90°外圆车刀	0.3	1000	0.1
7	调头装夹工件找正				
8	车削工件端面，保证工件总长	T1 90°外圆车刀		400	0.3
9	粗加工阶梯孔、R3 圆弧	通孔镗刀 T3	1	500	0.2
10	精加工阶梯孔、R3 圆弧	通孔镗刀 T4	0.2	800	0.05
11	粗加工 ϕ48 外圆	T1 90°外圆车刀	2	500	0.3
12	精加工 ϕ48 外圆	T2 90°外圆车刀	0.3	1000	0.1

（4）数控加工程序

```
O0013;
G90;                          绝对坐标编程
G95;                          转化为每转进给
M03 S400;                     主轴正转 400r/min
T0101;                        调用一号刀具,同时利用刀偏建立工件坐标系
G00 X52 Z2;
G71U1 R1;                     外圆粗车
G71 P10 Q20 U0.5 W0.1 F0.3;
N10 G00 X35;                  精加工程序段开始
G01 G42 Z0 F0.1;
G03 X45 Z-5 R5 F0.1;
N20 G01 Z-17;                 精加工程序段结束
G00 G40 X50;
Z100;                         刀具退刀至安全位置
M00;                          程序停止
M05;                          主轴停转
T0202;                        调用二号外圆车刀,精加工
M03 S800;
```

```
G00 X50 Z2;
G70 P10 Q20;                        精加工
G00 G40 X50;
Z100;                               刀具退刀至安全位置
M00;                                程序停止
M05;                                主轴停转
工件调头装夹
M03 S400;
T0303;                              调用三号刀具,粗加工内孔
G00 X18 Z2;
G71 U1 R1;                          内孔粗车
G71 P30 Q40 U-0.5 W0.1 F0.3;
N30 G00 X30;
G01 G41 Z-12 F0.1;
G03 X24 Z-15 R3;
G01 X22;
N40 Z-27;
G00 G40 X18;
Z100;                               刀具退刀至安全位置
M05;
T0404;                              调用四号刀具,精加工内孔
M03 S800;
G00 X18;
Z2;
G70 P30 Q40;
G00 G40 X18;
Z100;                               刀具退刀至安全位置
M05;
M03 S400;
T0101;                              调用一号刀具,粗加工外圆
G00 X52 Z2;
G71 U1 R1;
G71 P50 Q60 U0.5 W0.1 F0.3;         外圆粗车
N50 G00 X48;
N60 G01 G42 Z-10 F0.1;
G00 G40 X55;
Z100;
M00;
M05;
```

M03 S800；

T0202；　　　　　　　　　　　　调用二号刀具，精加工外圆

G00 X52 Z2；

G70 P50 Q60；

G00 G40 X55；

Z100；

M05；

M30；　　　　　　　　　　　　　程序结束

5. 操作时的注意事项

（1）钻孔前，必须先将工件端面车平，中心处不允许有凸台，否则钻头不能自动定心，会使钻头折断。

（2）当钻头将要穿透工件时，由于钻头横刃首先穿出，因此轴向阻力大减。所以这时进给速度必须减慢，否则钻头容易被工件卡死，造成锥柄在尾座套筒内打滑，损坏锥柄和锥孔。

（3）钻小孔或钻较深孔时，由于切屑不易排出，必须经常退出钻头排屑，否则容易因切屑堵塞而使钻头“咬死”或折断。

（4）钻小孔时，转速应选得快一些，否则钻削时抗力大，容易产生孔位偏斜和钻头折断。

（5）精车内孔时，应保持刀刃锋利，否则容易产生让刀（因刀杆刚性差），把孔车成锥形。

（6）车平底孔时，刀尖必须严格对准工件旋转中心，否则底平面无法车平。

第四节　调头件的加工训练

当所车削的零件的径向尺寸非单调增加或减小时，一般采用一次装夹很难车削完成。采用车削完一端后，调头车削另一端的方法，是解决此类问题的常见方法。具体说明如下。

1. 任务引入

在数控车床上车削如图 5-14 所示的手柄零件，试编程并说明加工方法。

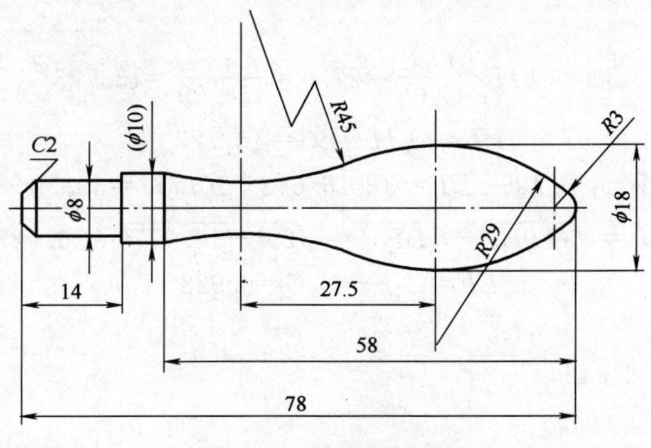

图 5-14　手柄零件图样

2. 工艺分析

（1）工件编程节点坐标值的计算　取工件右端顶点处为工件坐标系原点，即图 5-15 中的（W）点。此时，三个光滑连接的圆弧的端点 A，和切点 B、C 的坐标计算如下，如图 5-15 所示。

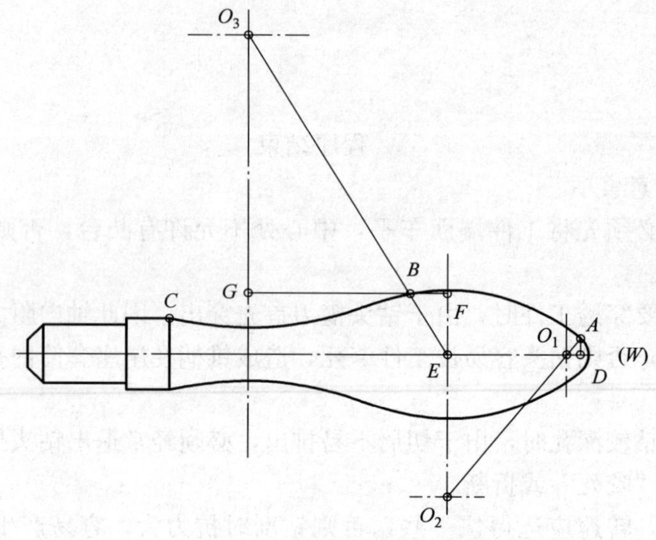

图 5-15　编程节点坐标的计算

$$O_2E=29-9=20$$

$$O_1O_2=29-3=26$$

$$O_1E=\sqrt{(O_1O_2)^2-(O_2E)^2}=16.613$$

$$AD=O_2E\times\frac{O_1A}{O_1O_2}=20\times\frac{3}{26}=2.308$$

$$O_1D=O_1E\times\frac{O_1A}{O_1O_2}=16.613\times\frac{3}{26}=1.917$$

则 A 点的坐标为：

$$X_A=2\times2.308=4.616\text{（直径值）}$$

$$Z_A=-(O_1W-O_1D)=-(3-1.817)=-1.083$$

又算得：

$$BG=O_2H\times\frac{O_3B}{O_2O_3}=27.5\times\frac{45}{45+29}=16.723$$

$$BF=O_2H-BG=10.777$$

$$WO_1+O_1E+BF=3+16.613+10.777=30.39$$

$$O_2F=\sqrt{(O_2B)^2-(BF)^2}=\sqrt{29^2-10.777^2}=26.923$$

$$EF=O_2F-O_2E=6.923$$

则 B 点的坐标为：

$X_B=2\times6.923=13.846$，

$Z_B=-30.39$。

C 点的坐标可直接从图中得到为：

$X_C=10.0$，

$Z_C=-58.0$。

(2) 加工工序分析　车削该手柄时，需要编两个程序：第一个程序车削手柄左端外圆台阶到尺寸，对圆弧成形面则留下适当的余量先粗车成斜面，台阶和锥面可使用G71复合循环先粗车，再精车台阶到尺寸。另一个程序是用于当一端车好后，将工件调头，夹住$\phi8\times14$的外圆，先粗车右端锥面，再精车右端所有圆弧部分。确定粗车时的中间工序尺寸时，可将手柄画到坐标纸上，利用网格粗略决定；也可利用CAD绘图来确定。

为了确保调头车削时工件尺寸的一致，在第一个程序车削的毛坯装夹时，应调整到工件伸出卡爪长为78－14＝64 (mm)。调头车削时，应让卡爪刚好夹住$\phi8\times14$的外圆，这样调头车削时就不需再对刀而可直接执行程序。如果刀架所处的位置妨碍工件的装卸，可根据实际让刀位置同样地修改两程序中的G92后跟的坐标值，调头车削时应保持刀架拖板位置不动。

3. 加工程序

```
O0022;                                  车削手柄左端外圆台阶
G50 X80.0 Z50.0;                        设定工件坐标系
S300 M03;
G90 G00 X25.0 Z5.0;
G71 U2.0 R1.0;                          外圆粗车循环
G71 P10 Q20 U0.2 W0.2 F50;
N10 G00 X8.0 Z5.0;
G01 X8.0 Z-14.0 F30;
    X10.0 Z-14.0;
    X10.0 Z-42.0;
N20 G01 X20.0 Z-55.0;
    G00 X25.0 Z5.0;
G00 X4.0 Z1.0;
G01 X10.0 Z-2.0 F50;
G00 X80.0 Z50.0 M05;
M02;
```

调头后，执行下面程序：

```
O0023;                                  车削手柄右端曲面
G50 X80.0 Z50.0;                        建立工件坐标系
S300 M03;
G90 G00 X25.0 Z5.0;
G71 U0.8 R1.2                           粗车，形成接近曲面的大致轮廓
G71 P10 Q20 U0.2 W0.2 F50;
N10 G00 X4.5 Z5.0;
G01 X4.5 Z0 F30;
    X14.0 Z-7.0;
```

```
    X18.5 Z－13.0；
    X18.5 Z－23.0；
N20 G01 X21.0 Z－23.0；
G00 X25.0 Z5.0；
G00 X0 Z2.0；
G01 Z0 F30；
G03 X4.616 Z－1.083 R3.0；                精车曲面
G03 X13.846 Z－30.39 R29.0；
G02 X10.0 Z－58.0 R45.0；
G00 X25.0；
G00 X80.0 Z50.0；
M05；
M30；
```

第五节　配合件的加工综合训练

在实际生产中，零件与零件之间往往是相互配合使用的，因此学习配合件的车削加工方法，是将来从事机械制造工作的必备技能。加工配合件，需要熟练掌握尺寸精度、形状位置公差和表面粗糙度的控制，从而保证零件间的配合精度。

1. 任务引入

现加工如图 5-16 和图 5-17 所示的两个零件。通过零件 1 右端的 M30×2 外螺纹与零件 2 左端的 M30×2 内螺纹的旋合，最终成为如图 5-18 所示的配合件。

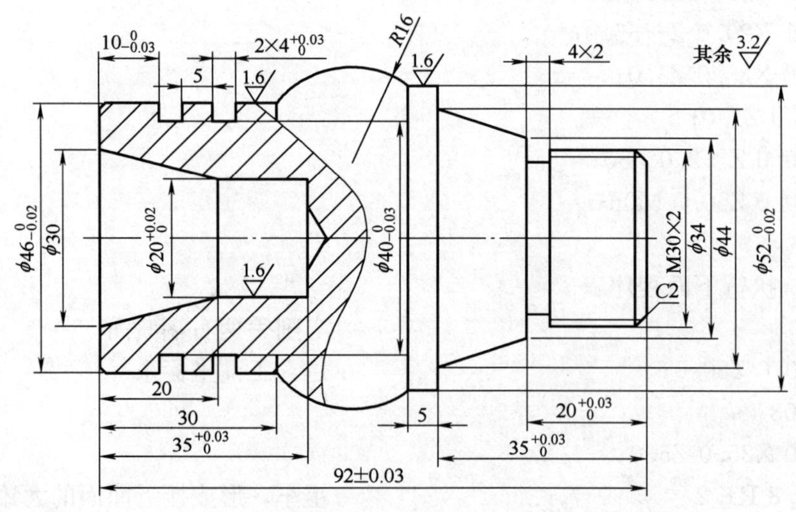

图 5-16　零件 1 图样

2. 工艺分析

该配合件主要由以下一些工艺结构组成：外圆、外螺纹、外槽、内孔、内螺纹、内

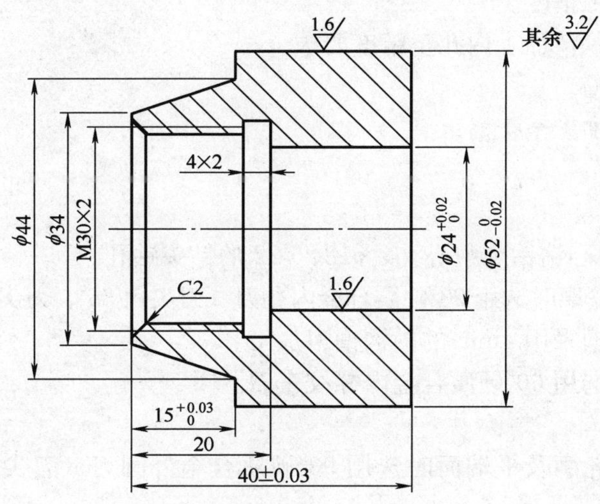

图 5-17　零件 2 图样

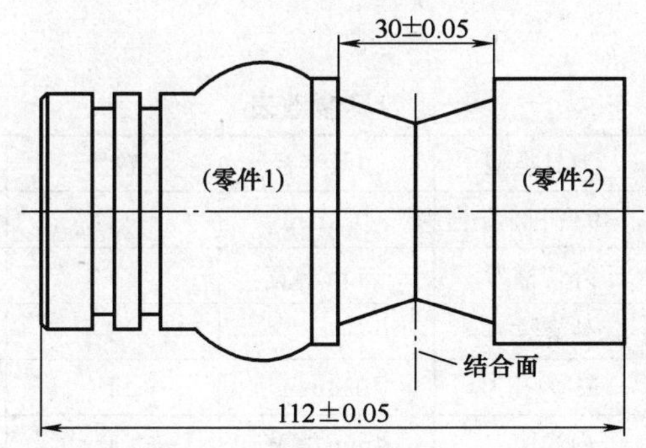

图 5-18　配合体图样

槽，重点在内外螺纹的互相配合。两零件的加工工艺过程设计如下：

零件 1 的加工工艺过程：

（1）夹外圆右端，平端面钻中心孔，再用的 φ18 钻头钻孔，孔深 35mm。

（2）左端外圆粗加工，加工至 φ52 外圆处，精加工各挡外圆。

（3）加工 2×4 两处外槽，至精度要求。

（4）粗加工内孔，精加工内孔至精加工要求。

（5）掉头夹 φ46 外圆，打表找正，平端面控制总长。

（6）粗精车螺纹外圆和锥面，精加工至尺寸要求。

（7）车螺纹退刀槽。

（8）车螺纹，加工至合格为止。

零件 2 的加工工艺过程：

（1）夹外圆左端，平端面钻中心孔，再用 φ22 的钻头钻通孔。

（2）粗加工 φ52 外圆，精加工至尺寸要求。

（3）掉头夹 φ52 外圆，平端面控制总长。

（4）车外锥至加工精度。

（5）粗加工内孔，精加工内孔至精度要求。

（6）车螺纹退刀槽。

（7）车内螺纹，加工至合格。

3. 刀具选择

内孔刀的选择：

（1）选用 $\phi3$ 的中心钻钻削中心孔，$\phi18$、$\phi22$ 的钻头钻孔。

（2）粗、精车内轮廓时选用 93°硬质合金内孔刀（刀尖角 35°、刀尖圆弧半径 0.4mm）。

（3）内螺纹退刀槽采用 4mm 的内沟槽刀加工。

（4）车削内螺纹选用 60°硬质合金内螺纹车刀。

外圆刀的选择：

（1）粗、精车外轮廓及平端面时选用 93°硬质合金外圆刀（刀尖角 35°、刀尖圆弧半径 0.4mm）。

（2）螺纹退刀槽采用 4mm 切槽刀加工。

（3）车削螺纹选用 60°硬质合金外螺纹车刀。

具体刀具参数见表 5-5。

表 5-5　刀具参数表

序号	刀具号	刀具类型	刀具半径	数量	加工表面	备注
1	T0101	93°外圆刀	0.4mm	1	外轮廓	刀尖 35°
2	T0202	外切槽刀	4mm 槽宽	1	外螺纹退刀槽	
3	T0303	外螺纹刀		1	外螺纹	刀尖 60°
4	T0404	93°内孔刀	0.4mm	1	内轮廓	刀尖 35°
5	T0505	内沟槽刀	4mm 槽宽	1	内螺纹退刀槽	
6	T0606	内螺纹刀		1	内螺纹	刀尖 60°

4. 切削用量的选择

（1）主轴转速的选择　选择外轮廓粗加工转速 800r/min，精车为 1500r/min。车外螺纹时，主轴转速 n=400r/min。切外槽时，主轴转速 n=400r/min。选择内轮廓粗加工转速 700r/min，精车内轮廓为 1000r/min。车内螺纹时，主轴转速 n=400r/min。车内沟槽时，主轴转速 n=300r/min。

（2）进给速度的选择　根据背吃刀量和主轴转速选择进给速度，分别选择外轮廓粗精车的进给速度为 130mm/min 和 120mm/min；切外槽的进给速度为 30mm/min。内轮廓粗精车的进给速度分别为 100mm/min 和 90mm/min；切内沟槽的进给速度为 20mm/min。

（3）背吃刀量的选择　粗车外轮廓时选用 a_p=2mm，精车外轮廓时选用 a_p=0.5mm；外螺纹车削选用 a_p=0.3mm。粗车内轮廓时选用 a_p=1mm，精车内轮廓时选用 a_p=0.5mm；内螺纹车削选用 a_p=0.3mm。

具体工步顺序、所用刀具和切削用量，见表 5-6 和表 5-7。

5. 加工程序

两个零件的数控加工程序，见表 5-8 和表 5-9。

表 5-6　　零件 1 加工工艺

序号	工步内容(零件 1)	刀具号	切削用量		
			转速/(r/min)	进给速度/(mm/min)	切削深度/mm
1	加工工件端面	T0101	800	100	0.5
2	粗车工件外轮廓(左端)	T0101	800	130	2
3	精车工件外轮廓(左端)	T0101	1500	120	0.5
4	车外槽	T0202	400	30	4
5	粗车工件内轮廓	T0404	700	100	1
6	精车工件内轮廓	T0404	1000	90	0.5
7	粗、精车螺纹外圆及锥面	T0101	粗 800 精 1500	120	粗 2 精 0.5
8	车螺纹退刀槽	T0202	400	30	4×2
9	车削外螺纹 M30×2	T0303	400	螺距 2	0.3

表 5-7　　零件 2 加工工艺

序号	工步内容(零件 2)	刀具号	切削用量		
			转速/(r/min)	进给速度/(mm/min)	切削深度/mm
1	粗车工件外轮廓(右端)	T0101	800	130	2
2	精车工件外轮廓(右端)	T0101	1500	120	0.5
3	粗、精车锥面	T0101	粗 800 精 1500	120	粗 2 精 0.5
4	粗车工件内轮廓	T0404	700	100	1
5	精车工件内轮廓	T0404	1000	90	0.5
6	车内螺纹退刀槽	T0505	300	20	4×2
7	车削内螺纹 M30×2	T0606	400	螺距 2	0.3
8	检验、校核				

表 5-8　　零件 1 数控加工程序卡片

<table>
<tr><td rowspan="3">数控车床程序卡片</td><td>零件毛坯</td><td colspan="3">φ60×95</td><td>编写日期</td><td></td></tr>
<tr><td>零件名称</td><td>零件 1</td><td>图号</td><td>01</td><td>材料</td><td>45 钢</td></tr>
<tr><td>车床型号</td><td>CK6140</td><td>夹具名称</td><td>三爪卡盘</td><td>车间</td><td></td></tr>
<tr><td>程序号</td><td colspan="3">00001</td><td colspan="3">编程原点:工件左端面与中心线交点</td></tr>
<tr><td>程序段号</td><td colspan="3">程序</td><td colspan="3">说明</td></tr>
<tr><td>N10</td><td colspan="3">00001</td><td colspan="3">左端粗加工复合循环及精加工程序</td></tr>
<tr><td>N20</td><td colspan="3">M03 S800 M08</td><td colspan="3">主轴正转,转速 800r/min,冷却液开</td></tr>
<tr><td>N30</td><td colspan="3">T0101</td><td colspan="3">刀具选择,刀具偏置建立工件坐标系</td></tr>
<tr><td>N40</td><td colspan="3">G00 X62 Z5</td><td colspan="3">快速点定位,工件加工起始点</td></tr>
<tr><td>N50</td><td colspan="3">G71 U2 R5</td><td colspan="3" rowspan="2">外径粗车循环</td></tr>
<tr><td>N55</td><td colspan="3">G71 P130 Q190 U0.5 W0.1 F130</td></tr>
</table>

续表

数控车床程序卡片	零件毛坯	ϕ60×95			编写日期	
	零件名称	零件1	图号	01	材料	45钢
	车床型号	CK6140	夹具名称	三爪卡盘	车间	

程序号	O0001	编程原点:工件左端面与中心线交点
程序段号	程序	说明
N60	G00 X100	退刀
N70	Z100	
N80	M05	主轴停转
N90	M00 M09	程序暂停,冷却液关
N100	M03 S1500 M08	主轴正转,转速1500r/min,冷却液开
N110	T0101	刀具选择
N120	G00 X62 Z5	快速点定位,工件加工起始点
N130	G42 G00 X44 Z3	刀具靠近工件起始点,刀补建立
N140	G01 Z0 F120	
N150	X46 Z−1	倒角
N160	Z−30	
N170	G03 X52 Z−52 R16	
N180	G01 Z−70	
N190	G40 G00 X62	加工结束,刀补取消
N200	X100	退刀
N210	Z100	
N220	M05 M09	主轴停转,冷却液关
N230	M30	程序结束,返回程序头
程序号	00002	编程原点:工件左端面与中心线交点
程序段号	程序	说明
N10	00002	2×4外槽加工(左刀点对刀)
N20	M03 S400 M08	主轴正转,转速400r/min,冷却液开
N30	T0202	刀具选择
N40	G00 X47 Z5	快速点定位,工件加工起始点
N50	Z−14	切第一个槽
N60	G01 X40 F30	
N70	X47	
N80	G00 Z−23	切第二个槽
N90	G01 X40	
N100	X47	
N110	G00 X100	退刀
N120	Z100	
N130	M05 M09	主轴停转,冷却液关
N140	M30	程序结束,返回程序头

续表

<table>
<tr><td rowspan="3">数控车床
程序卡片</td><td>零件毛坯</td><td colspan="3">$\phi60\times95$</td><td>编写日期</td><td></td></tr>
<tr><td>零件名称</td><td>零件 1</td><td>图号</td><td>01</td><td>材料</td><td>45 钢</td></tr>
<tr><td>车床型号</td><td>CK6140</td><td>夹具名称</td><td>三爪卡盘</td><td>车间</td><td></td></tr>
<tr><td>程序号</td><td colspan="3">00003</td><td colspan="3">编程原点:工件左端面与中心线交点</td></tr>
<tr><td>程序段号</td><td colspan="3">程序</td><td colspan="3">说明</td></tr>
<tr><td>N10</td><td colspan="3">00003</td><td colspan="3">内孔粗加工复合循环及精加工程序</td></tr>
<tr><td>N20</td><td colspan="3">M03 S700 M08</td><td colspan="3">主轴正转,转速 700r/min,冷却液开</td></tr>
<tr><td>N30</td><td colspan="3">T0404</td><td colspan="3">刀具选择</td></tr>
<tr><td>N40</td><td colspan="3">G00 X18 Z5</td><td colspan="3">快速点定位,工件加工起始点</td></tr>
<tr><td>N50</td><td colspan="3">G71 U1 R0.5</td><td colspan="3" rowspan="2">内径粗车循环</td></tr>
<tr><td>N55</td><td colspan="3">G71 P130 Q170 U−0.5 W0.1 F100</td></tr>
<tr><td>N60</td><td colspan="3">G00 X18</td><td colspan="3" rowspan="2">退刀</td></tr>
<tr><td>N70</td><td colspan="3">Z100</td></tr>
<tr><td>N80</td><td colspan="3">M05</td><td colspan="3">主轴停转</td></tr>
<tr><td>N90</td><td colspan="3">M00 M09</td><td colspan="3">程序暂停,冷却液关</td></tr>
<tr><td>N100</td><td colspan="3">M03 S1000 M08</td><td colspan="3">主轴正转,转速 1000r/min,冷却液开</td></tr>
<tr><td>N110</td><td colspan="3">T0404</td><td colspan="3">刀具选择</td></tr>
<tr><td>N120</td><td colspan="3">G00 X18 Z5</td><td colspan="3">快速点定位,工件加工起始点</td></tr>
<tr><td>N130</td><td colspan="3">G41 G00 X30 Z3</td><td colspan="3" rowspan="2">刀具靠近工件起始点,刀补建立</td></tr>
<tr><td>N140</td><td colspan="3">G01 Z0 F90</td></tr>
<tr><td>N150</td><td colspan="3">X20 Z−20</td><td colspan="3" rowspan="2"></td></tr>
<tr><td>N160</td><td colspan="3">Z−35</td></tr>
<tr><td>N170</td><td colspan="3">G40 G00 X18</td><td colspan="3">加工结束,刀补取消</td></tr>
<tr><td>N180</td><td colspan="3">Z100</td><td colspan="3">退刀</td></tr>
<tr><td>N190</td><td colspan="3">M05 M09</td><td colspan="3">主轴停转,冷却液关</td></tr>
<tr><td>N200</td><td colspan="3">M30</td><td colspan="3">程序结束,返回程序头</td></tr>
<tr><td>程序号</td><td colspan="3">00004</td><td colspan="3">编程原点:工件右端面与中心线交点</td></tr>
<tr><td>程序段号</td><td colspan="3">程序</td><td colspan="3">说明</td></tr>
<tr><td>N10</td><td colspan="3">00004</td><td colspan="3">右端粗加工复合循环及精加工程序</td></tr>
<tr><td>N20</td><td colspan="3">M03 S800 M08</td><td colspan="3">主轴正转,转速 800r/min,冷却液开</td></tr>
<tr><td>N30</td><td colspan="3">T0101</td><td colspan="3">刀具选择</td></tr>
<tr><td>N40</td><td colspan="3">G00 X62 Z5</td><td colspan="3">快速点定位,工件加工起始点</td></tr>
<tr><td>N50</td><td colspan="3">G71 U2 R5</td><td colspan="3" rowspan="2">外径粗车循环</td></tr>
<tr><td>N55</td><td colspan="3">G71 P130 Q190 U0.5 W0.1 F130</td></tr>
<tr><td>N60</td><td colspan="3">G00 X100</td><td colspan="3" rowspan="2">退刀</td></tr>
<tr><td>N70</td><td colspan="3">Z100</td></tr>
<tr><td>N80</td><td colspan="3">M05</td><td colspan="3">主轴停转</td></tr>
</table>

续表

数控车床程序卡片	零件毛坯	$\phi 60\times 95$			编写日期	
	零件名称	零件1	图号	01	材料	45钢
	车床型号	CK6140	夹具名称	三爪卡盘	车间	

程序号	O0004	编程原点:工件右端面与中心线交点
程序段号	程序	说明
N90	M00 M09	程序暂停,冷却液关
N100	M03 S1500 M08	主轴正转,转速1500r/min,冷却液开
N110	T0101	刀具选择
N120	G00 X62 Z5	快速点定位,工件加工起始点
N130	G42 G00 X26 Z3	刀具靠近工件起始点,刀补建立
N140	G01 Z0 F120	
N150	X30 Z−2	倒角
N160	Z−20	
N170	X34	
N180	X44 Z−35	
N190	G40 G00 X62	加工结束,刀补取消
N200	X100	退刀
N210	Z100	
N220	M05 M09	主轴停转,冷却液关
N230	M30	程序结束,返回程序头
程序号	00005	编程原点:工件右端面与中心线交点
程序段号	程序	说明
N10	00005	外螺纹退刀槽(左刀点对刀)
N20	M03 S400 M08	主轴正转,转速400r/min,冷却液开
N30	T0202	刀具选择
N40	G00 X40 Z5	快速点定位,工件加工起始点
N50	Z−20	
N60	G01 X26 F30	
N70	X40	
N80	G00 X100	退刀
N90	Z100	
N100	M05 M09	主轴停转,冷却液关
N110	M30	程序结束,返回程序头
程序号	00006	编程原点:工件右端面与中心线交点
程序段号	程序	说明
N10	00006	外螺纹加工程序
N20	M03 S400 M08	主轴正转,转速400r/min,冷却液开

续表

数控车床程序卡片	零件毛坯	φ60×95			编写日期	
	零件名称	零件 1	图号	01	材料	45 钢
	车床型号	CK6140	夹具名称	三爪卡盘	车间	
程序号	00006			编程原点:工件右端面与中心线交点		
程序段号	程序			说明		
N30	T0303			刀具选择		
N40	G00 X35 Z5			快速点定位,工件加工起始点		
N50	G76 021060 Q100 R100			外螺纹复合循环		
N55	G76 X27.4 Z-18 P1300 Q200 F2					
N60	G00 X100			退刀		
N70	Z100					
N80	M05 M09			主轴停转,冷却液关		
N90	M30			程序结束,返回程序头		

表 5-9　　零件 2 数控加工程序卡片

数控车床程序卡	零件毛坯	φ55×45			编写日期	
	零件名称	零件 2	图号	02	材料	45 钢
	车床型号	CK6140	夹具名称	三爪卡盘	实训车间	
程序号	00007			编程原点:工件右端面与中心线交点		
程序段号	程序			说明		
N10	00007			φ52 外圆加工		
N20	M03 S800 M08			主轴正转,转速 800r/min,冷却液开		
N30	T0101			刀具选择		
N40	G00 X55 Z5			快速点定位,工件加工起始点		
N50	X52					
N60	G01 Z-36 F130					
N70	G00 X100			退刀		
N80	Z100					
N90	M05 M09			主轴停转,冷却液关		
N100	M30			程序结束,返回程序头		
程序号	00008			编程原点:工件左端面与中心线交点		
程序段号	程序			说明		
N10	00008			左端粗加工复合循环及精加工程序		
N20	M03 S800 M08			主轴正转,转速 800r/min,冷却液开		
N30	T0101			刀具选择		
N40	G00 X57 Z5			快速点定位,工件加工起始点		
N50	G71 U2 R5			外径粗车循环		
N55	G71 P130 Q160 U0.5 W0.1 F130					
N60	G00 X100			退刀		
N70	Z100					
N80	M05			主轴停转		
N90	M00 M09			程序暂停,冷却液关		

续表

数控车床程序卡片	零件毛坯	$\phi 60\times 95$			编写日期	
	零件名称	零件1	图号	01	材料	45钢
	车床型号	CK6140	夹具名称	三爪卡盘	车间	

程序号	00008	编程原点:工件左端面与中心线交点
程序段号	程序	说明
N100	M03 S1500 M08	主轴正转,转速1500r/min,冷却液开
N110	T0101	刀具选择
N120	G00 X57 Z5	快速点定位,工件加工起始点
N130	G42 G00 X34 Z3	刀具靠近工件起始点,刀补建立
N140	G01 Z0 F120	
N150	X44 Z−15	
N160	G40 G00 X57	加工结束,刀补取消
N170	X100	退刀
N180	Z100	
N190	M05 M09	主轴停转,冷却液关
N200	M30	程序结束,返回程序头
程序号	00009	编程原点.工件左端面与中心线交点
程序段号	程序	说明
N10	00009	内孔粗加工复合循环及精加工程序
N20	M03 S700 M08	主轴正转,转速700r/min,冷却液开
N30	T0404	刀具选择
N40	G00 X22 Z5	快速点定位,工件加工起始点
N50	G71 U1 R0.5	内径粗车循环
N55	G71 P130 Q190 U−0.5 W0.1 F100	
N60	G00 X22	退刀
N70	Z100	
N80	M05	主轴停转
N90	M00 M09	程序暂停,冷却液关
N100	M03 S1000 M08	主轴正转,转速1000r/min,冷却液开
N110	T0101	刀具选择
N120	G00 X22 Z5	快速点定位,工件加工起始点
N130	G41 G00 X31.47 Z3	刀具靠近工件起始点,刀补建立
N140	G01 Z0 F90	
N150	X27.4 Z−2	倒角
N160	Z−20	
N170	X24	
N180	Z−41	

续表

数控车床程序卡片	零件毛坯	ϕ60×95			编写日期	
	零件名称	零件 1	图号	01	材料	45 钢
	车床型号	CK6140	夹具名称	三爪卡盘	车间	
程序号	00009			编程原点:工件左端面与中心线交点		
程序段号	程序			说明		
N190	G40 G00 X22			加工结束,刀补取消		
N200	Z100			退刀		
N210	M05 M09			主轴停转,冷却液关		
N220	M30			程序结束,返回程序头		
程序号	00010			编程原点:工件左端面与中心线交点		
程序段号	程序			说明		
N10	00010			内螺纹退刀槽加工程序(左刀点对刀)		
N20	M03 S300 M08			主轴正转,转速 300r/min,冷却液开		
N30	T0505			刀具选择		
N40	G00 X25 Z5			快速点定位,工件加工起始点		
N50	Z−20					
N60	G01 X31.4 F20			切槽		
N70	X25			退刀		
N80	G00 Z100					
N90	M05 M09			主轴停转,冷却液关		
N100	M30			程序结束,返回程序头		
程序号	00011			编程原点:工件左端面与中心线交点		
程序段号	程序			说明		
N10	00011			内螺纹加工程序		
N20	M03 S400 M08			主轴正转,转速 400r/min,冷却液开		
N30	T0606			刀具选择		
N40	G00 X25 Z5			快速点定位,工件加工起始点		
N50	G76 021060 Q100 R−100			内螺纹复合循环		
N55	G76 X30 Z−17 P1300 Q200 F2					
N60	G00 X25			退刀		
N70	Z100					
N80	M05 M09			主轴停转,冷却液关		
N90	M30			程序结束,返回程序头		

本章项目实操　数控车削加工实训课题

实训课题一:

1. 实训目的和要求

(1) 提高零件加工工艺分析能力,合理制定零件的加工工艺。

（2）熟练掌握锥度的计算、编程及检验方法。

（3）能够合理安排加工路线和选择切削用量，提高加工质量。

2. 零件图

加工图 5-19 所示零件。毛坯为 ϕ45mm×140mm 的棒料，材料为 45 钢。

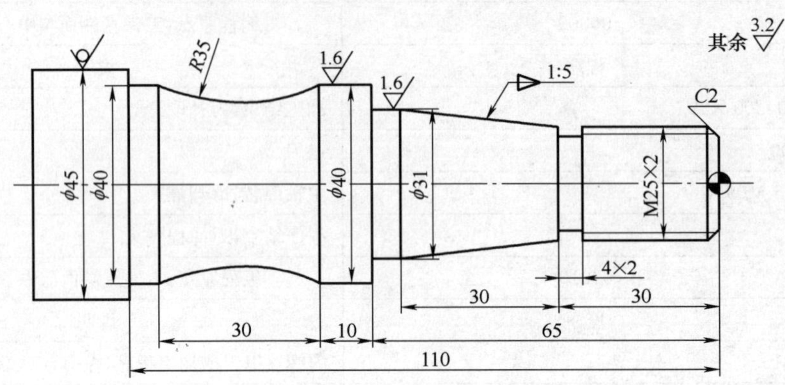

图 5-19　实训课题一图样

实训课题二：

1. 实训目的和要求

（1）熟练掌握车削普通螺纹的基本方法。

（2）能够控制螺纹加工的表面质量及尺寸精度。

（3）掌握程序编制时尺寸公差的处理方法。

（4）掌握图纸上自由公差尺寸的处理方法。

2. 零件图

加工图 5-20 所示零件。毛坯为 ϕ40mm×90mm 的棒料，材料为 45 钢。

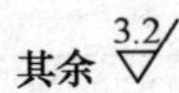

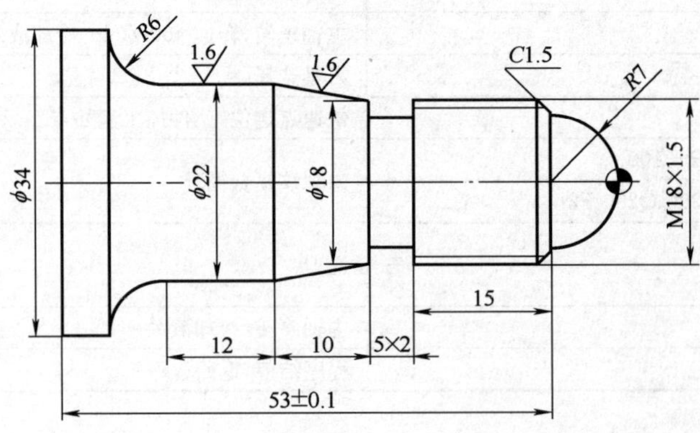

图 5-20　实训课题二图样

实训课题三：

1. 实训目的和要求

（1）提高零件加工工艺分析能力，合理制定零件的加工工艺。

（2）能够掌握常用车床夹具的使用方法。

（3）掌握零件调头后工件坐标系如何准确偏移。

2. 零件图

加工图 5-21 所示零件。毛坯为 ϕ32mm×85mm 的棒料，材料为铝合金。

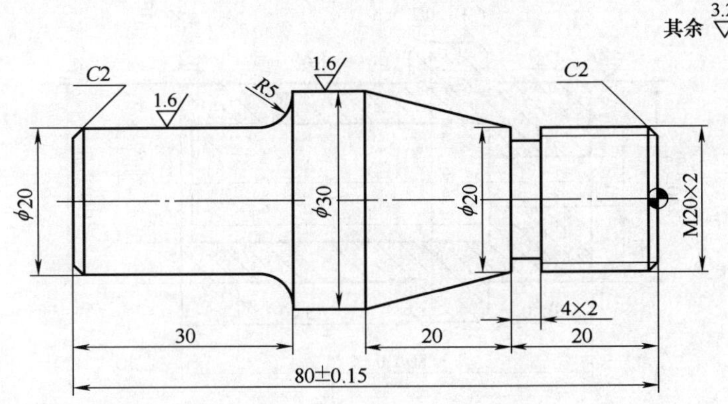

图 5-21 实训课题三图样

实训课题四：

1. 实训目的和要求

（1）掌握游标卡尺、千分尺、螺纹中径千分尺等的测量与读数方法。

（2）根据零件图，按照工艺要求进行数控编程与检验。

（3）用调试好的程序进行数控加工并保证工件质量。

2. 零件图

加工图 5-22 所示零件。毛坯为 ϕ28mm×68mm 的棒料，材料为黄铜。

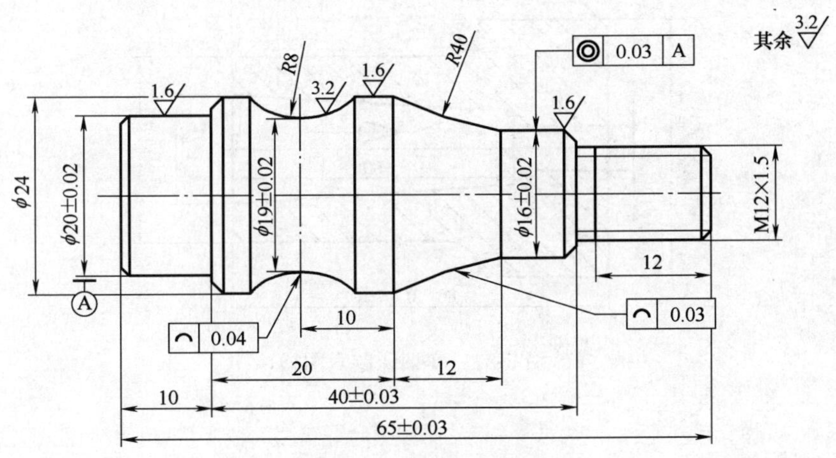

图 5-22 实训课题四图样

实训课题五：

1. 实训目的和要求

（1）掌握内径游标卡尺、千分尺等的内径测量与读数方法。

（2）根据零件图，按照工艺要求编制加工工艺并编程。

(3) 用调试好的程序进行数控加工并保证工件质量。

2. 零件图

加工图 5-23 所示零件。毛坯为 ϕ60mm×100mm 的棒料，材料为 45 钢。

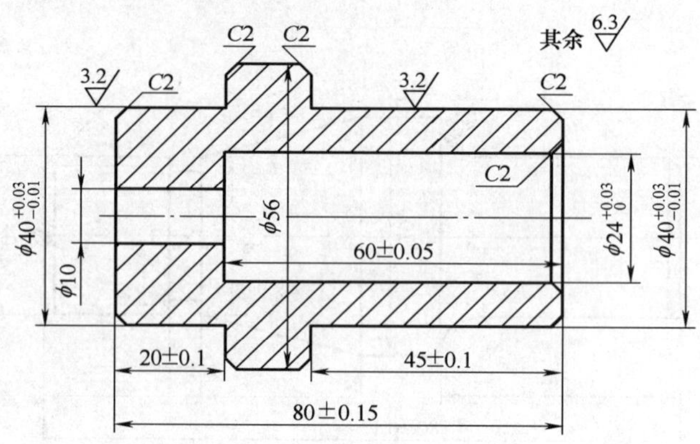

图 5-23　实训课题五图样

实训课题六：

1. 实训目的和要求

(1) 掌握锥度的测量与检验方法。

(2) 根据零件图要求，编制加工工艺并编程。

(3) 用调试好的程序进行数控加工并保证工件质量。

2. 零件图

加工图 5-24 所示零件。毛坯为 ϕ60mm×100mm 的棒料，材料为 45 钢。

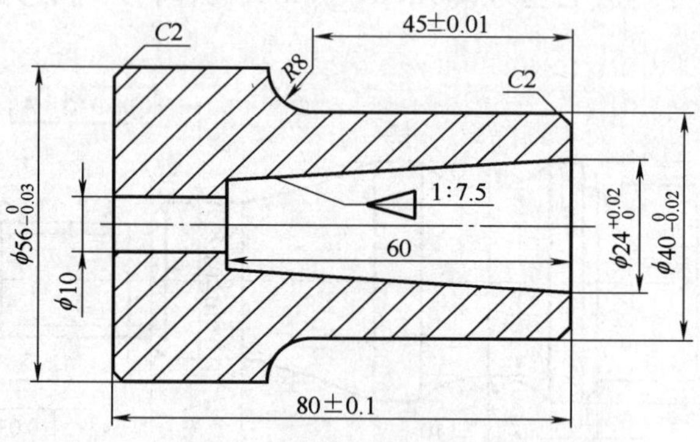

图 5-24　实训课题六图样

第六章　数控铣床加工实训指导

不同厂家生产的数控铣床配备的数控系统各不相同，操作上有一定差异，但基本功能和操作理念也基本相同。只要掌握一种系列数控系统的操作方法，其他系统的操作也不难理解。下面介绍华中世纪星数控系统的操作方法和编程实例。

第一节　HNC 21M 数控铣床操作面板

1. HNC 21M 数控铣床系统的 MDI 面板

如图 6-1 所示为 HNC 21M 数控铣床系统的标准面板。其中右上半部分为 MDI 键盘。左上部分为 CRT 界面、坐标位置和各个菜单。下半部分是机床操作面板。MDI 键盘用于程序编辑、参数输入等功能。MDI 键盘上各个键的功能见表 6-1。

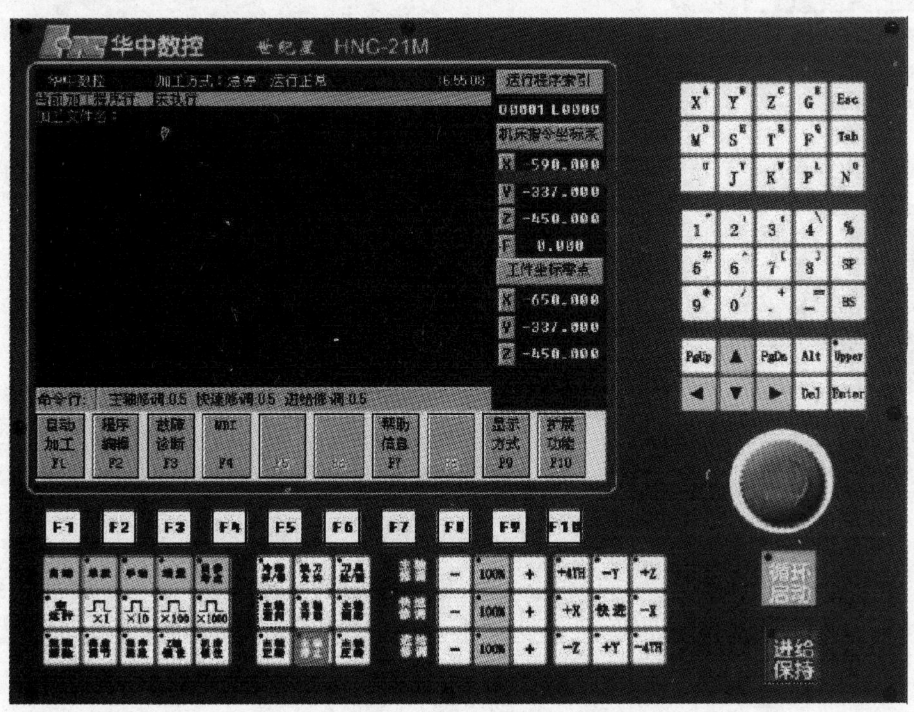

图 6-1　HNC 21M 数控铣床控制面板

2. 菜单命令条说明

数控系统屏幕的下方就是菜单命令条，如图 6-2 所示。

图 6-2　菜单命令条

表 6-1　　　　**MDI 键盘上各个键的功能**

键的外形标志	键的名称	功　能
PgUp　PgDn	页面变换键	软键 PgUp 实现左侧 CRT 中显示内容的向上翻页；软键 PgDn 实现左侧 CRT 显示内容的向下翻页
▲ ◀ ▼ ▶	光标移动键	移动 CRT 中的光标位置。软键 ▲ 实现光标的向上移动；软键 ▼ 实现光标的向下移动；软键 ◀ 实现光标的向左移动；软键 ▶ 实现光标的向右移动
X^A Y^B Z^C G^E M^D S^H T^R F^Q I^U J^V K^W P^L	字母键	实现字符的输入，点击 Upper 键后再点击字符键，将输入右上角的字符
Esc	取消键	取消当前操作
Tab	跳挡键	按一下此键，光标向前跳到当前行首
1" 2' 3' 4\ 5# 6^ 7[8] 9* 0/ .+ -=	数字键	实现字符的输入
BS	退格键	删除光标前的一个字符，光标向前移动一个字符位置，余下字符左移一个字符位置
SP	空格键	按下此键，光标向右空移出一格
Upper	上挡键	按下此键后，再按数字、字母键，则输入键上方的数字或字母
Alt	替换键	字符替换
Del	删除键	删除光标所在位置的数据；或者删除一个数控程序；或者删除全部数控程序
Enter	输入键	输入信息确认键

由于每个功能包括不同的操作，在主菜单条上选择一个功能项后，菜单条会显示该功能下的子菜单。例如，按下主菜单条中的“自动加工”后，就进入自动加工的子菜单条，如图 6-3 所示。

图 6-3 “自动加工”子菜单条

每个子菜单条的最后一项都是“返回”项，按该键就能返回上一级菜单。

3. 快捷键说明

如图 6-4 所示，这些是快捷键，它们的作用和菜单命令条是一样的。

F1 F2 F3 F4 F5 F6 F7 F8 F9 F10

图 6-4 快捷键

在菜单命令条及弹出菜单中，每一个功能项的按键上都标注了 F1，F2 等字样，表明要执行该项操作也可以通过按下相应的快捷键来执行。

4. 机床操作面板说明

如图 6-1 所示 HNC 21M 数控铣床系统的标准面板中的下半部分为数控铣床的操作面板。操作面板上各个键的功能见表 6-2。

表 6-2　操作面板按钮说明

按　钮	名　称	功 能 说 明
	自动运行	此按钮被按下后，系统进入自动加工模式
	程序单段执行	此按钮被按下后，运行程序时每次执行一条数控指令
	机床锁住	用来禁止机床坐标轴移动。显示屏上的坐标轴仍会发生变化，但机床停止不动
	空运行	在自动方式下，按下该键（指示灯亮），程序中编制的进给速率被忽略，坐标轴以最大快移速度移动
	进给保持	程序运行暂停，在程序运行过程中，按下此按钮运行暂停。按“循环启动”恢复运行 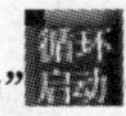
	循环启动	程序运行开始；系统处于“自动运行”或“MDI”位置时按下有效，其余模式下使用无效
	回参考点	机床处于回零模式；机床必须首先执行回零操作，然后才可以运行
	手动	机床处于手动模式，可以手动连续移动
	换刀允许	在手动方式下，通过按此键，使得允许刀具松/紧操作有效
	刀具松开或夹紧	按一下此键，松开此键（默认为夹紧）。再按一下又为夹紧刀具

续表

按　钮	名　称	功　能　说　明
+4TH -Y +Z +X 快进 -X -Z +Y -4TH	进给轴和方向选择开关	在手动连续进给、增量进给和返回机床参考点运行方式下，用来选择机床欲移动的轴和方向。其中的快进为快进开关。当按下该键后，该键左上方的指示灯亮，表明快进功能开启。再按一下该键，指示灯灭，表明快进功能关闭
快速修调 - 100% +	快速修调	自动或 MDI 方式下，可用快速修调右侧的100%和+ -键，修调 G00 快速移动时系统参数“最大快移速度”设置的速度。按100%指示灯亮，快速修调倍率被置为 100%，按一下+，快速修调倍率递增 10%；按一下-，快速修调倍率递减 10%
主轴修调 - 100% +	主轴修调	在自动或 MDI 方式下，当 S 代码的主轴速度偏高或偏低时，可用主轴修调右侧的100%和+ -键，修调程序中编制的主轴速度。按100%指示灯亮，主轴修调倍率被置为 100%，按一下+，主轴修调倍率递增 5%；按一下-，主轴修调倍率递减 5%
进给修调 - 100% +	进给修调	自动或 MDI 方式下，当 F 代码的进给速度偏高或偏低时，可用进给修调右侧的100%和+ -键，修调程序中编制的进给速度。按100%指示灯亮，进给修调倍率被置为 100%，按一下+，主轴修调倍率递增 10%；按一下-，主轴修调倍率递减 10%
	急停按钮	按下急停按钮，使机床移动立即停止，并且所有的输出如主轴的转动等都会关闭
超程解除	超程解除	当机床运动到达行程极限时，会出现超程，系统会发出警告音，同时紧急停止。要退出超程状态，可按下该键（指示灯亮），再按与刚才相反方向的坐标轴键
主轴正转 主轴停止 主轴反转	主轴控制按钮	从左至右分别为：正转、停止、反转
机床锁住	机床锁住	禁止机床所有运动。在自动运行开始前，按一下此键，再按循环启动，系统执行程序，显示屏上的坐标位置信息变化，但不输出伺服轴的移动指令，机床停止不动。这个功能用于校验程序

续表

按　钮	名　称	功能说明
X1 X10 X100 X1000	增量值选择键	在增量运行方式下，用来选择增量进给的增量值。X1为0.001mm，X10为0.01mm，X100为0.1mm，X1000为1mm。增量值选择键的各键互锁，当按下其中一个时(该键左上方的指示灯亮)，其余各键失效(指示灯灭)
增量	增量键	进入增量运行方式

第二节　HNC 21M数控铣床操作

1. 开机操作

(1) 机床上电，即合上机床电器柜上的空气开关。

(2) 数控系统上电，系统开始初始化设置，并进入软件操作界面。

(3) 按下操作面板上的急停按钮并右旋释放，使系统复位，接通伺服电源。

(4) 低速旋转主轴，检查润滑泵油量，对机床加油润滑。

2. 关机操作

(1) 手动移动工作台和主轴，使工作台停在机床重心处，主轴远离台面。

(2) 按下系统面板上的回参考点按钮，使系统处于回参考点工作方式。

(3) 按下急停按钮，切断伺服电源。

(4) 断开机床电器柜上的空气开关。

3. 机床回参考点操作

检查操作面板上回零指示灯是否亮，若指示灯亮，则已进入回零模式；若指示灯不亮，则点击按钮，使回零指示灯亮，转入回零模式。

在回零模式下，点击控制面板上的+X按钮，此时X轴将回零，CRT上的X坐标变为“0.000”。同样，分别再点击+Y，+Z，可以将Y、Z轴回零。

注意：

① 在每次电源接通后，必须先完成各轴的返回参考点操作，然后再进入其他运行方式，以确保各轴坐标的正确性。

② 同时按下X，Y，Z轴向选择按键，可使X，Y，Z轴同时返回参考点。

③ 在回参考点前，应确保回零轴位于参考点的“回参考点方向”相反侧（如X轴的回参考点方向为负，则回参考点前，应保证X轴当前位置在参考点的正向侧）；否则应手动移动该轴直到满足此条件。

④ 在回参考点过程中，若出现超程，请按住控制面板上的“超程解除”按键，向相反方向手动移动该轴使其退出超程。

4. 手动/增量方式

在手动/连续加工或在对刀，需精确调节机床时，可用增量方式调节机床。

可以用点动方式精确控制机床移动，点击增量按钮，切换机床进入增量模式，表示点动的倍率，同样也是配合移动按钮、、来移动机床，也可采用手轮方式精确控制机床移动选择旋钮和手轮移动量旋钮，调节手轮，进行微调使机床移动达到精确。

注意：使用点动方式移动机床时，手轮的选择旋钮需置于OFF挡。

5. MDI（手动数据输入）运行操作

在主菜单下按F4（MDI方式）键进入MDI功能子菜单，如图6-5所示。在MDI功能子菜单下按F6，进入MDI运行方式，命令行的底色变成了白色，并且有光标在闪烁，如图6-6所示。

图6-5　MDI功能子菜单

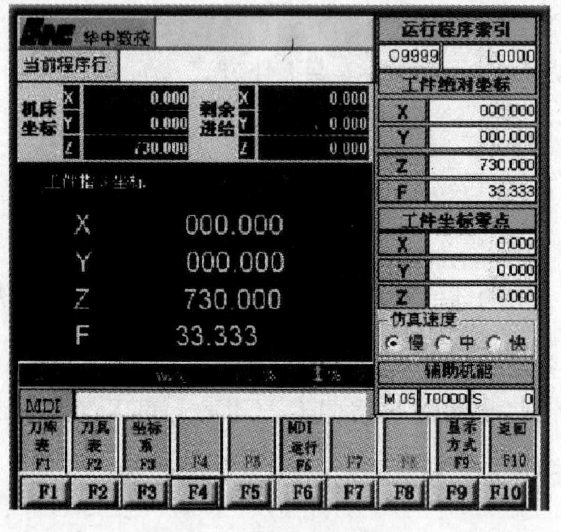

图6-6　MDI运行模式

这时可以从CNC键盘输入并执行一个G代码指令段，即“MDI运行”。

注意：

(1) 自动运行过程中，不能进入MDI运行方式，可在进给保持后进入。

(2) MDI输入的最小单位是一个有效指令字。因此，输入一个MDI运行指令段可以有下述两种方法：

① 一次输入，即每次输入多个指令字的信息；

② 多次输入，即每次输入一个指令字信息。

(3) 在输入命令时，可以在命令行看见输入的内容，在按Enter键之前，发现输入错误，可用BS和光标移动键进行编辑；按Enter键后，系统若发现输入错误，会提示相应的错误信息。

(4) 在输入完一个MDI指令段后，在自动方式或单段方式下按一下操作面板上的“循环启动”键，系统即开始运行所输入的MDI指令。如果输入的MDI指令信息不完整或存在语法错误，系统会提示相应的错误信息，此时不能运行MDI指令。在运行MDI指令段之前，如果要修改输入的某一指令字，可直接在命令行上输入相应的指令字符及数值。

6. 超程与超程解除

在伺服轴行程的两端各有一个极限开关，作用是防止伺服机构碰撞而损坏。每当伺服机构碰到行程极限开关时，就会出现超程。当某轴出现超程（超程解除按键内红色指示灯亮）时，系统视其状况为紧急停止，要退出超程状态时，操作方法如下：

（1）松开按钮，置工作方式为“手动”方式；

（2）一直按压着超程解除按键；

（3）在手动方式下，使该轴向相反方向退出超程状态；

（4）松开超程解除按键。

若显示屏上运行状态栏“运行正常”取代了“出错”，表示恢复正常，可以继续操作。

注意：在退出超程状态时请务必注意移动方向及进给速度的控制，以免发生撞机。

7. 急停及复位操作

在自动加工过程，操作者若发现异常现象，可按下红色的按钮，则机床主运动和进给运动全部停止；若要解除急停报警，只需轻轻旋转按钮复位，切忌用力向上拔出按钮，否则该键易被拉断。

8. 主轴控制

在手动方式下，按一下主轴正转按键（指示灯亮），主电机以手动换挡设定的转速正转，直到按压主轴停止或主轴反转按键。在手动方式下，按一下主轴反转按键（指示灯亮），主电机以机床参数设定的转速反转，直到按压“主轴停止”或主轴正转按键。在手动方式下，按一下主轴停止按键（指示灯亮），主电机停止运转。

注意：

①“主轴正转”、“主轴反转”和“主轴停止”这3个按键互锁，即按下其中一个（指示灯亮），其余两个会失效（指示灯灭）。

② 在手动方式下，可用“主轴点动”按键，点动转动主轴。机床锁住禁止机床所有运动，在手动运行方式下，按一下机床锁定按键（指示灯亮），再进行手动操作，系统继续执行，显示屏上的坐标轴位置信息变化，但不输出伺服轴的移动指令，所以机床停止不动。若弹起机床锁定按键（指示灯灭），则可解除机床锁住状态。

9. 程序输入

在软件操作主界面下按F2键进入编辑功能子菜单，如图6-7所示。在主菜单中按下F2，再按下F10（▲），进入其子菜单中，新建一个文件进行编辑的操作步骤如下：

（1）选择F2“选择编辑程序”菜单，如图6-8中，用▲，▼键选中“磁盘程序”选项；

（2）按Enter键，弹出如图6-9所示对话框；

（3）选择新文件的路径；

(4) 按 Tab 键将蓝色亮条移到“文件名”栏；

(5) 按Enter进入输入状态（蓝色亮条变为闪烁的光标）；

(6) 在“文件名”栏输入新文件的文件名，如“O2000”；

(7) 按Enter键，系统将自动产生一个 0 字节的空文件；

(8) 光标进入编辑区，并可输入程序，并对程序进行编辑，最后按 F4（保存文件），按 F10（▲）返回主菜单。

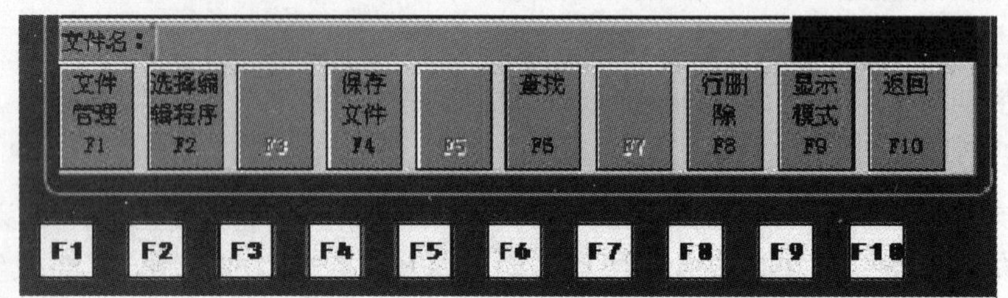

图 6-7　编辑功能子菜单

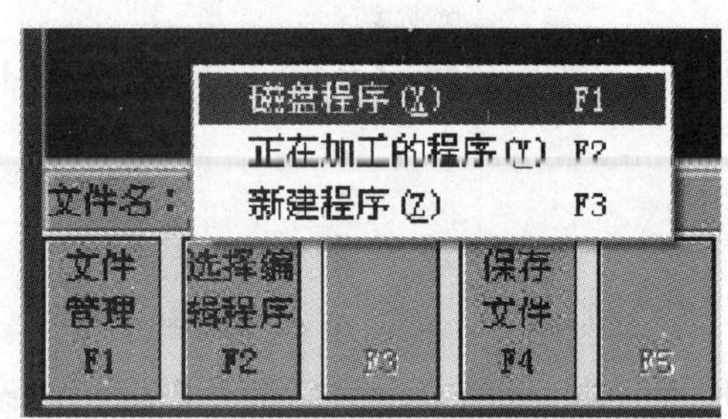

图 6-8　选择编辑程序

图 6-9　选择要编辑的零件程序

注意：

① 数控零件程序文件名一般是由字母 O 开头后跟四个（或多个）数字组成，HNC 21M 继承了这一传统，缺省认为零件程序名是由 O 开头的；

② HNC 21M 扩展了标识零件程序文件的方法，可用任意 DOS 文件名（即 8+3 文件名，1～8 个字母或数字后加点再加 0～3 个字母或数字组成，如 MYPART.001，O5678 等）标识零件程序。

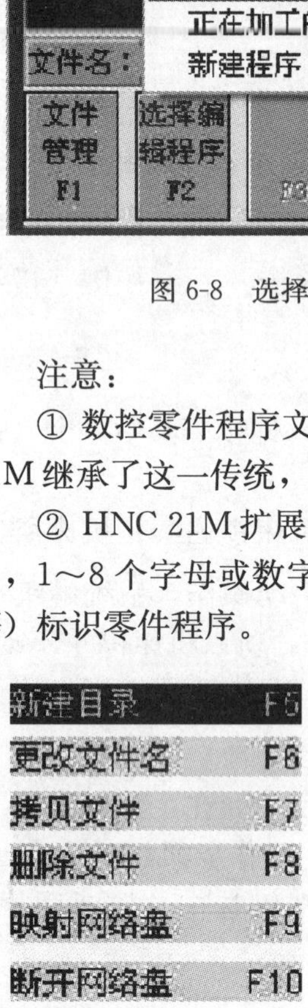

新建目录　F5
更改文件名　F6
拷贝文件　F7
删除文件　F8
映射网络盘　F9
断开网络盘　F10

图 6-10　文件管理菜单

10. 文件管理

在编辑子菜单下按 F1 键，将弹出如图 6-10 所示的文件管理菜单。其中每一项的功能如下：

(1) 新建目录　在指定磁盘或目录下建立一个新目录，但新目录不能和已存在的目录同名。

(2) 更改文件名　将指定磁盘或目录下的一个文件更名为其他文件，但更改的新文件不能和已存在的文件同名。

(3) 拷贝文件　将指定磁盘或目录下的一个文件拷贝到其他的磁盘或目录下，但拷贝的文件不能和目标磁盘或目录下的文件同名。

(4) 删除文件 将指定磁盘或目录下的一个文件彻底删除，只读文件不能被删除。

(5) 映射网络盘 将指定网络路径映射为本机某一网络盘符，即建立网络连接，只读网络文件编辑后不能被保存。

(6) 断开网络盘 将已建立网络连接的网络路径与对应的网络盘符断开。

(7) 接收串口文件 通过串口接收来自上位计算机的文件。

(8) 发送串口文件 通过串口发送文件到上位计算机。

11. 程序运行

(1) 选择运行程序 在自动加工子菜单中，按 F1 键将弹出“选择运行程序”子菜单的对话框，按 Esc 键可取消该菜单。

(2) 选择磁盘程序的操作步骤

1) 在选择程序菜单中用▲，▼键选中磁盘程序选项或直接按快捷键 F1，下同。

2) 按Enter键。

3) 如果选择缺省目录下的程序跳过步骤 4)～7)。

4) 连续按 Tab 键将蓝色亮条移到搜寻栏。

5) 按▼键弹出系统的分区表用▲，▼选择分区。

6) 按Enter键，文件列表框中显示被选分区的目录和文件。

7) 按 Tab 键进入文件列表框。

8) 用▲▼◀▶键选定所需程序，按Enter键选中想要运行的磁盘程序的名称，如当前目录下的%1234。

9) 按Enter键，如果被选文件不是零件程序将弹出对话框不能调入文件，提示文件类型错。否则直接调入文件到运行缓冲区进行加工。

(3) 选择正在编辑的程序的操作步骤

1) 在选择运行程序菜单中用▲，▼选中正在编辑的程序选项。

2) 按Enter键，显示器将调入正在编辑的程序文件到运行缓冲区。

(4) 程序校验

1) 选择要校验的加工程序。

2) 按机床控制面板上的“自动”按键进入程序运行方式。

3) 在程序运行子菜单下按 F3 键，此时软件操作界面的工作方式显示改为“校验运行”。

4) 按机床控制面板上的“循环启动”按键，程序校验开始。

5) 若程序正确，校验完后，光标将返回到程序头，且软件操作界面的工作方式显示改回为“自动”；若程序有错，命令行将提示程序的哪一行有错。

注意：

① 校验运行时，机床不动作。

② 为确保加工程序正确无误，请选择不同的图形显示方式来观察校验运行的结果。

12. 程序启动、暂停、终止和再启动

(1) 启动自动运行 系统调入零件加工程序经校验无误后可正式启动运行：

1）按一下机床控制面板上的自动按键，指示灯亮，进入程序运行方式；

2）按一下机床控制面板上的循环启动按键，指示灯亮，机床开始自动运行调入的加工程序。

（2）暂停运行　在程序运行的过程中需要暂停运行可按下述步骤操作：

1）在程序运行子菜单下按 F7 键，弹出如图 6-11 所示对话框；

2）按确定键，则暂停程序运行并保留当前运行程序的模态信息。

（3）终止运行　在程序运行的过程中需要终止运行可按下述步骤操作：

1）在程序运行子菜单下按 F7 键，弹出如图 6-12 所示对话框。

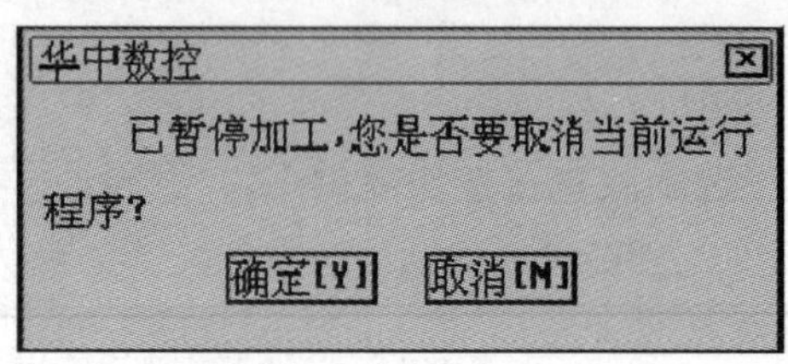

图 6-11　暂停运行对话框

图 6-12　终止运行对话框

2）按确定键，则终止程序运行并卸载当前运行程序的模态信息。

（4）暂停后的再启动　在自动运行暂停状态下，按一下机床控制面板上的循环启动按键，系统将从暂停前的状态重新启动继续运行。

（5）重新运行　在当前加工程序终止自动运行后，希望从程序头重新开始运行时可按下述步骤操作：

图 6-13　重新运行对话框

1）在程序运行子菜单下，按 F4 键弹出如图 6-13 所示对话框；

2）按确定键则光标将返回到程序头，按取消键则取消重新运行；

3）按机床控制面板上的循环启动按键，从程序首行开始重新运行当前加工程序。

13. 空运行

在自动方式下，按一下机床控制面板上的空运行按键，指示灯亮，CNC 处于空运行状态。程序中编制的进给速率被忽略，坐标轴以最大快移速度移动。空运行不做实际切削，目的在于确认切削路径及程序。在实际切削时，应关闭此功能，否则可能会造成危险。此功能对螺纹切削无效。

14. 单段运行

按一下机床控制面板上的单段按键，指示灯亮，系统处于单段自动运行方式，程序控制将逐段执行：

（1）按一下循环启动按键，运行一程序段，机床运动轴减速停止，刀具主轴电机停止运行。

（2）再按一下循环启动按键，又执行下一程序段，执行完后又再次停止。

15. 加工断点保存与恢复

一些大零件，特别是一些金属模具，其加工时间一般都会超过一个工作日，有时甚至需要好几天。如果能在零件加工一段时间后保存断点，让系统记住此时的各种状态，关断电源并在隔一段时间后打开电源恢复断点，让系统恢复上次中断加工时的状态，从而继续加工可为用户提供极大的方便。

（1）保存加工断点　保存加工断点的操作步骤如下：

1）在程序运行子菜单下按 F7 键，弹出如图 6-12 所示对话框；

2）按取消键暂停程序运行，但不取消当前运行程序；

3）按 F5 键，弹出如图 6-14 所示对话框；

4）选择断点文件的路径；

5）在文件名栏输入断点文件的文件名，如 PARTBRK1；

6）按Enter键，系统将自动建立一个名为 PARTBRK1. BP1 的断点文件。

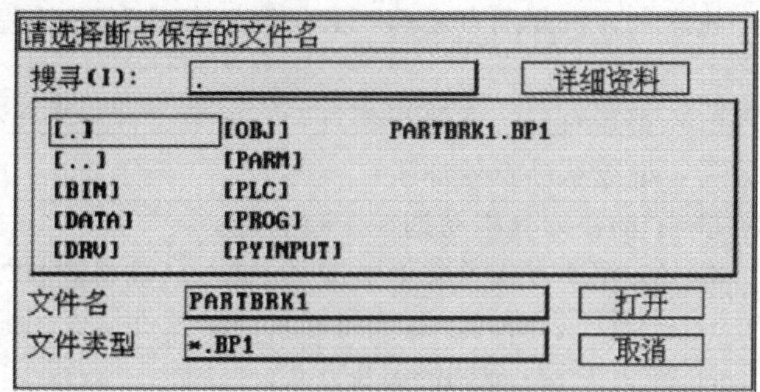

图 6-14　输入保存断点的文件名

注意：

① 按 F4 键，保存断点之前，必须在自动方式下装入了加工程序，否则系统会弹出对话框提示没有装入零件程序。

② 按 F4 键，保存断点之前，必须暂停程序运行否则系统会弹出对话框，提示有程序正在加工请先停止。

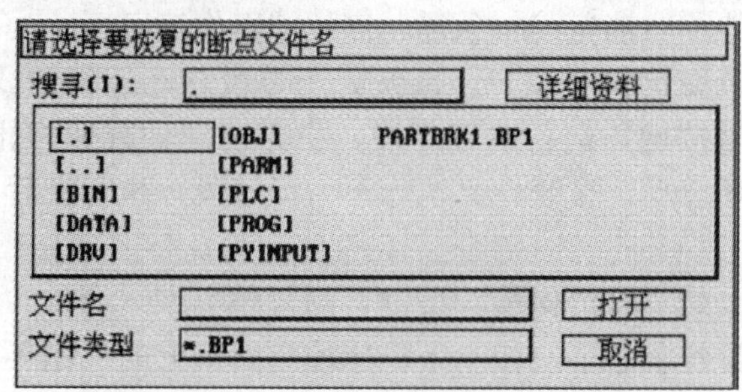

图 6-15　选择要恢复的断点文件名

（2）恢复断点　恢复加工断点的操作步骤如下：

1）如果在保存断点后关断了系统电源，则上电后首先应进行回参考点操作，否则直接进入步骤 2）；

2）按 F6 键，弹出如图 6-15 所示对话框；

3）选择要恢复的断点文件路径及文件名，如当前目录下的 PARTBRK1. BP1；

4）按Enter键，系统会根据断点文件中的信息恢复中断程序运行时的状态，并弹出如图 6-16 或图 6-17 所示对话框；

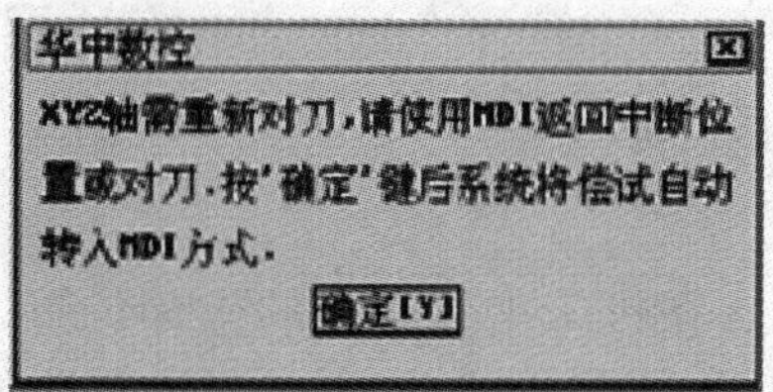

图 6-16　需要重新对刀

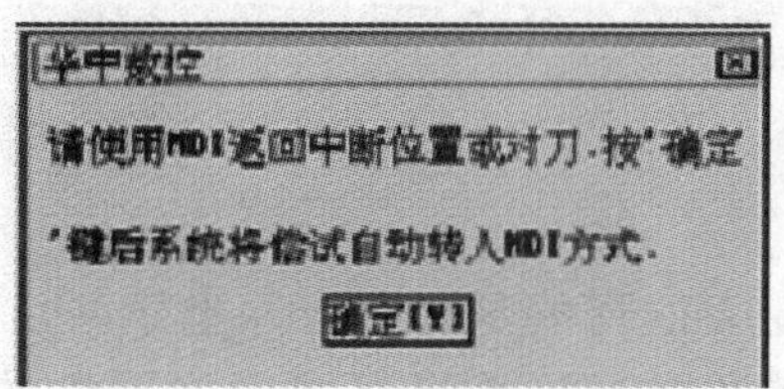

图 6-17　需要返回断点

5）按 Y 键系统自动进入 MDI 方式。

（3）定位至加工断点（F4） 如果在保存断点后移动过某些坐标轴，要继续从断点处加工，必须先定位至加工断点。

1）手动移动坐标轴到断点位置附近，并确保在机床自动返回断点时不发生碰撞。

2）在 MDI 方式子菜单下按 F4 键，自动将断点数据输入 MDI 运行程序段。

3）按循环启动键，启动 MDI 运行，系统将移动刀具到断点位置。

4）按 F10 键，退出 MDI 方式，定位至加工断点后，按机床控制面板上的循环启动键，即可继续从断点处加工了。

注意：在恢复断点之前，必须装入相应的零件程序，否则系统会提示不能成功恢复断点。

（4）重新对刀 在保存断点后，如果工件发生过偏移需重新对刀，可使用本功能重新对刀后，继续从断点处加工：

1）手动将刀具移动到加工断点处。

2）在 MDI 方式子菜单下按 F5 键，自动将断点处的工作坐标输入 MDI 运行程序段。

3）按循环启动键，系统将修改当前工件坐标系原点，完成对刀操作。

4）按 F10 键，退出 MDI 方式。

重新对刀并退出 MDI 方式后，按机床控制面板上的循环启动键，即可继续从断点处加工。

16. 自动加工

将数控铣床控制面板上的工作方式旋钮对齐“自动”方式，系统处于自动运行方式，在自动加工状态下，选择加工程序后再按下“循环启动”键，就可进行自动加工。在自动加工期间，可分别进行程序单段、进给保持、取消运行、急停、复位等操作练习。

在操作面板上将加工方式旋钮转向“单段运行”位置，系统处于单段自动运行方式，程序控制将逐段执行；按一下“循环启动”按键，运行一程序段，机床运动轴减速停止，刀具、主轴电机停止运行；再按一下“循环启动”按键，又执行下一程序段，执行完后又再次停止。

在自动运行时，按一下机床控制面板上的“进给保持”按键，则暂停程序运行，并保留当前运行程序的模态信息。在自动运行暂停状态下，按一下机床控制面板上的“循环启动”按键，系统将从暂停前的状态重新启动，继续运行。

在程序运行的过程中，需要终止运行，可在程序运行子菜单下，按 F7（停止运行）键，再按“Y”键则终止程序运行，并卸载当前运行程序的模态信息。程序在非程序起点位置终止运行后，如要重新运行，需要重新对刀，并选择加工程序从程序头重新启动运行。

第三节 对刀操作

对刀的目的是建立工件坐标系，即确定工件原点在机床坐标系中的坐标位置。机床对刀操作的准确性将直接影响零件的加工精度，因此是数控机床操作中最重要的内容之一。

对刀操作包括 X、Y 向对刀和 Z 向对刀。如果加工零件工艺复杂，在加工过程中需使用多把刀具，则需首先进行基准刀具的对刀操作，然后进行非基准刀具的对刀操作，以确定非基准刀具相对基准刀具的长度补偿量。通常，如果条件允许，刀具长度补偿量的确定首选机外对刀方式，这种方法具有占机时间短，精度高、操作快捷等特点；如果不具备机外对刀仪，也可采用其他对刀方法，例如试切法对刀、寻边器对刀等。其中试切法对刀精度较低，因此这种方法的使用要根据具体零件的加工精度要求而定。在机床操作中更多使用的是寻边器和 Z 向定位器（或块规）对刀，这种对刀方法效率也比较高，且能保证对刀精度。

一、对刀方法

1. 常用的对刀工具

（1）寻边器　寻边器主要用于确定工件原点在机床坐标系中的 X、Y 坐标值，也可用于测量工件的基本尺寸。

常用的寻边器有偏心式和光电式两种。其结构如图 6-18 所示。其中光电式较为常用。光电式寻边器的测头一般是直径为 10mm 的钢球，用弹簧拉紧在光电式寻边器的测杆上，碰到工件时其内部电路导通并发出光信号，以告知操作人员寻边器测头已接触被测零件表面，这样操作人员即可根据光电式寻边器的指示完成对刀操作，建立工件坐标系。注意与偏心式寻边器不同的是光电式寻边器在对刀时主轴不能旋转。

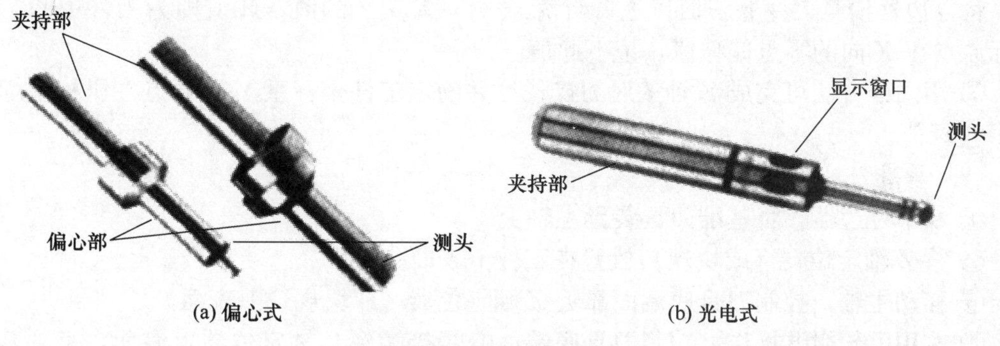

图 6-18　寻边器

（2）Z 轴定位器　Z 轴定位器主要用于确定工件坐标系 Z 轴原点在机床坐标系的位置，或用于确定刀具刀位点在机床坐标系中的 Z 坐标。

Z 轴定位器一般有光电式和指针式两种。操作人员根据光电指示或指针指示判断刀具与定位器是否接触，对刀精度一般可达 0.005mm。Z 轴定位器带有磁性表座，可以牢固地附着在工件或夹具上，其高度一般为 50mm 或 100mm，如图 6-19 所示。

(a) 光电式

(b) 指针式

图 6-19　Z 轴定位器

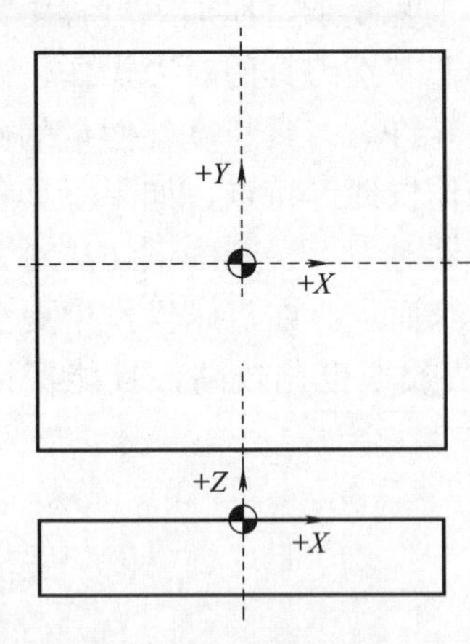

图 6-20 工件原点位置

2. 对刀操作实例

毛坯为 100mm×100mm×50mm 的板料，采用平口虎钳装夹。采用光电式寻边器和 Z50mm Z 轴定位器(50mm 块规)。将工件坐标系原点建立在毛坯上表面的对称中心位置，如图 6-20 所示。对刀操作过程如下(注意主轴不能转动)。

(1) 基准刀具的 X、Y 轴对刀操作

① 控制机床返回参考点。

② 将工件通过平口虎钳装夹在工作台上，装夹时要将工件的四个侧面高出虎钳钳口 10mm 以上，以便留出寻边器的测量位置。

③ 移动工作台控制寻边器测头靠近工件的左侧面后下移 Z 轴。

④ 改用手轮微调操作，让测头慢慢接触到工件直到寻边器发光，记下此时 X_1 坐标值。

⑤ 抬起寻边器至工件上表面以上，控制工作台沿 X 正方向移动，使测头靠近工件右侧面，然后下移 Z 轴。

⑥ 改用手轮微调操作，让测头慢慢接触到工件直到寻边器发光，记下此时的 X_2 坐标值。将寻边器抬至工件上表面以上。计算 $(X_1+X_2)/2$ 的值，此值即为工件中心与机床坐标原点在 X 向的零点偏移值，记下此值。

⑦ 用同样方法可完成 Y 轴的对刀操作，并确定工件坐标系 Y 轴原点在机械坐标系中的 Y 坐标值。

(2) 基准刀具的 Z 轴对刀

① 卸下寻边器，将基准刀具装到主轴上。

② 将 Z 轴定位器（或块规）放置在工件上表面。

③ 移动主轴，控制刀具底端面靠近 Z 轴定位器（或块规）上表面。

④ 改用手轮微调操作，控制刀具底端面慢慢接触到 Z 轴定位器上表面，直到其指针指示到零位（或将刀具底端面慢慢接触到块规上表面，并使块规在刀具和工件上表面之间移动时有一定的阻力）。这时记下 Z 轴的坐标值 Z_1，计算（Z_1＋Z 轴定位器的高度值），得到刀具的 Z 向零点偏移值。

⑤ 在 MDI 功能子菜单下按 F3 键，进入坐标系手动数据输入方式，图形显示窗口首先显示 G54 坐标系数据。

⑥ 按 Pgdn 或 Pgup 键选择要输入的数据类型，G55，G56，G57，G58，G59 坐标系，当前工件坐标系的偏置值（坐标系零点相对于机床零点的值），或当前相对值零点。

⑦ 如图 6-21 所示，在 MDI 命令行输入所需程序原点的机床坐标，如 X__Y__Z__，并按 Enter 键，将设置 G54 坐标系的 X、Y、Z 偏置。

⑧ 若输入正确，图形显示窗口相应位置将显示修改过的值。

⑨ 将机床工作方式设为自动方式，按下循环启动键，则软件界面右侧的工件坐标零点显示的数据与输入的数据一致。

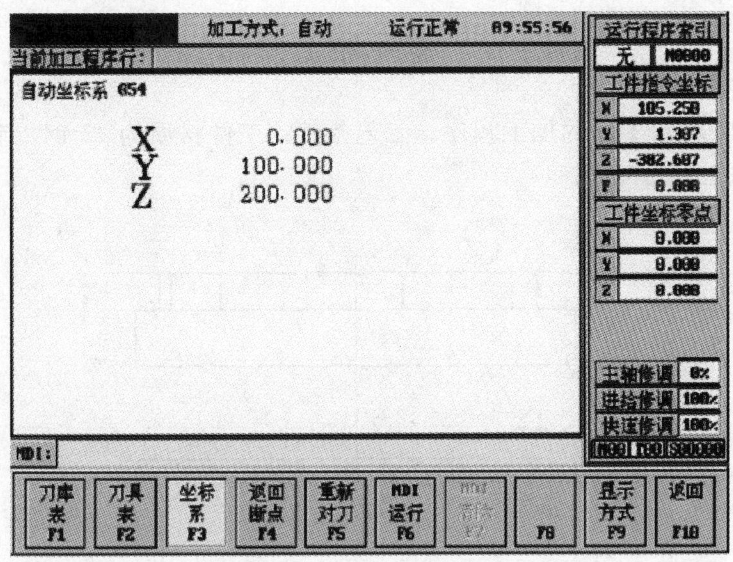

图 6-21　MDI 方式下的坐标系设置

注意：

① 自动加工程序前，需要将程序原点的机床坐标输入到数控系统软件的坐标系中。

② 编辑的过程中，在按 Enter 键之前，按 Esc 键可退出编辑，但输入的数据将丢失，系统将保持原值不变。

（3）非基准刀具的对刀　将完成对刀操作的基准刀具从主轴上卸下，换上非基准刀 T02。非基准刀具的对刀操作过程如下。

① T02 的 X、Y 轴不需要重新对刀。

② 控制 T02 刀具接近工件上表面的 Z 轴定位器（或块规）后，改用手轮微调控制 T02 刀具接触 Z 轴定位器（或块规）上表面，直到其指针指示到零位（或将刀具底端面慢慢接触到块规上表面，并使块规在刀具和工件上表面之间移动时有一定的阻力）；记录此时 CRT 屏幕上的 Z 轴坐标值，如 69.346。将此值减去 Z 轴定位器（或块规）的高度值 50.0mm 即可得到 T02 刀具的长度补偿值 H02＝69.346－50.0＝19.346。将此值输入到 2 号刀具的长度补偿地址中，这样就完成了 T02 刀具的对刀操作。其他非基准刀具的对刀操作与此类似，不再赘述。

二、对刀注意事项

在对刀操作过程中需注意以下问题：

（1）根据加工要求采用正确的对刀工具，控制对刀误差。

（2）在对刀过程中，可通过改变微调进给量来提高对刀精度。

（3）对刀时需小心谨慎操作，尤其要注意移动方向和移动速度，避免发生碰撞危险。

（4）对刀数据一定要存入与程序对应的存储地址，防止因调用错误而产生严重后果。

（5）要注意输入的刀具补偿值的大小和正负号要准确，以免影响加工精度甚至发生撞刀事故。

第四节 零件加工操作实例

编制图 6-22 所示零件的加工程序。工艺条件：工件材质为 45 钢，毛坯为 90mm×90mm×20mm 的立方体。

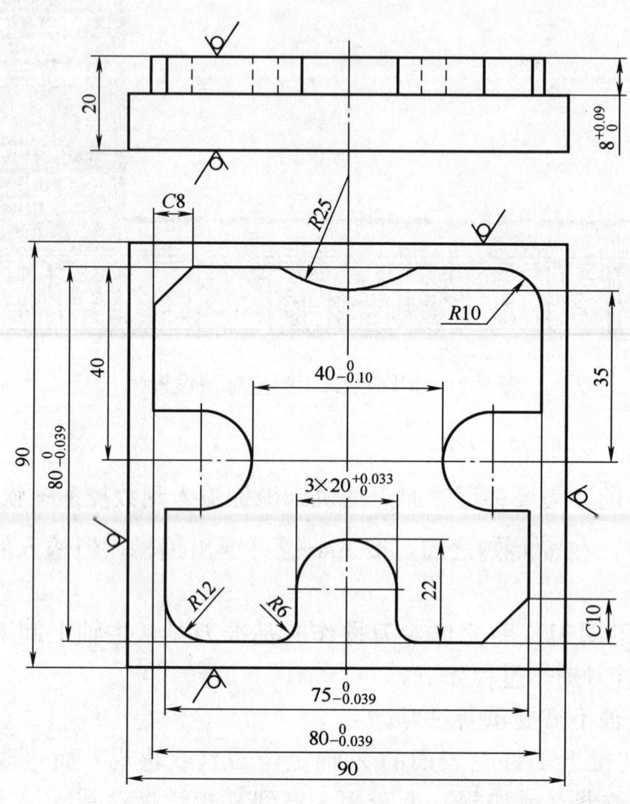

图 6-22 典型零件

一、工艺分析

1. 确定加工工艺

由于此工件只需铣削外轮廓，外轮廓又都仅为平面轮廓，并不复杂，轮廓尺寸变化也不大，所以通过改变刀具半径来对零件外轮廓进行粗、精加工各一次，就基本可以达到零件的精度要求；精铣加工余量单边取 0.3～0.5mm。

以工件上平面中心为工件编程原点编制数控铣削加工程序；起刀点选定在工件坐标系中的位置为（－65，0，80），采用延长线切入和延长线切出的方法顺时针铣削加工。

2. 刀具和夹具选择

由于工件材料为 45 钢，因此切削刀具选择 ϕ16mm 的高速钢立铣刀；夹具选择机用平口台虎钳。

二、程序设计

程序设计如下：

```
%0001
N10 G90 G17 G21 G94 G54;          工艺加工参数设置
N15 G00 Z80 S420 M03;             刀具快速至起刀点,主轴正转
N20 X-65 Y0;
N25 G01 Z-8 F65 M08;
N30 G41 G01 X-40 D01;
N35 Y40 C8;
N40 X-15;
N45 G03 X15 R25;
N50 G01 X40 R10;
N55 Y10;
N60 X30;
N65 G03 Y-10 R10;
N70 G01 X37.5;
N75 Y-40 C10;
N80 X10 R6;
N85 Y-28;
N90 G03 X-10 R10;
N95 G01 Y-40 R6;
N100 X-40 R12;
N105 Y-10;
N110 X-30;
N115 G03 Y10 R10;
N120 G01 X-50;
N125 G40 G01 X-80 Y0 M09;
N130 G00 Z80 M05;
N135 M30;
```

三、机床操作

1. 加工准备步骤

（1）阅读零件图，并按毛坯图检查坯料的尺寸。

（2）将机床强电柜上的总电源拨钮开关拨至“ON”，接通电源，显示屏由黑屏变为有文字显示。

（3）按住急停键并顺时针旋转一下，解除急停报警，系统完成上电复位。

（4）如果系统显示的当前工作方式不是回零方式，按一下控制面板上面的回参考点[回零]，使系统处于回参考点工作方式。

(5) 按下机床控制面板上的+X，这时机床快速移动，X 轴回到参考点后，按键内的指示灯亮。用同样的方法可以使 Y、Z 轴回参考点。回参考点后，即建立了机床坐标系。

(6) 按一下手动，系统处于手动方式，同时按下-X和快进，使工作台重心沿 $-X$ 方向移动。同样的方法使工作台重心沿 $-Y$、$-Z$ 方向移动。

2. 安装夹具

加紧工件时，用平行垫铁垫起毛坯，零件的底面要保证垫出一定厚度的标准块，用机用平口台虎钳装夹工件，使毛坯上表面伸出钳口 10～13mm。定位时，要用百分表调整工件与机床 X 轴的平行度，控制约为 0.02mm。

3. 程序输入

(1) 在屏幕下方功能主菜单操作界面下按 F3 键进入“新建程序”功能子菜单。

(2) 输入文件名“%PUPU”。

(3) 按Enter。键入程序号“%0001”，按Enter；换行后再输入下一个程序段内容。

(4) 同理，零件程序中余下的程序一一输入。

(5) 程序输入完毕，按下编辑程序子菜单中的“保存程序 F4”下方软键后 F4 软键泛蓝。

(6) 按Enter，程序存入磁盘。

4. 对刀操作步骤

(1) X、Y 向对刀

① 安装寻边器。

② 将主轴旋转（转速不宜过高，一般在 300r/min 之内），在工件上方将寻边器快速移至工件左方，Z 轴下降到一定深度，在手轮方式下将寻边器与工件侧面接触，快接近工件侧面时，要降低手轮倍率，此时记下机床 X 坐标 X_1。

③ 抬刀，Z 轴移动至工件上方，使主轴旋转，在工件上方将寻边器快速移至工件的右方，Z 轴下降到一定深度，在手轮方式下将寻边器与工件侧面接触，此时记下机床 X 坐标 X_2。

④ 手动抬刀，Z 轴移动至工件上方。计算 $(X_1+X_2)/2$ 的值，此值即为工件中心与机床坐标原点在 X 向的零点偏移值，记下此值。

⑤ 同样的方法，可找出工件中心与机床坐标原点在 Y 向的零点偏移值，记下此值。

(2) Z 轴对刀

① 卸下寻边器，安装切削刀具。安装时要严格按照装刀步骤来执行，并要检查刀具安装的牢固程度。

② 用已知厚度的塞尺、滚动的标准刀柄或 Z 轴定位器作为刀具与工件的中间衬垫以保护工件表面。在手轮方式下将刀具端齿与工件上的 Z 轴定位器（塞尺或滚动的标准刀柄），接触至调整好的 Z 轴定位器零点，这时记录下屏幕上显示的 Z 向机床坐标值 Z_1，然后将 Z_1 的值加上 Z 轴定位器的高度值（或塞尺厚度、标准刀柄直径）计算出刀具的 Z 向零点偏移值。

5. 刀具参数设置

(1) 坐标系偏置值设置

① 在系统功能主菜单下按下“设置 F5”功能软键，进入设置功能子菜单。

② 在设置功能子菜单下，按下“坐标系设定 F1”功能软键，显示坐标系手动数据设定图形窗口，首先显示 G54 坐标系数据。

③ 根据加工程序中所选择的工件坐标零点偏置寄存器号，本程序中选定的是 G54。

④ 在“坐标值:”命令行中输入上面对刀时所记录下来的 *X*、*Y*、*Z* 零点偏置值，输入“X－455.717 Y－250.664 Z－107.392”，如图 6-23 所示。

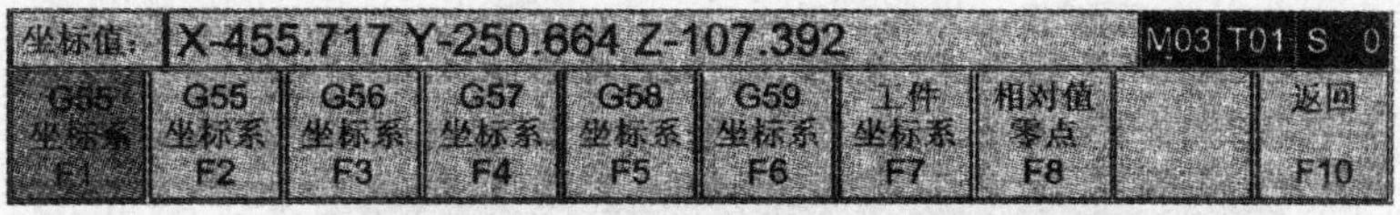

坐标值: X-455.717 Y-250.664 Z-107.392　M03 T01 S 0

G55 坐标系 F1 | G55 坐标系 F2 | G56 坐标系 F3 | G57 坐标系 F4 | G58 坐标系 F5 | G59 坐标系 F6 | 工件坐标系 F7 | 相对值零点 F8 | 返回 F10

图 6-23　输入 G54 的零点偏置值

⑤ 按Enter，X、Y、Z 的工件零点偏置值在 G54 窗口显示区域显示，如图 6-24 所示。

(2) 输入刀具补偿参数

① 在系统功能主菜单下，按下“刀具补偿 F4”软键，屏幕下方显示刀具补偿画面。

② 在刀具补偿子功能菜单中，按下子功能“刀补表 F2”软键，进行刀补数据设置，图形显示窗口将出现刀补数据。

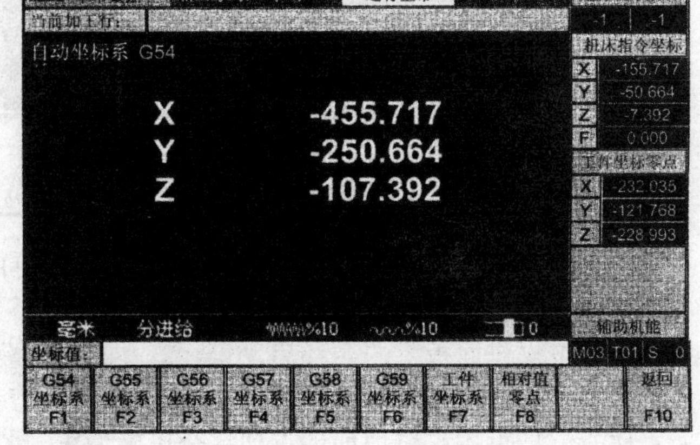

图 6-24　G54 窗口显示

③ 光标键和翻页键PgUp PgDn，移动蓝色亮条选择要编辑的选项。

④ 按Enter，蓝色亮条所指刀具数据的颜色和背景都发生变化，同时有一光标在闪烁。

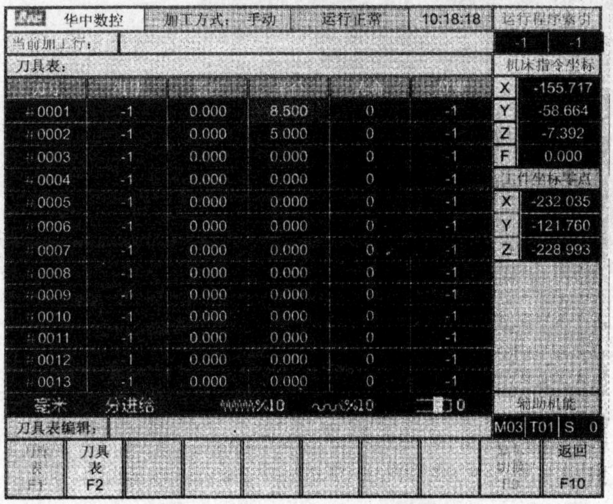

华中数控　加工方式: 手动　运行正常　10:18:18

刀具表:

[illegible]	[illegible]	[illegible]	[illegible]	[illegible]	[illegible]
#0001	-1	0.000	8.500	0	-1
#0002	-1	0.000	5.000	0	-1
#0003	-1	0.000	0.000	0	-1
#0004	-1	0.000	0.000	0	-1
#0005	-1	0.000	0.000	0	-1
#0006	-1	0.000	0.000	0	-1
#0007	-1	0.000	0.000	0	-1
#0008	-1	0.000	0.000	0	-1
#0009	-1	0.000	0.000	0	-1
#0010	-1	0.000	0.000	0	-1
#0011	-1	0.000	0.000	0	-1
#0012	-1	0.000	0.000	0	-1
#0013	-1	0.000	0.000	0	-1

机床指令坐标: X -155.717　Y -58.664　Z -7.392　F 0.000

工件坐标零点: X -232.035　Y -121.760　Z -228.993

毫米　分进给　辅助机能　刀具表编辑:　M03 T01 S 0　刀具表 F2　返回 F10

图 6-25　刀具半径显示画面

⑤ 用◀、▶、Del、BS键和数字键进行编辑修改。输入粗加工时的刀具半径 8.5；精加工时，将刀具半径值改为 8.0。

⑥ 编辑修改完毕，按Enter，在刀具半径显示区显示输入的半径值，如图 6-25 所示。

6. 程序模拟调试

程序输入后，首先应进行程序测试和运行轨迹检查。

(1) 按下操作面板上的自动运行键自动。

（2）按下系统功能主菜单中“程序 F1”功能软键，选择需进行模拟调试的程序并将它置为当前程序。

（3）按下程序功能子菜单下的“程序校验 F5”功能软键，F5 软键区域变蓝，进入检查运行轨迹模式。

（4）多次按下系统功能主菜单下的“显示切换 F9”功能软键，直到屏幕切换为显示轨迹模拟窗口画面为止，如图 6-26 所示。

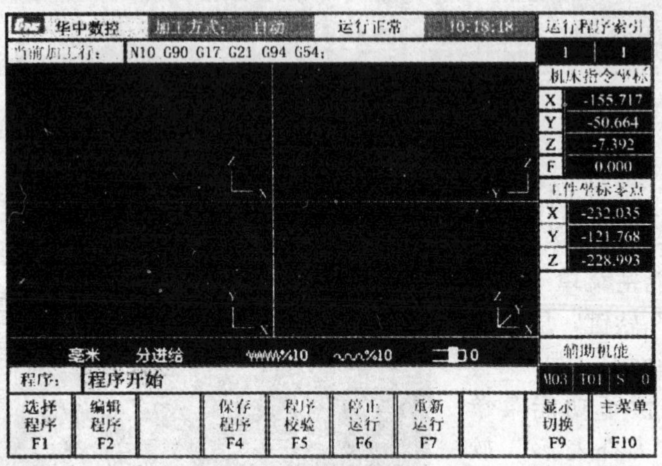

图 6-26 轨迹模拟窗口

（5）按下操作面板上的循环启动键，即可观察数控程序的运行轨迹，检查刀具运动是否正确，运行轨迹如图 6-27 所示。若加工路径有错，可回到加工程序编辑状态进行修改；修改好后再进行模拟加工直到完全正确为止。

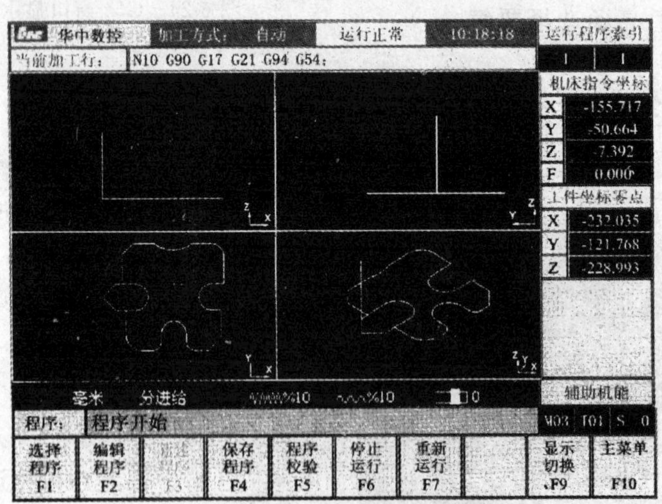

图 6-27 零件的运行轨迹显示画面

7. 工件试切削加工

（1）按下机床控制面板上的。

（2）选择数控程序％PUPU。

（3）通过倍率开关调整适当的主轴转速和进给速度。

（4）按下机床控制面板上的，则程序单段运行加工。观察有无异常，如无，再次按下机床控制面板上的循环启动键，如此循环，直到零件加工结束；如果出现异常现象，应立即退出检查，直到消除异常，再进行试切削。

如中途需暂停，按键使自动运行暂停；如中途出现紧急情况，可按急停按钮

，终止程序运行。

8. 尺寸测量

（1）程序执行完毕后，将刀具退回换刀点，机床自动停止。用外径千分尺（或游标卡尺）测量外轮廓尺寸。

（2）如零件的轮廓尺寸和长度尺寸与实际尺寸有偏差，应根据实际测量值修改刀具补偿值；然后重新执行程序，再次加工工件，直到达到加工要求。

修改刀偏值方法是：按“刀具表”软键进入刀具表面，把光标移到要变更的刀具半径显示区域，按键，半径区域泛白；键入半径值，按键，确认输入半径值。例：用 $\phi16$ 立铣刀粗铣轮廓后，经测量外轮廓尺寸为 81.02mm，外轮廓精加工余量为 1.02，粗加工时的刀具半径值为 8.5，因此将刀具半径修改为 7.99（精加工刀具半径）＝8.5（粗加工刀具半径）－1.02/2（精加工单边余量），如图 6-28 所示。

刀号	组号	长度	半径	寿命	位置
#0001	-1	0.000	7.990	0	-1
#0002	-1	0.000	5.000	0	-1
#0003	-1	0.000	0.000	0	-1
#0004	-1	0.000	0.000	0	-1
#0005	-1	0.000	0.000	0	-1
#0006	-1	0.000	0.000	0	-1
#0007	-1	0.000	0.000	0	-1
#0008	-1	0.000	0.000	0	-1
#0009	-1	0.000	0.000	0	-1
#0010	-1	0.000	0.000	0	-1
#0011	-1	0.000	0.000	0	-1
#0012	-1	0.000	0.000	0	-1
#0013	-1	0.000	0.000	0	-1

图 6-28　修改刀具半径补偿值

9. 结束加工

（1）加工完毕，取下工件，去毛刺，倒棱。

（2）对照图样上标注的尺寸和技术要求进行检验测量，并对测量结果进行质量分析，如不合格，找出原因，采取措施。如为批量生产，则可以进行批量加工。

（3）擦拭机床，整理工具、夹具、量具、刃具、清洁周围环境及关机。

四、工件安装前注意事项

（1）机床通电后，检查各开关、按钮是否正常、灵活，机床有无异常现象。

（2）检查电压、油压、气压是否正常，有手动润滑的部位要先进行手动润滑。

（3）各坐标轴手动回参考点（机床原点）。若某轴在回参考点位置前已处在零点位置，

必须先将该轴移动到距离原点 100mm 以外的位置，再进行手动回零。

（4）在进行工作台回转交换时，台面、护罩、导轨上不得有异物。

（5）为了使机床达到热平衡状态，必须使机床空运转 15min 以上。

（6）程序输入完毕后，应认真校对，确保无误。包括代码、指令、地址、数值、正负号、小数点及语法的查对。

（7）按工艺规程安装找正夹具。

（8）正确测量和计算工件坐标系，并对所得结果进行验证和验算。

（9）将工件坐标系输入到偏置页面，并对坐标、坐标值、正负号及小数点进行认真核对。

（10）未装工件以前，空运行一次程序，看程序能否顺利执行，刀具长度选取和夹具安装是否合理，有无超程现象。

五、工件安装注意事项

（1）刀具补偿值（长度、半径）输入偏置页面后，要对刀具补偿号、补偿值、正负号、小数点进行认真核对。

（2）装夹工件，注意螺钉压板是否妨碍刀具运动，检查零件毛坯和尺寸超常现象。加工时要注意刀具是否会铣伤钳口等。

（3）检查各刀头的安装方向及各刀具旋转方向是否符合程序要求。

（4）查看各刀杆前后部位的形状和尺寸是否符合加工工艺要求，是否会碰撞工件与夹具。

（5）刀头尾部露出刀杆直径部分，必须小于刀尖露出刀杆直径部分。

（6）检查每把刀柄在主轴孔中是否都能拉紧。

六、工件试切注意事项

（1）无论是首次加工的零件，还是周期性重复加工的零件，首先都必须照图样工艺、程序和刀具调整卡，进行逐把刀逐段程序的试切。

（2）单段试切时，快速倍率开关必须置于较低。

（3）每把刀首次使用时，必须先验证它的实际长度与所给补偿值是否相符。

（4）在程序运行中，要重点观察数控系统上的以下几种显示。

坐标显示：可了解目前刀具运动点在机床坐标系及工件坐标系中的位置，了解这一程序段的运动量、还剩余多少运动量等。

寄存器和缓冲寄存器显示：可看出正在执行程序段的各状态指令和下一程序段的内容。

主程序和子程序显示：可了解正在执行程序段的具体内容。

（5）试切进刀时，在刀具运行至工件表面 30～50mm 处时，必须在保持进给的状态下，验证坐标轴剩余坐标值和 X、Y 轴坐标值与图样是否一致。

（6）对一些有试刀要求的刀具，采用“渐进”的方法。如镗孔，可先试镗一小段长度，检测合格后，再镗到整个长度。使用刀具半径补偿功能的刀具数据，可由小到大，边试切边修改。

七、工件加工过程注意事项

（1）加工中重磨刀具和更换刀具辅具后，一定要重新测量刀长并修改刀补值和刀补号。

（2）程序检索时应注意光标所指位置是否合理、准确，并观察刀具与机床运动方向坐标是否正确。

（3）程序修改后，对修改部分一定要仔细计算、认真核对。

（4）进行手摇进给和手动连续进给操作时，必须检查各种开关所选择的位置是否正确，弄清正负方向，认准按键，然后再进行操作。

第五节　简单零件的数控铣削加工

一、内外轮廓铣削实例

用一毛坯尺寸为72mm×42mm×5mm板料，加工如图6-29所示的零件。

1. 工艺分析

从图6-29可以看出，该零件是由内外直线和圆弧组成，工件坐标系原点（X，Y）设定距毛坯右边和底边均21mm处，其Z坐标定在毛坯表面，装卡与定位方法如图6-30所示，图中的数字表示加工顺序。

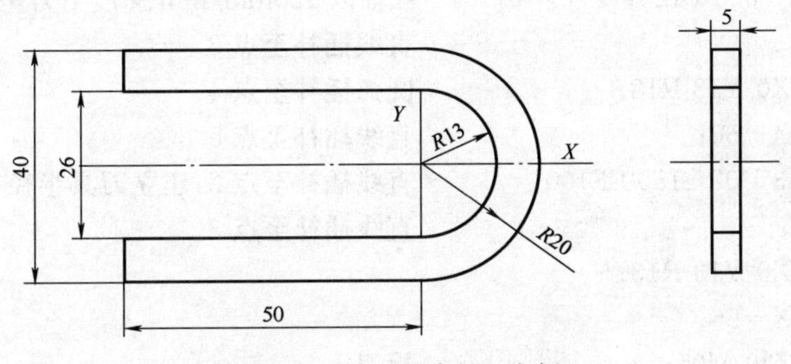

图6-29　内外轮廓加工实例

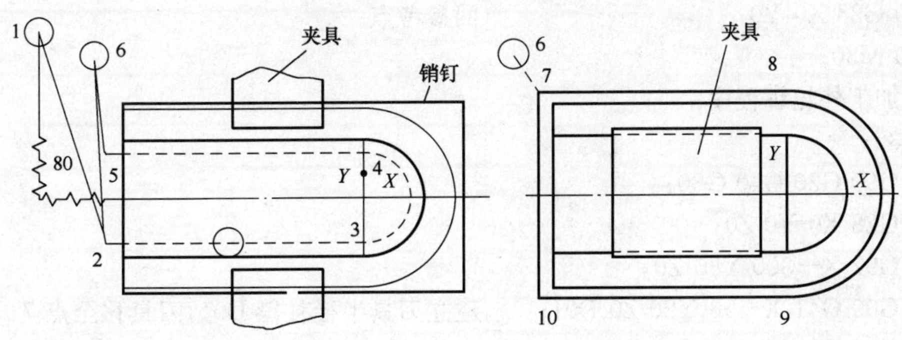

图6-30　装卡与定位方法图

为编程操作简单方便，采用调用不同的半径补偿值的方法来实现粗、精加工。其刀具及切削用量选择见表 6-3。

表 6-3　　刀具及切削用量表

序号	工　序	刀　具	半径补偿值	主轴转速 /(r/min)	进给速度 /(mm/min)
1	内外轮廓粗加工，留出 0.4mm 的加工余量	ϕ8mm 立铣刀	8.4	1000	120
2	内外轮廓精加工	ϕ8mm 立铣刀	8	1500	100

2. 零件加工程序

(1) 加工内轮廓程序

```
%1234;
N10 G90 G21 G40 G80;
N20 G28 X0 Y0 Z0;                  刀具回参考点
N30 G92 X-300 Y80 Z0;              设定工件坐标系原点坐标
N40 G00 G41 X-56 Y-13 Z0 D01;      建立刀具半径补偿 D01,刀具移至点 2
N50 G43 Z50 H01;                   建立刀具长度补偿
N60 M08;
N70 M03 S1000;
N80 G01 Z-5.5 F120;                Z 轴以 120mm/min 速度下刀至-5.5mm 处
N90 X0;                            直线插补至点 3
N100 G03 X0 Y13 R13;               圆弧插补至点 4
N110 G01 X-56;                     直线插补至点 5
N120 Y-13 D02 S1500 F100;          直线插补至点 2,建立刀具半径补偿 D02
N130 X0;                           直线插补至点 3
N140 G03 X0 Y13 R13;
N150 G01 X-56;
N160 G00 Z20 M05;                  抬刀
N170 M09;
N180 G28 X0 Y0;                    回参考点
N190 M30;
```

(2) 加工外轮廓程序

```
%1235;
N10 G90 G20 G40 G80;
N20 G28 X0 Y0 Z0;
N30 G92 X-300 Y80 Z0;
N40 G00 G41 X-56 Y20 Z0 D01;       建立刀具半径补偿 D01,刀具移至点 7
N50 G43 Z50 H01;
N60 M08;
```

```
N70 M03 S1000；
N80 G01 Z-5.5  F120；
N90 X0；                         直线插补至点 8
N100 G02 Y-20 R20；              圆弧插补至点 9
N110 G01 X-50；                  直线插补至点 10
N120 Y20；                       直线插补至点 7
N130 G28 X0 Y0；                 回参考点
N140 G00 X-56 Y20 D02；          刀具移至点 7,建立刀具半径补偿 D02
N150 G01 X20 S1500 F100；        直线插补至点 8
N160 G02 X0 Y-20 R13；           圆弧插补至点 9
N170 G01 X-50；                  直线插补至点 10
N180 Y20；                       直线插补至点 6
N190 G00 Z20 M05；
N200 M09；
N210 G28 X0 Y0；
N220 M30；
```

二、槽形零件的编程与加工

如图 6-31 所示，其毛坯为四周已加工的铝铸件（厚为 20mm），加工螺纹孔和槽，槽深 2mm。

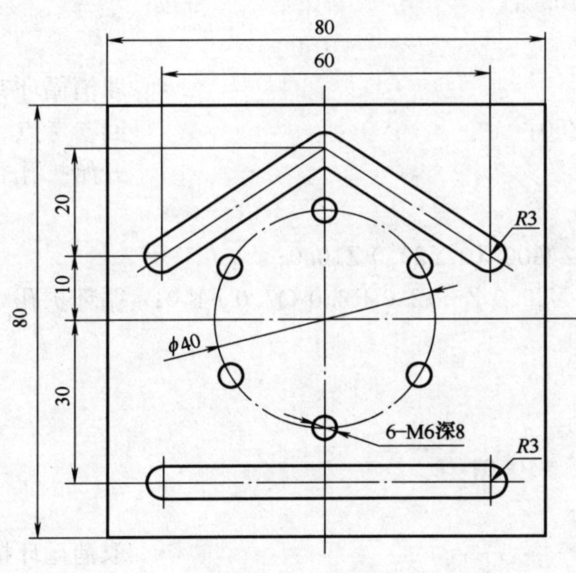

图 6-31　槽形零件

1. 工艺分析

该槽形零件除了槽需加工外，还有螺纹孔的加工。其工艺安排为“钻孔扩孔攻螺纹铣槽”，详情见表 6-4。

表 6-4　　　　槽形零件的加工工序卡

材料	铝	零件号	001	程序号		0001
工序	内容	主轴转速/(r/min)	进给速度/(m/min)	刀　具		
				号数	类型	直径/mm
1	中心钻	1500	80	1	ϕ4mm 钻头	4
2	扩孔	2000	100	2	ϕ5mm 钻头	5
3	攻螺纹	200	200	3	M6 丝锥	6
4	铣斜槽	2300	100,180	4	ϕ6mm 铣刀	6

2. 程序清单及说明

```
N01 G21;                                      设定单位为mm(毫米)
N05 G40 G49 G80 H00;                          取消刀补和循环加工
N10 G28 X0 Y0 Z50;                            回参考点
N15 M00;                                      开始φ5mm 钻孔
N20 M03 S1500 M08;
N25 G90 G43 H01 G00 X0 Y20.0 Z10.0;           快速进到R点,建立长度补偿
N30 G81 G99 X0 Y20.0 Z-7.0 R2.0 F80;          循环钻孔,孔深7mm,返回R点
N35 G99 X17.32 Y10.0;
N40 Y-10.0;
N45 X0 Y-20.0;
N50 X17.32 Y-10.0;
N55 G98 Y10.0;
N60 G80 M05;                                  取消循环钻孔指令、主轴停
N65 G28 X0 Y0 Z50;                            回参考点
N70 G49 M00;                                  开始扩孔
N75 M03 S2000;
N80 G90 G43 H02 G00 X0 Y20.0 Z10.0;
N85 G83 G99 X0 Y20.0 Z-12.0 R2.0 Q7.0 F100;   循环扩孔
N90 X17.3 Y10.0;
N95 Y-10.0;
N100 X0 Y-20.0;
N105 X-17.32 Y-10.0;
N110 G98 Y10.0;
N115 G80 M05;                                 取消循环扩孔指令、主轴停
N120 G28 X0 Y0 Z50;
N125 G49 M00;                                 开始攻螺纹
N130 M03 S200;
N135 G90 G43 H03 G00 X0 Y20.0 Z10.0;
N140 G84 G99 X0 Y20.0 Z-8.0 R5.0 F200;        G84 循环攻螺纹
```

```
N145 X17.32 Y10.0;
N150 X0 Y-20.0;
N155 X-17.32 Y-10.0;
N160 G98 Y10.0;
N165 G80 M05;                         取消螺纹循环指令、主轴停
N170 G28 X0 Y0 Z50;
N175 G49 M00;                         铣槽程序
N180 M03 S2300;
N185 G90 G43 G00 X-30.0 Y10.0 Z10.0 H04;
N190 Z2.0;
N200 G01 Z0 F180;
N205 X0 Y40.0 Z-2.0;
N210 X30.0 Y10.0 Z0;
N215 G00 Z2.0;
N220 X-30.0 Y-30.0;
N225 G01 Z-2.0 F100;
N230 X30.0;
N235 G00 Z10.0 M05;
N240 G28 X0 Y0 Z50;
N245 M30;
```

三、型腔加工实例

已知某内轮廓型腔如图 6-32 所示，要求对该型腔进行粗、精加工。材料为 45 钢。

1. 工艺分析

工件装夹：采用平口钳装夹。

加工路线的确定：粗加工分三层切削加工，底面和侧面各留 0.5mm 的精加工余量。粗加工从中心工艺孔垂直进刀，向周边扩展，如图 6-32 所示。所以，应在腔槽中心钻好 ϕ20mm 工艺孔。

加工刀具的确定：粗加工采用 ϕ20 的立铣刀，精加工采用 ϕ10mm 的键槽铣刀。

2. 确定加工坐标原点

根据零件图，可设置程序原点为工件中心的下表面。

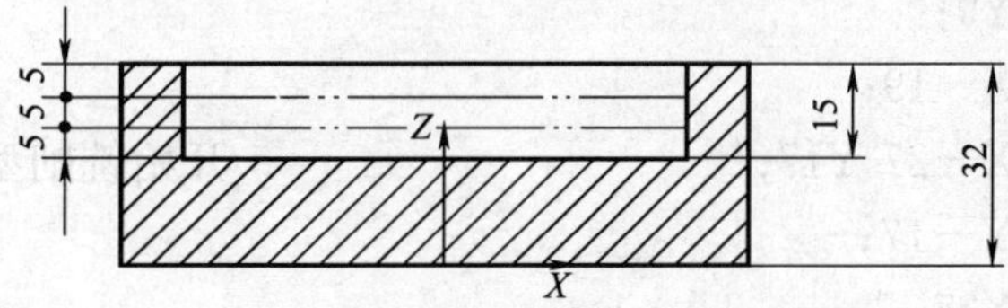

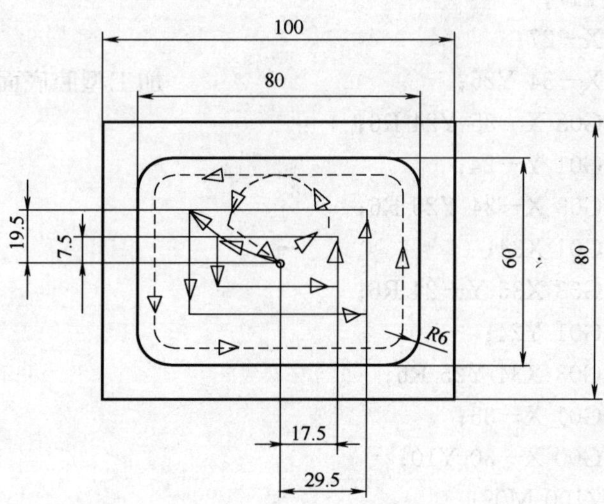

图 6-32　方腔典型实例

3. 编程加工程序

```
%0001
G40 G90 G80 G49 G69;            设定加工初始化状态
G54 M03 S1000;                  设定加工参数
T01 M06;
G00 G43 X0 Y0 Z100 H01 M08;
G01 Z32 F50;                    从工艺孔垂直下刀 5mm
M98 P30321;                     粗加工矩形槽第一层
G00 Z100
T02 M06;                        换 2 号刀,进行精加工
S500 M03;
G01 Z10 F50;
X-11 Y1 F100;                   铣削型腔底面,加工第一圈
Y-1;
X11;
Y1;
X-11;
X-19 Y9;                        开始铣削型腔底面,加工第二圈
Y-9;
X19;
Y9;
X-19;
X-27 Y17;                       开始铣削型腔底面,加工第三圈
Y-17;
X27;
Y17;
X-27;
X-34 Y25;                       加工型腔底面第四圈,并精铣周边
G03 X-35 Y24 R6;
G01 Y-24;
G03 X-34 Y25 R6;
G01 X34;
G03 X35 Y-24 R6;
G01 Y24;
G03 X34 Y25 R6;
G01 X-35;
G00 X-30 Y10;
Z100 M09;
M05 M30;
```

```
%0321;                         子程序
G91 G01 Z-5 F20;
G90 X-17.5 Y7.5 F60;           进刀至第一圈扩槽的起点
Y-7.5;
X17.5;
Y7.5;
X-17.5;                        第一圈扩槽结束
X-29.5 Y19.5;                  进刀至第二圈扩槽的起点
Y-19.5;
X29.5;
Y19.5;
X-29.5;                        第二圈扩槽结束
X0 Y0;
M99;                           返回主程序
```

四、圆台、孔加工实例

已知，零件毛坯 80mm×80mm×25mm，加工如图 6-33 所示的零件，零件外轮廓不要求加工。

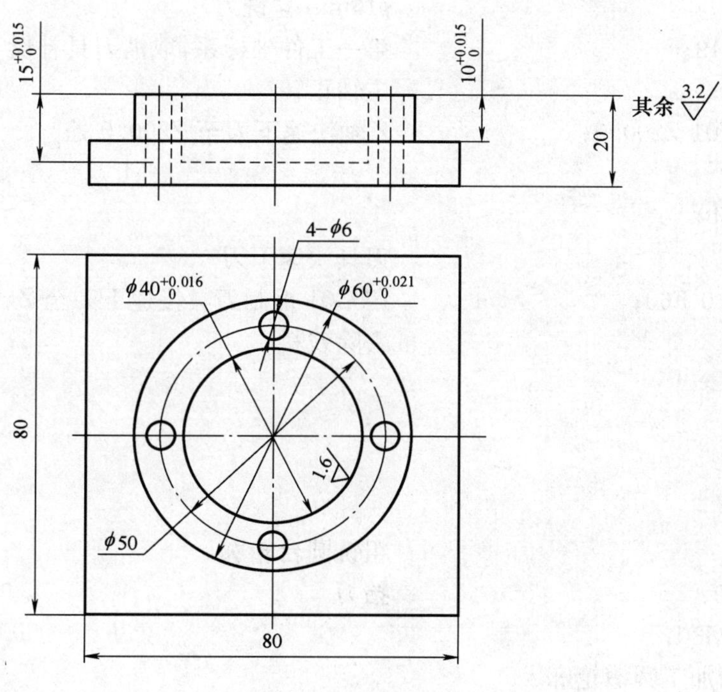

图 6-33　典型零件

1. 分析

零件圆台及圆槽的尺寸、表面粗糙度值要求较高，需在零件加工工程中重点注意。零件结构较简单，包括平面、圆弧、挖槽、钻孔。

(1) 零件选用平口钳装夹，装夹工件前需校正钳口，装夹工件时需在工件下表面与虎钳之间垫入精度较高的平行垫块。

(2) 工件装夹后，通过对刀建立工件坐标系 G54。

(3) 工件坐标系确定在零件对称中心，Z 轴工件零点确定在工件上表面。

(4) 零件的加工工序如下：

① 加工零件上表面；

② 粗加工零件圆台轮廓；

③ 粗加工零件圆槽轮廓；

④ 精加工零件圆槽轮廓；

⑤ 精加工零件圆台轮廓；

⑥ 钻定位孔；

⑦ 钻孔；

⑧ 铣削零件下表面。

2. 程序清单

(1) 粗加工零件圆台轮廓，并去除残料

程序清单

%0001;	程序名(粗加工圆台轮，去除粗加工余量)(T01：ϕ16mm 立铣刀)
G54 G40 G49;	第一工件坐标系，取消刀具补偿
M03 S700	主轴正转
G00 G43 H01 Z200.0;	Z 轴快速下刀至 Z200.0 处
M08;	
X50.0 Y－40.0;	
Z2.0;	刀具快速下刀
G01 Z－10.0 F60;	用 G01 控制刀具慢速下刀至 Z－10.0 位置
X－40.0;	去除残料
Y40.0;	
X40.0;	
Y－40.0;	
X0;	
G03 J40.0;	粗铣圆台轮廓
G00 Z200.0;	抬刀
M09 M05 M30;	

(2) 粗、精加工圆槽轮廓

程序清单

%0002;	程序名(粗、精加工圆槽)(T02：ϕ8mm 立铣刀)
G54 G40 G49;	建立工件坐标系，取消刀具补偿
M03 S1000;	

G00 G43 H02 Z200.0；	控制刀具快速下刀至 Z200.0，加 2 号刀具长度补偿
M08；	
X0 Y0；	点定位
Z10.0；	
G01 Z0 F100；	刀具慢速下至 Z0 位置
M98 P0021 L0003；	调用%0021 子程序三次
G01 G41 X−10.0 D02 F200；	控制 X 轴移动，加 2 号刀具半径补偿
G03 X20.0 Y0 R15.0 F100.0；	圆弧（切线方式）切入圆槽轮廓
G03 I−20.0；	铣削圆槽轮廓
I−20.0；	消除刀具变形影响
G03 X−10.0 Y0 R15.0；	圆弧（切线方式）切出圆槽轮廓
G00 Z200.0；	抬刀
M09 M05 M30；	
%0021；	子程序名（粗加工圆槽子程序）
G91 G01 X15.0；	控制刀具沿 X 轴移动 15mm 增量
G03 Z−5.0 I−15.0；	螺旋式下刀
I−15.0；	平面
G01 X−7.0；	
G03 I−8.0；	
G01 X−8.0；	
G90 G01 X0 Y0；	控制刀具回至 X0，Y0 位置
M99；	

（3）精加工圆台轮廓

程序清单

%0003；	程序名（精加工圆台轮廓）（T02：ϕ8mm 立铣刀）
G54 G40 G49；	
M03 S1000；	
G00 G43 H02 Z200.0；	控制刀具快速下刀至 Z200.0，建立 2 号刀具长度补偿
M08；	
X50.0 Y0；	点定位
Z0；	
G01 Z−10.0 F100；	慢速下刀至 Z0
G41 Y−20.0 D01；	建立刀具半径补偿
G03 X30.0 Y0 R20.0；	切入零件轮廓
G02 I−30.0 F80；	精铣零件圆台
I−30.0；	消除刀具变形影响
G03 X50.0 Y−20.0 R20.0；	切线切出零件轮廓

G40 G01 Y0；
G00 Z200.0；
M09 M05 M30；

（4）钻定位孔、钻孔加工程序

程序	说明
%0004	程序名（T03：ϕ3mm 中心钻；T04：ϕ6mm 钻头）
G54 G40 G49 G80；	
M03 S1500；	
G00 G43 H03 Z200.0 M08；	
G99 G81 X－25.0 Y0 Z2.0 R10.0 F100；	钻孔加工循环
X25.0；	
X0 Y25.0；	
Y－25.0；	
G00 Z200.0；	
G49；	
M06 T04；	换刀 ϕ6mm 钻头
G00 G43 H04 Z200.0；	
G99 G83 X－25.0 Y0 Z－25.0 R10.0 Q5.0 F70；	深孔钻
X25.0；	
X0 Y－25.0；	
Y25.0；	
G00 Z200.0；	
G49；	
M05 M09 M30；	

第六节　复杂零件的数控铣削加工

已知泵体零件如图 6-34 所示，工件材料为 45 钢。

1. 工艺分析

（1）零件图工艺分析　在进行工艺分析时，主要从精度、效率两个方面考虑。理论上的加工工艺必须达到图样要求，又能充分合理地发挥机床功能。

1）图样分析　图样分析主要包括零件轮廓形状、尺寸精度、技术要求和定位基准等。

从零件图可以看出，零件轮廓形状与凸轮相似。图 6-34 中尺寸精度和表面粗糙度要求较高的是两个 ϕ6 定位孔，在加工过程中应重点保证。

2）确定定位基准　在加工中心上加工工件时，工件的定位仍遵守六点定位原则。在选择定位基准时，要全面考虑各个工件的加工情况，保证工件定位准确，装卸方便，能迅速地完成工件的定位和夹紧，保证各项加工的精度，应尽量选择工件上的设计基准作为定位基准。根据以上原则和图样分析，首先以上面为定位基准加工底面，然后，以底面和外圆定位，一次装夹，将所有表面和轮廓全部加工完成，这样就可以保证图样要求的尺寸精度。

(2) 工件的装夹　加工中心采用工序集中的原则加工零件，工件在一次装夹中，可连续地对几个待加工表面自动完成铣、钻、扩、镗、攻丝等粗精加工，对于批量生产和特殊的加工应设计专用夹具，一般工件使用通用夹具装夹。压板装夹工件时，夹紧点要尽量接近支承点，避免把夹紧力加在无支承的区域内，平口虎钳装夹工件时，应首先找正虎钳固定钳口，注意工件应安装在钳口中间部位，工件被加工部位要高出钳口，避免刀具与钳口发生干涉，夹紧工件时注意工件上浮。现加工的泵体零件外形简单，采用平口虎钳装夹。

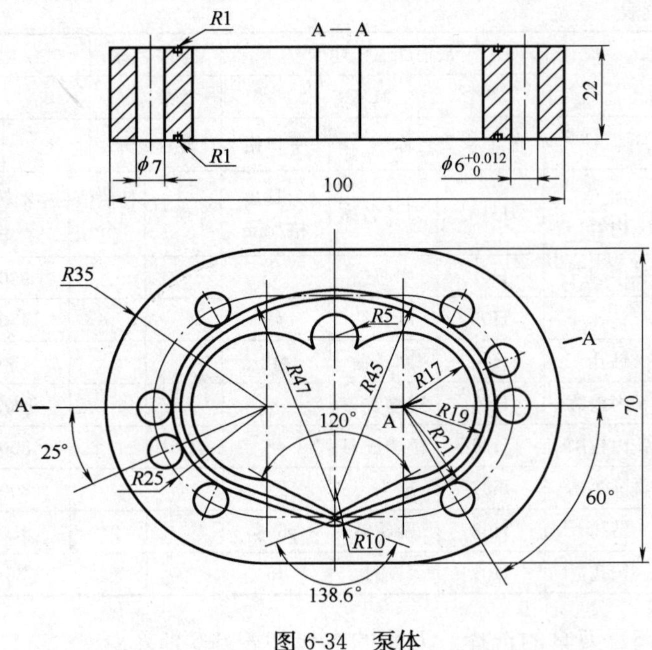

图 6-34　泵体

(3) 确定编程原点、编程坐标系、对刀位置及对刀方法　根据工艺分析，工件坐标点 $X0$、$Y0$ 设在基准上的面的中心，$Z0$ 点设在上表面。编程原点确定后，编程坐标、对刀位置与工件坐标原点重合，对刀方法可根据机床选择，选用手动对刀。

(4) 确定加工所用各种工艺参数　切削条件的好坏直接影响加工的效率和经济性，这主要取决于编程人员的经验，工件的材料及性质，刀具的材料及形状，机床、刀具、工件的刚性，加工精度、表面质量要求，冷却系统等。

通过以上分析，其工艺安排如表 6-5 所示。

表 6-5　　　泵体数控加工工序卡

<table>
<tr><td colspan="3" rowspan="2"></td><td colspan="3">数控加工工序卡</td><td colspan="2">零件名称</td><td colspan="2">零件图号</td><td colspan="3">材　料</td></tr>
<tr><td colspan="3">01</td><td colspan="2">泵体</td><td colspan="2">P0001</td><td colspan="3">45</td></tr>
<tr><td colspan="2">工艺序号</td><td>01</td><td colspan="2">夹具名称</td><td>平口钳</td><td>夹具编号</td><td></td><td colspan="2">使用设备</td><td colspan="3">TH5660A</td></tr>
<tr><td>工步号</td><td colspan="2">加工内容</td><td>刀具号</td><td>刀具名称</td><td>刀具规格/mm</td><td>补偿号</td><td>补偿值/mm</td><td>主轴转速/(r/min)</td><td>进给速度/(mm/min)</td><td>进给倍率/%</td><td>切削深度/mm</td><td>余量/mm</td></tr>
<tr><td rowspan="2">1</td><td rowspan="2">铣上面</td><td>粗</td><td rowspan="2">H01</td><td rowspan="2">立铣刀</td><td rowspan="2">$\phi 40$</td><td rowspan="2"></td><td rowspan="2"></td><td rowspan="2">450</td><td rowspan="2">180</td><td rowspan="2">100</td><td rowspan="2">1.5</td><td rowspan="2">0</td></tr>
<tr><td>精</td></tr>
<tr><td rowspan="2">2</td><td rowspan="2">铣外轮廓</td><td>粗</td><td rowspan="2">H01</td><td rowspan="2">立铣刀</td><td rowspan="2">$\phi 40$</td><td rowspan="2">D1</td><td rowspan="2"></td><td rowspan="2">450</td><td rowspan="2">180</td><td rowspan="2">100</td><td rowspan="2">15</td><td rowspan="2">0</td></tr>
<tr><td>精</td></tr>
<tr><td rowspan="2">3</td><td rowspan="2">铣底面</td><td>粗</td><td rowspan="2">H01</td><td rowspan="2">立铣刀</td><td rowspan="2">$\phi 40$</td><td rowspan="2"></td><td rowspan="2"></td><td rowspan="2">450</td><td rowspan="2">180</td><td rowspan="2">100</td><td rowspan="2">1.5</td><td rowspan="2">0</td></tr>
<tr><td>精</td></tr>
</table>

续表

		数控加工工序卡			零件名称		零件图号			材料	
		01			泵体		P0001			45	
工艺序号	01	夹具名称		平口钳	夹具编号			使用设备		TH5660A	
工步号	加工内容	刀具号	刀具名称	刀具规格/mm	补偿号	补偿值/mm	主轴转速/(r/min)	进给速度/(mm/min)	进给倍率/%	切削深度/mm	余量/mm
4	钻中心孔	H02	中心钻	A3			900	80	100	2	0
5	钻孔	H03	麻花钻	ϕ7			450	45	100	28	0
6	钻孔	H04	麻花钻	ϕ12			450	45	100	28	0
7	铣内轮廓	H05	键槽铣刀	ϕ20	D5		1000	200	100	23	0.5
8	铣内轮廓	H06	键槽铣刀	ϕ8	D6		800	150	100	23	0
9	铣圆弧槽	H07	球头刀	R1			800	160	100	2	
10	钻孔	H08	麻花钻	ϕ5.8			450	45	100	25	0.2
11	铰孔	H09	铰刀	ϕ6			30	5	100	25	0

（5）刀具的选择　刀具的选择如表 6-6 所示。

表 6-6　刀具使用卡

编号	刀具名称	刀具规格/mm	数量	用途	刀具材料
1	立铣刀	ϕ40	1	铣四周轮廓	合金镶条
2	中心钻	A2	1	中心孔	高速钢(HSS)
3	麻花钻	ϕ7	1	钻孔	高速钢(HSS)
4	麻花钻	ϕ12	1	钻下刀孔	高速钢(HSS)
5	键槽铣刀	ϕ20	1	铣内轮廓	高速钢(HSS)
6	键槽铣刀	ϕ8	1	铣内轮廓	高速钢(HSS)
7	球头刀	R1	1	铣圆弧槽	高速钢(HSS)
8	麻花钻	ϕ5.8	1	钻孔	高速钢(HSS)
9	铰刀	ϕ6	1	铰孔	高速钢(HSS)

2. 参考程序

毛坯材料（102mm×102mm×25mm），编程原点为零件的上表面中心位置；

```
%0001;(铣上表面)
G17 G80 G90 G40 G49;
G54 G00 X－30 Y－70;
G43 G00 Z150 H1;
M03 S450;
G00 Z5;
G01 Z0 F50;
M98 P0002 L0003;
G01 Z10;
```

```
G00 Z150 M5；
M30；

%0003(铣下表面)；
G17 G80 G90 G40 G49；
G54 G00 X-30 Y-70；
G43 G00 Z150 H1；
M03 S450；
G00 Z30；
G01 Z23.5 F50；
M98 P0004 L0003；
G00 Z150 M05；
M30；

%0005；(铣四周轮廓)
G17 G80 G90 G40 G49；
G54 G00 X-80 Y-35；
G43 G00 Z150 H1；
M03 S450；
G00 Z0；
G01 Z-25 F100；
G42 G01 X-20 F44 D01 F180；
G01 X15；
G03 X15 Y35 R35；
G01 X-15；
G03 X-15 Y-35 R35；
G02 X10 Y-60 R25；
G40 X-15 Y-85；
G01 Z10 F300；
G00 Z150 M5；
M30；

%0006；(打中心孔)
G17 G80 G90 G40 G49；
G54 G00 X0 Y0；
G43 G00 Z100 H2；
M03 S900；
G81 X0 Y0 Z-3.5 R5 F80；
X27.5 Y21.65；
```

```
X37.66 Y10.57;
X40 Y0;
X27.5 Y-21.65;
X-27.5 Y-21.6;
X-33 Y0;
X-37.66 Y10.57;
X-40 Y0;
X-27.5 Y21.65;
G80;
G00 Z150 M5;
M30;

%0007;(钻φ7孔)
G17 G80 G90 G40 G49;
G54 G00 X0 Y0;
G43 G00 Z100 H3;
M03 S900;
G83 X0 Y0 Z-28 R5 F80;
X27.5 Y21.65;
X40 Y0;
X27.5 Y-21.65;
X-27.5 Y-21.66;
X-40 Y0;
X-27.5 Y21.65;
G80;
G00 Z150 M5;
M30;

%0008;(钻下刀孔)
G17 G80 G90 G40 G49;
G54 G00 X0 Y0;
G43 G00 Z100 H4;
M03 S450;
G83 X0 Y0 Z-28 Q4 R5 F50;
G80;
G00 Z150 M5;
M30;

%0009;(粗铣内轮廓)
```

```
G17 G80 G90 G40 G49;
G54 G00 X0 Y0;
G43 G00 Z150 H5;
M03 S1000;
G00 Z5;
G01 Z0;
M98 P0010 L0003;
G01 Z10;
G00 Z150 M05;
M30;

%0011;(精铣内轮廓)
G17 G80 G90 G40 G49;
G54 G00 X0 Y0;
G43 G00 Z150 H6;
M03 S2000;
G00 Z0;
G01 Z-29 F300;
G42 G01 X-26 Y-6 F150 D6;
G02 X-32 Y0 R6;
G02 X-5 Y13.75 R17;
G02 X5 Y13.76 R5;
G02 X15 Y-17 R-17;
G01 X0 Y-25.66;
X-15 Y-17;
G02 X-32 Y0 R17;
G02 X-26 Y6 R6;
G40 G01 X0 Y0;
G01 Z10;
G00 Z150 M05;
M30;

%0012;(铣圆弧槽)
G17 G80 G90 G40 G49;
G54 G00 X-33 Y0;
G43 G00 Z150 H7;
M03 S800;
G00 Z5;
G01 Z-2.5 F50;
```

```
G03 X－24.85 Y－17.39 R20 F180;
G01 X0 Y－26.78;
G01 X24.85 Y－17.39;
G03 X26.54 Y16.344 R20;
G03 X－26.54 Y16.34 R46;
G03 X－35 Y0 R20;
G01 Z10;
G00 Z150 M05;
M30;
```

%0014;(钻 ϕ6 孔至 ϕ5.8)

```
G17 G80 G90 G40 G49;
G54 G00 X0 Y0;
G43 G00 Z100 H8;
M03 S500;
G83 X37.66 Y10.57 Z－28R5 F80;
X－37.66 Y－10.57;
G80;
G00 Z150 M05;
M30;
```

%0015;(铰孔至 ϕ6)

```
G17 G80 G90 G40 G49;
G54 G00 X0 Y0;
G43 G00 Z100 H9;
M03 S400;
G99 G81 X37.66 Y10.57 Z－28 R5 F40;
X－37.66 Y－10.57;
G80;
G00 Z150 M05;
M30;
```

子程序:

```
%0002;
G91 G01 Z－0.5 F50;
G90 G01 Y70 F180;
X0;
Y－70;
X30;
Y70;
```

```
M99；

%0004；
G91 G01 Z—0.5 F50；
G90 G01 Y70 F180；
X0；
Y—70；
X30；
Y70；
M99；

%0010；
G91 G01 Z—9 F50；
G90 G41 G01 X—21 Y11 D5 F200；
G03 X—32 Y0 R11；
G03 X—15 Y—17 R17；
G01 X0 Y—25.66；
X15 Y—17；
G03 X5 Y13.75 R—35；
G01 X—5；
G03 X—32 Y0 R17；
G03 X—21 Y—11 R11；
G40 X0 Y0；
M99；
```

本章项目实操　数控铣削加工实训课题

1. 如图 6-35 所示零件，内轮廓已粗加工完，尚留余量 3mm，编写半精铣、精铣加工程序，并加工。

2. 分析如图 6-36 所示各型腔零件的加工工艺，编制程序并完成加工。已知图 6-36（a）毛坯为 140mm×100mm×15mm，图 6-36（b）毛坯为 110mm×60mm×25mm，材料都为 45 钢。

3. 如图 6-37 所示，零件毛坯 100mm×100mm×25mm，编制型腔及孔加工程序并完成加工（零件轮廓不要求加工）。

参考加工工序：

（1）加工零件上表面（ϕ100mm 面铣刀）。

（2）用 ϕ3mm 中心钻加工定位孔。

（3）钻 ϕ8mm 孔及预制孔。

（4）粗加工零件八方槽轮廓（ϕ16mm 立铣刀）。

（5）精加工零件八方槽轮廓（ϕ8mm 立铣刀）。

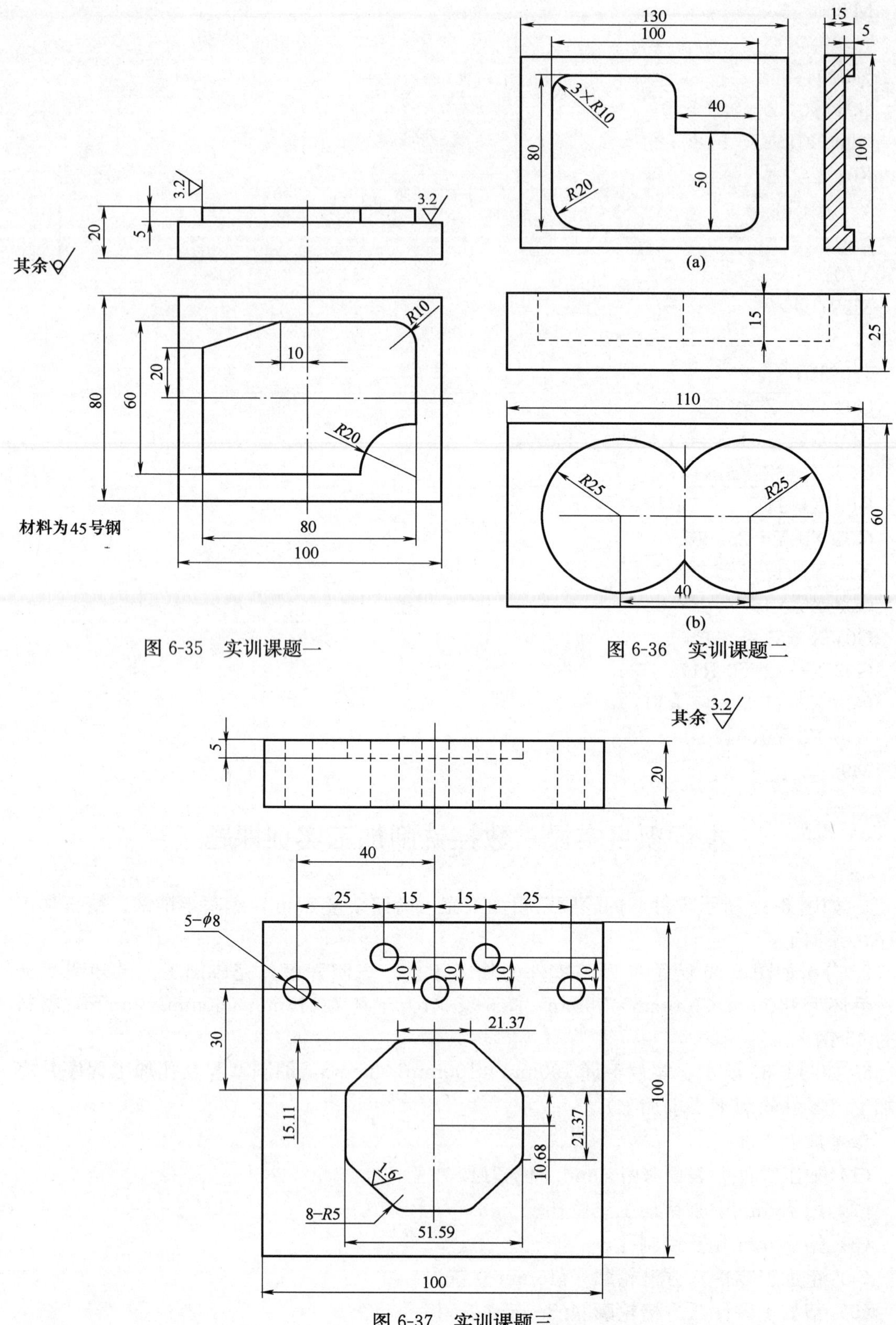

图 6-35　实训课题一

图 6-36　实训课题二

图 6-37　实训课题三

（6）铣削零件下表面（ϕ100mm 面铣刀）。

4. 用 125mm×105mm×22mm 毛坯，加工出如图 6-38 所示的零件。

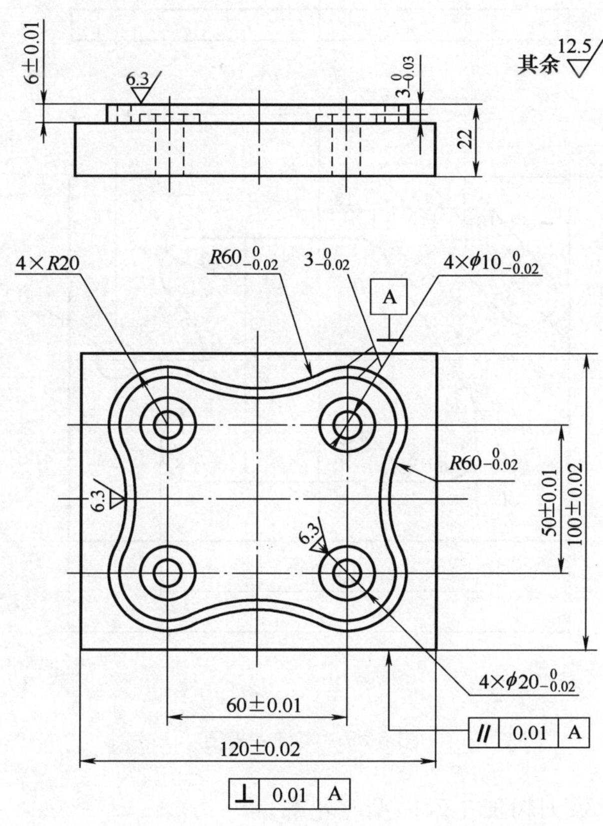

图 6-38　实训课题四

参考加工顺序：

（1）铣削毛坯件的各个面。

（2）铣削外轮廓（用 ϕ16 的立铣刀）。

（3）铣削 3mm 以上部分（用 ϕ16 的键槽铣刀）。

（4）铣削 3mm 以下部分（用 ϕ16 的键槽铣刀）。

（5）铣削四圆柱（用 ϕ6 的键槽铣刀）。

（6）铣削内轮廓（用 ϕ6 的键槽铣刀）。

（7）铣削四个孔（用 ϕ9. 8 麻花钻）。

（8）铰孔（用 ϕ10 绞刀）。

（9）检验。

5. 外轮廓已加工过，按如图 6-39 所示加工出零件。

参考加工顺序：

（1）用面铣刀加工零件上表面（留厚度余量）。

（2）用 ϕ11. 6 钻头钻两工艺孔。

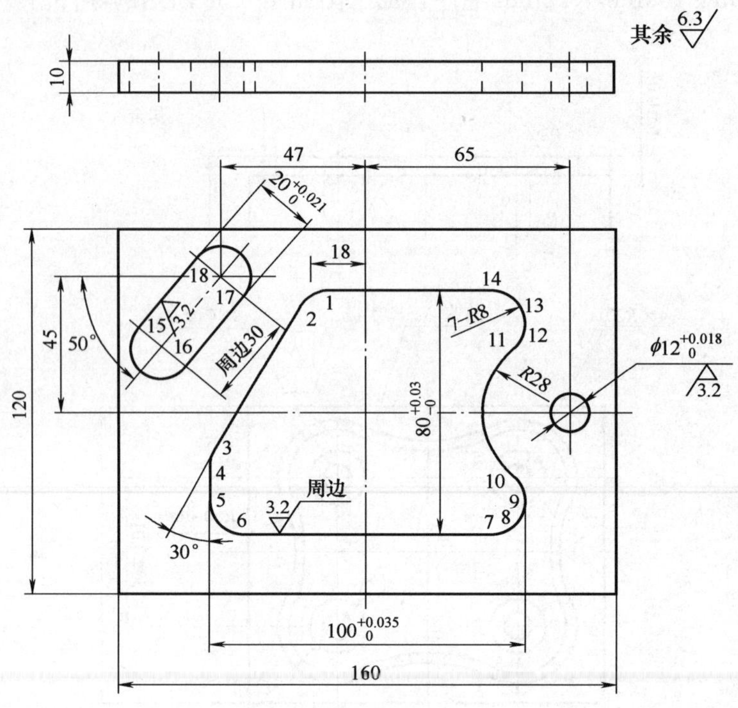

图 6-39　实训课题五

(3) 用 ϕ14mm 立铣刀粗加工两内型腔轮廓。

(4) 用 ϕ12mm 立铣刀精加工两内型腔轮廓。

(5) 用 ϕ3mm 中心钻加工定位孔。

(6) 用 ϕ11.6 钻头钻孔。

(7) 用 ϕ12mm 机用绞刀，铰削 ϕ12mm 孔。

(8) 卸零件，翻面装卡。用面铣刀加工零件底面，保证零件厚度 10mm。

6. 完成配合件的加工。件 1（如图 6-40）和件 2（如图 6-41）是配合件。

(1) 件 1 的参考工序

1) 钻两通孔的定位孔（ϕ3mm 中心钻）。

2) 钻 ϕ16mm 的孔（ϕ16mm 钻头）。

3) 粗加工凸台外形和槽（ϕ8mm 键槽铣刀）。

4) 精加工凸台外形和槽（ϕ8mm 键槽铣刀）。

(2) 件 2 的参考工序

1) 钻两通孔的定位孔（ϕ3mm 中心钻）。

2) 钻 ϕ16mm 的孔（ϕ16mm 钻头）。

3) 粗加工凹槽外轮廓和中间凸台（ϕ8mm 键槽铣刀）。

4) 精加工凹槽外形和凸台（ϕ8mm 键槽铣刀）。

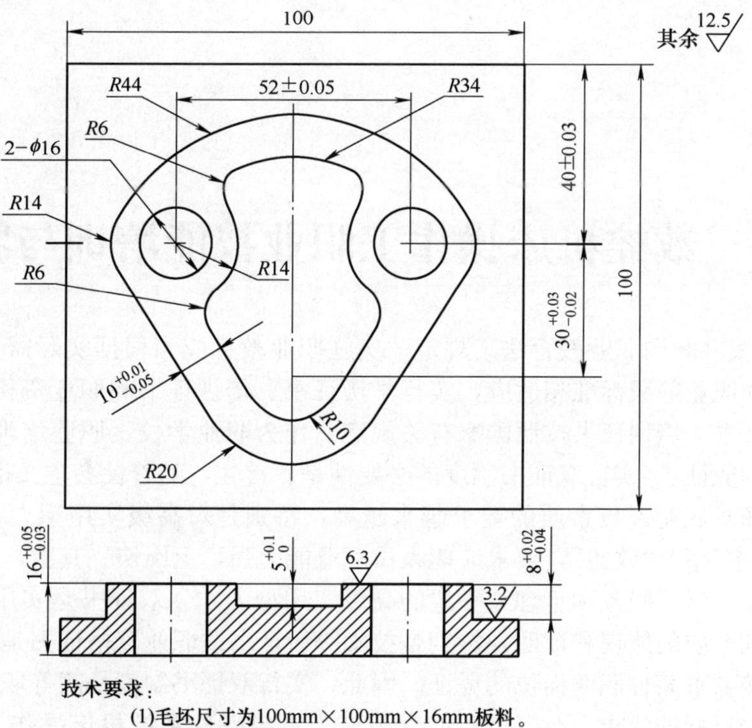

技术要求：

(1)毛坯尺寸为100mm×100mm×16mm板料。

(2)毛坯材料为YL12。

图 6-40　配合件的件 1

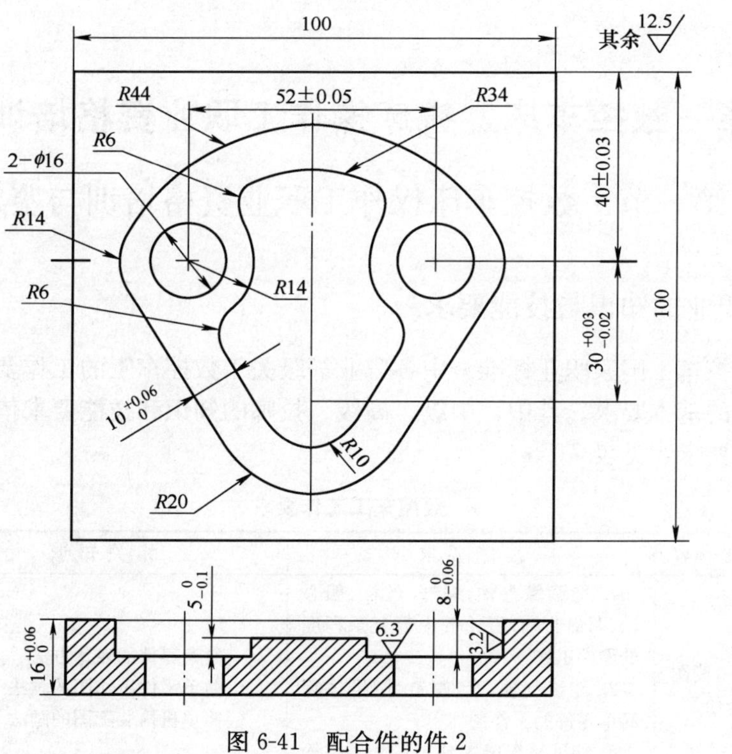

图 6-41　配合件的件 2

第三篇　数控机床操作工职业技能培训与鉴定考核

《中华人民共和国职业教育法》规定"实施职业教育应当根据实际需要，同国家制定的职业分类和职业等级标准相适应，实行学历证书、培训证书和职业资格证书制度。"并明确"学历证书、培训证书按照国家有关规定，作为职业学校、职业培训机构的毕业生、结业生从业的凭证。"实行双证书制度的必要性是：首先，随着社会主义市场经济的发展，社会人才市场对从业人员素质的要求越来越高，特别是对高级实用型人才的需求更讲究"适用"、"效率"和"效益"，要求应职人员职业能力强，上岗快。其次，高等职业教育是培养面向基层生产、服务和管理第一线的高级实用型人才。双证书是实用型人才的知识、技能、能力和素质的体现和证明，特别是技术等级证书或职业资格证书是高等职业院校毕业生能够直接从事某种职业岗位的凭证。因此，实行双证书制度是高等职业教育自身的特性和实现培养目标的要求。本门课程的学习应当围绕考取数控机床操作工这一中心目的展开。

第七章　数控车床、铣床操作工职业资格培训与鉴定

第一节　数控车床操作工职业资格培训与鉴定

一、本职业的知识与技能要求

按照《数控车工国家职业标准》中各职业等级关于数控车工的工作要求，提出如下知识和技能方面的基本要求。其中，中级、高级、技师的知识和技能要求依次递进，高级别包括低级别的要求，见表 7-1。

表 7-1　　数控车工工作要求

职业功能	工作内容	技能要求	相关知识	职业等级
一、工艺准备	(一)读图与绘图	1. 能读懂主轴、蜗杆、丝杠、偏心轴、两拐曲轴、齿轮等中等复杂程度的零件工作图 2. 能绘制轴、套、螺钉、圆锥体等简单零件的工作图 3. 能读懂车床主轴、刀架、尾座等简单机构的装配图	1. 复杂零件的表达方法 2. 简单零件工作图的画法 3. 简单机构装配图的画法	中级

续表

职业功能	工作内容	技能要求	相关知识	职业等级
一、工艺准备	(一)读图与绘图	4. 能读懂多线蜗杆、减速器壳体、三拐以上曲轴等复杂畸形零件的工作图 5. 能绘制偏心轴、蜗杆、丝杠、两拐曲轴的零件工作图 6. 能绘制简单零件的轴测图 7. 能读懂车床主轴箱、进给箱的装配图	4. 复杂畸形零件图的画法 5. 简单零件轴测图的画法 6. 读车床主轴箱、进给箱装配图的方法	高级
		8. 能根据实物或装配图绘制或拆画零件图 9. 能绘制车床常用工装的装配图及零件图	7. 零件的测绘方法 8. 根据装配图拆画零件图的方法 9. 车床工装装配图的画法	技师
	(二)制定加工工艺	1. 能正确选择加工零件的工艺基准 2. 能决定工步顺序、工步内容及切削参数 3. 能编制台阶轴类和法兰盘类零件的车削工艺卡	1. 数控车床的结构特点及其与普通车床的区别 2. 台阶轴类、法兰盘类零件的车削加工工艺知识 3. 数控车床工艺编制方法	中级
		4. 能制定简单零件的加工工艺规程 5. 能制定三拐以上曲轴、有立体交叉孔的箱体等畸形、精密零件的车削加工顺序 6. 能制定加工大型、复杂零件的车削加工顺序	4. 简单零件加工工艺规程的制定方法 5. 畸形、精密零件的车削加工顺序的制定方法 6. 大型、复杂零件的车削加工顺序的制定方法	高级
		7. 能编制典型零件的加工工艺规程 8. 能对零件的车削工艺进行合理性分析,并提出改进建议	7. 典型零件加工工艺规程的编制方法 8. 车削工艺方案合理性的分析方法及改进措施	技师
	(三)工件定位与夹紧	1. 能正确装夹薄壁、细长、偏心类工件 2. 能合理使用四爪单动卡盘、花盘及弯扳装夹外形较复杂的简单箱体工件	1. 定位、夹紧的原理及方法 2. 车削时防止工件变形的方法 3. 复杂外形工件的装夹方法	中级
		3. 能使用、调整三爪自定心卡盘、尾座顶尖及液压高速动力卡盘并配置软爪 4. 能正确使用和调整液压自动定心中心架 5. 能正确选择、使用、调整刀架	4. 三爪自定心卡盘、尾座顶尖及液压高速动力卡盘的使用、调整方法 5. 液压自动定心中心架的特点、使用及安装调试方法 6. 刀架的种类、用途及使用、调整方法	高级
		6. 能设计、制作装夹薄壁、偏心工件的专用夹具 7. 能对现有的车床夹具进行误差分析并提出改进建议	7. 薄壁、偏心工件专用夹具的设计与制造方法 8. 车床夹具的误差分析及消减方法	技师

续表

职业功能	工作内容	技 能 要 求	相 关 知 识	职业等级
一、工艺准备	(四)刀具准备	1. 能够依据加工工艺卡选取刀具 2. 能够在刀架上正确装卸刀具 3. 能够确定有关切削参数	1. 数控车床刀具的种类、结构及特点 2. 数控车床对刀具的要求	中级
		4. 能正确选择刀架上的常用刀具	3. 刀架上常用刀具的知识	高级
		5. 能根据有关参数选择合理刀具	4. 刀具参数的设定方法	技师
	(五)编制程序	1. 能编制带有台阶、内外圆柱面、锥面、螺纹、沟槽等轴类、法兰盘类零件的加工程序 2. 能手工编制含直线插补、圆弧插补二维轮廓的加工程序	1. 几何图形中直线与直线、直线与圆弧、圆弧与圆弧的交点的计算方法 2. 机床坐标系及工件坐标系的概念 3. 直线插补与圆弧插补的意义及坐标尺寸的计算 4. 手工编程的各种功能代码及基本代码的使用方法 5. 主程序与子程序的意义及使用方法 6. 刀具补偿的作用及计算方法	中级
		1. 能手工编制较复杂的、带有二维圆弧曲面零件的车削程序	1. 较复杂圆弧与圆弧的交点的计算方法	高级
		2. 能用计算机软件编制车削程序 3. 能用计算机软件编制车削中心程序	2. CAD/CAM 软件的使用方法 3. 车削中心的原理及编程方法	技师
	(六)设备维护保养	1. 能在加工前对车床的机、电、气、液开关进行常规检查 2. 能进行数控车床的日常保养	1. 数控车床安全操作规程 2. 数控车床的日常保养方法与内容	中级
		3. 能阅读编程错误、超程、欠压、缺油等报警信息,并排除一般故障 4. 能完成机床定期维护保养	3. 数控车床报警信息的内容及解除方法 4. 数控车床定期维护保养的方法 5. 数控车床液压原理及常用液压元件	高级
		5. 能根据数控车床的结构、原理,诊断并排除液压及机械故障 6. 能进行数控车床定位精度和重复定位精度及工作精度的检验 7. 能借助词典看懂进口数控设备相关外文标牌及使用规范的内容	6. 数控车床常见故障的诊断与排除方法 7. 数控车床定位精度和重复定位精度及工作精度的检验方法 8. 进口数控设备常用标牌及使用规范英汉对照表	技师
二、工件加工	(一)输入程序	1. 能手工输入程序 2. 能使用自动程序输入装置 3. 能进行程序的编辑与修改	1. 手工输入程序的方法及自动程序输入装置的使用方法 2. 程序的编辑与修改方法	中级
	(二)对刀	1. 能进行试切对刀 2. 能使用机内自动对刀仪器 3. 能正确修正刀补参数	试切对刀方法及机内对刀仪器的使用方法	
	(三)试运行	能使用程序试运行、分段运行及自动运行等切削运行方式	程序的各种运行方式	
	(四)简单零件的加工	1. 能在数控车床上加工外圆、孔、台阶、沟槽等	1. 数控车床操作面板各功能键及开关的用途和使用方法	

续表

职业功能	工作内容	技能要求	相关知识	职业等级
二、工件加工	(五)较复杂零件的加工	2. 能加工带有二维圆弧曲面的较复杂零件	2. 在数控车床上利用多重复合循环加工带有二维圆弧曲面的较复杂零件的方法	高级
	(六)复杂零件的加工	3. 能对适合在车削中心加工的带有车削、铣削、磨削等工序的复杂工件进行加工	3. 铣削加工和磨削加工的基本知识 4. 车削加工中心加工复杂工件的方法	技师
三、精度检验及误差分析	(一)高精度轴向尺寸、理论交点尺寸及偏心件的测量	1. 能用量块和百分表测量公差等级 IT9 的轴向尺寸 2. 能间接测量理论交点尺寸 3. 能测量偏心距及两平行非整圆孔的孔距	1. 量块的用途及使用方法 2. 理论交点尺寸的测量与计算方法 3. 偏心距的检测方法 4. 两平行非整圆孔孔距的检测方法	中级
	(二)内外圆锥检验	1. 能用正弦规检验锥度 2. 能用量棒、钢球间接测量内、外锥体	1. 正弦规的使用方法及测量计算方法 2. 利用量棒、钢球间接测量内、外锥体的方法与计算方法	
	(三)多线螺纹与蜗杆的检验	1. 能进行多线螺纹的检验 2. 能进行蜗杆的检验	1. 多线螺纹的检验方法 2. 蜗杆的检验方法	
	(四)复杂、畸形机械零件的精度检验及误差分析	1. 能对复杂、畸形机械零件进行精度检验 2. 能根据测量结果分析产生车削误差的原因	1. 复杂、畸形机械零件精度的检验方法 2. 车削误差的种类及产生原因	高级
	(五)精度分析	能根据测量结果分析产生加工误差的主要原因,并提出改进措施	车削加工中影响加工精度的主要因素和提高加工精度的措施	技师
四、培训指导与管理工作	(一)指导操作	能指导数控车床中、高级操作工进行实际操作	培训教学的基本方法	技师
	(二)理论培训	能讲授本专业技术理论知识		
	(三)生产管理	1. 能组织有关人员协同作业 2. 能协助部门领导进行计划、调度及人员管理	生产管理基本知识	
	(四)质量管理	1. 能在本职工作中认真贯彻各项质量标准 2. 能应用全面质量管理知识,实现操作过程的质量分析与控制	1. 相关质量标准 2. 质量分析与控制方法	

二、本职业培训与鉴定的主要内容

本职业培训与鉴定的技术对象是金属材料的切削加工，在被培训与鉴定者初步具备数控机床工作原理（组成结构、插补原理、控制原理、伺服系统）和编程方法（常用指令代码、程序格式、子程序、固定循环）等数控应用技术基本知识、金属切削加工（车工、钳工和镗工）的基本知识、编制常规工艺规程的基本知识、计算机应用的基本知识和生产技术管理知识等基础上进行。

（一）对于中级数控车床操作工

1. 数控车床的基本操作、日常维护及保养

（1）常用卧式数控车床的名称、型号、规格、性能、结构、主要组成部分（传动系统和数控系统）及作用；

（2）数控车床的开机、关机；

（3）机床控制面板各功能键的作用及使用方法；

（4）切削液系统的使用；

（5）常用夹具（液压卡盘、顶尖、数控车床专用夹具和组合夹具）、量具（游标卡尺、外径千分尺、内径百分表、内径千分表）及机床附件（对刀仪、磁盘驱动器等）的名称、规格、构造、用途、使用和调整规则；

（6）常用数控刀具（种类、材料、牌号、性能、尺寸等）的选择方法，能修磨各种非标准刀具的几何形状、角度；

（7）刀具的装夹、更换，刀具的预调及其参数的输入和修改的基本操作；

（8）工件的定位、装夹、找正；

（9）对刀、设置工件原点输入工件坐标系；

（10）刀具长度补偿和半径补偿的使用方法，加工参数的选择、计算、输入及修改等项目的基本操作；

（11）数控加工程序的输入、输出、检查、调试及执行；

（12）根据工件的技术要求，确定简单工艺路线，进行首件试切；

（13）加工过程中切削用量的调整；

（14）按工艺规程完成工件的加工及工件简单尺寸的现场测量；

（15）数控车床的日常维护与保养；

（16）爱岗敬业，遵章守纪，严格、正确执行数控车床安全操作规程。

2. 简单数控工艺设计与程序编制

（1）按照工艺文件的要求，完成简单工件的加工；

（2）编制简单工件的工艺路线；

（3）手工编制简单的加工程序并执行。

（二）对于高级数控车床操作工

1. 较复杂数控工艺设计与程序编制

（1）按照工艺文件的要求，完成较复杂工件的加工；

（2）编制较复杂工件的工艺路线；

（3）手工编制较复杂的加工程序并执行；

（4）应用 CAD/CAM 软件编程并加工。

2. 现场技术问题的分析处理

（1）加工状态的监控及紧急情况的处理；

（2）加工的中断及恢复；

（3）阅读数控车床各类报警信息，处理一般报警故障；

（4）工件加工中产生废品的原因分析与解决。

（三）对于技师

1. 现场质量管理

（1）进行产品抽样检验，建立质量管理图并进行统计分析；

（2）数控加工工艺和加工程序的优化建议。

2. 技术指导与管理

（1）指导数控车床中、高级操作工工作；

（2）制定数控车床操作规章制度；

（3）协助有关人员进行计划、调度及人员管理。

第二节　数控铣床操作工职业资格培训与鉴定

一、本职业的知识与技能要求

按照《铣工国家职业标准》中各职业等级关于数控铣床的工作要求，提出如下知识和技能方面的基本要求。其中，中级、高级、技师的知识和技能要求依次递进，高级别包括低级别的要求，见表7-2。

表7-2　　数控铣工工作要求

职业功能	工作内容	技能要求	相关知识	职业等级
一、工艺准备	(一)读图与绘图	1. 能读懂等速凸轮、齿轮、离合器、带直线成形面和曲面等中等复杂程度零件的零件图 2. 能读懂分度头尾架、弹簧夹头套筒、可转位铣刀结构等简单机构的装配图 3. 能绘制带斜面或沟槽的轴和矩形零件锥套等简单零件图	1. 复杂零件的表示方法 2. 齿轮、花键轴及带斜面和沟槽的零件等简单零件图的画法	中级
		4. 能读懂螺旋桨、减速器箱体、多位置非等速圆柱凸轮等复杂畸形零件的工作图 5. 能绘制等速凸轮、蜗杆、花键轴、直齿锥齿轮、专用铣刀等中等复杂程度的零件工作图 6. 能绘制简单零件的轴测图 7. 能读懂分度头、回转工作台等一般机构的装配图	3. 复杂畸形零件图的画法 4. 简单零件轴测图的画法 5. 一般机械装配图的表达方法	高级
		8. 能根据实物或装配图绘制或拆画零件图 9. 能绘制铣床常用工装的装配图及零件图 10. 能读懂较复杂的箱体图	6. 零件的测绘方法 7. 根据装配图拆画零件图的方法 8. 较复杂铣床工装装配图的画法	技师
	(二)制定加工工艺	1. 能正确选择加工零件的工艺基准 2. 能决定工步顺序、工步内容及切削参数 3. 能编制矩形体、平行孔系、圆弧曲面等一般难度工件的铣削工艺	1. 一般复杂程度工件的铣削工艺 2. 数控铣床的工艺编制	中级

续表

职业功能	工作内容	技能要求	相关知识	职业等级
一、工艺准备	(二)制定加工工艺	4. 能制定具有二维、简单三维型面零件的铣削工艺	3. 具有二维、简单三维型面零件的铣削加工工艺知识 4. 成形面、凸轮、孔系、模具等较复杂零件的铣削加工工艺	高级
		5. 能编制叶片、螺旋桨、复杂模具型腔等复杂型面零件的加工工艺规程	5. 复杂型面零件的加工工艺	技师
	(三)工件定位与夹紧	1. 能正确选择工件的定位基准 2. 能正确使用铣床常用夹具及气动、液压自动夹紧装置	1. 气动、液压自动夹紧装置的使用方法	中级
		3. 能正确使用和调整铣床用各种夹具 4. 能设计数控铣床用简单专用夹具	2. 专用夹具和组合夹具的种类、结构和特点,复杂专用夹具的调整和一般组合夹具的组装方法	高级
		5. 能设计或组合数控铣床专用夹具 6. 能正确分析与夹具有关的误差,并提出改进建议	3. 专用夹具的设计与制造方法 4. 铣床夹具的误差分析及消减方法	技师
	(四)刀具准备	1. 能正确选择和装卸数控铣床常用刀具 2. 能合理确定有关切削参数	1. 数控铣削刀具及其切削参数 2. 数控铣削刀具的种类、结构、性能及用途	中级
		3. 能正确选择专用刀具和特殊刀具	3. 数控铣削刀具的选择方法	高级
		4. 能根据有关参数选择合理刀具	4. 数控铣床铣削时影响刀具寿命的因素及寿命参数的设定方法	技师
	(五)编制程序	1. 能编制简单的铣削加工程序	1. 机床坐标系及工件坐标系知识、数控编程的基本知识	中级
		2. 能编制较复杂零件的铣削加工程序	2. 具有二维、简单三维型面零件的编程方法	高级
		3. 能用计算机软件编制复杂型面的铣削程序	3. CAD/CAM 软件的使用方法	技师
	(六)设备调整及维护保养	1. 能对数控铣床进行调整 2. 能在加工前对机床进行常规检查 3. 能进行数控铣床的日常维护保养	1. 数控铣床的工作原理及调整方法 2. 数控铣床安全操作规程 3. 数控铣床的日常维护保养方法与内容	中级
		4. 能排除编程错误、超程、欠压、缺油等一般故障 5. 能根据说明书完成机床定期维护保养	4. 数控铣床的各类报警信息的内容及其解除方法 5. 数控铣床定期维护保养的方法 6. 数控铣床的结构及工作原理	高级
		6. 能根据数控铣床的结构、原理,分析气路、液路、电气及机械的一般故障,并进行排除 7. 能进行数控铣床定位精度和重复定位精度及工作精度的检验	7. 数控铣床的结构及常见故障的诊断与排除方法 8. 数控铣床定位精度和重复定位精度及工作精度的检验方法	技师

续表

职业功能	工作内容	技能要求	相关知识	职业等级
二、工件加工	(一)输入程序	1. 能手工输入程序 2. 能使用各种自动程序输入装置 3. 能进行程序的编辑与修改	1. 机床坐标系及工件坐标系的含义 2. 手工输入程序的方法及自动程序输入装置的使用方法 3. 程序的编辑与修改方法	中级
	(二)对刀	1. 能正确进行试切对刀 2. 能正确使用各种机内自动对刀仪 3. 能正确修正刀补参数	1. 试切对刀的方法及各种对刀仪器的使用方法 2. 修正刀补的方法	
	(三)试运行	能进行程序试运行、分段运行及自动运行等切削运行方式	程序的各种运行方式	
	(四)加工简单零件	能在数控铣床上加工平行孔系及简单型面	1. 数控铣床操作面板各功能键及开关的用途和使用方法 2. 平行孔系及简单型面的加工方法	
	(五)加工较复杂零件	1. 能加工较复杂零件和较复杂型面	1. 大型、复杂零件的加工方法 2. 难加工材料、难加工工件以及精密工件的加工方法	高级
	(六)加工复杂零件	2. 能对复杂工件进行加工	3. 镗削、刨削和磨削加工的基本知识 4. 加工复杂工件的方法	技师
三、精度检验及误差分析	(一)平面、矩形工件、斜面、台阶、沟槽的检验	能用常用量具及量块、正弦规、卡规、塞规等检验高精度工件的各部尺寸和角度	1. 量块、正弦规、卡规、塞规的用途及使用保养方法 2. 齿轮卡尺、公法线长度千分尺、刀具万能角度尺，以及样板、套规等专用量具的构造原理、使用和保养方法	中级
	(二)特殊型面的检验	1. 能进行平行孔系、离合器、齿轮、齿条、成型面、螺旋面、凸轮和刀具齿槽的检验 2. 能正确使用齿轮卡尺、公法线长度千分尺、样板、刀具万能角度尺		
	(三)螺旋齿、模具型面及复杂大型零件的检验	1. 能进行螺旋齿槽、端面齿槽和锥面齿槽、模具型面及复杂大型零件的检验 2. 能正确使用杠杆千分尺、扭簧比较仪、水平仪、光学分度头等精密量具和量仪进行检验	1. 复杂型面及大型零件精度的检验方法 2. 精密量具和量仪及光学分度头的构造原理和使用、保养方法 3. 数字显示装置的构造和使用方法	高级
		能根据测量结果分析产生加工误差的主要原因，并提出改进措施	4. 铣削加工中影响加工精度的主要因素和提高加工精度的措施 5. 专用检具的设计知识	技师
四、培训指导与管理工作	(一)指导操作	能指导数控铣床中级操作工进行实际操作	指导实际操作的基本方法	高级
		能指导数控铣床中、高级操作工进行实际操作	培训教学的基本方法	技师

续表

职业功能	工作内容	技能要求	相关知识	职业等级
四、培训指导与管理工作	(二)理论培训	能讲授本专业技术理论知识	培训教学的基本方法	技师
	(三)生产管理	1. 能组织有关人员协同作业 2. 能协助部门领导进行计划、调度及人员管理	生产管理基本知识	
	(四)质量管理	1. 能在本职工作中认真贯彻各项质量标准 2. 能应用全面质量管理知识，实现操作过程的质量分析与控制	1. 相关质量标准 2. 质量分析与控制方法	

二、本职业培训与鉴定的主要内容

本职业培训与鉴定的技术对象是金属材料的切削加工，在被培训与鉴定者初步具备数控机床工作原理（组成结构、插补原理、控制原理、伺服系统）和编程方法（常用指令代码、程序格式、子程序、固定循环）等数控应用技术基本知识、金属切削加工（钳工、铣工和镗工）的基本知识、编制常规工艺规程的基本知识、计算机应用的基本知识和生产技术管理知识等基础上进行。

（一）对于中级数控铣床操作工

1. 数控铣床的基本操作、日常维护及保养

（1）常用数控铣床的名称、型号、规格、性能、结构、主要组成部分（传动系统和数控系统）及作用；

（2）数控铣床的开机、关机；

（3）机床控制面板各功能键的作用及使用方法；

（4）切削液系统的使用；

（5）常用夹具（台钳、压板、数控铣床专用夹具和组合夹具）、量具（游标卡尺、外径千分尺、内径百分表、内径千分表）及机床附件（对刀仪、寻边器、磁盘驱动器等）的名称、规格、构造、用途、使用和调整规则；

（6）常用数控刀具（种类、材料、牌号、性能、尺寸等）的选择方法，能修磨各种非标准刀具的几何形状、角度；

（7）刀具的装夹、更换，刀具的预调及其参数的输入和修改的基本操作；

（8）工件的定位、装夹、找正；

（9）对刀、设置工件原点输入工件坐标系；

（10）刀具长度补偿和半径补偿的使用方法，加工参数的选择、计算、输入及修改等项目的基本操作；

（11）数控加工程序的输入、输出、检查、调试及执行；

（12）根据工件的技术要求，确定简单工艺路线，进行首件试切；

（13）加工过程中切削用量的调整；

（14）按工艺规程完成工件的加工及工件简单尺寸的现场测量；

（15）数控铣床的日常维护与保养；

（16）爱岗敬业，遵章守纪，严格、正确执行数控铣床安全操作规程。

2. 简单数控工艺设计与程序编制

（1）按照工艺文件的要求，完成简单工件的加工；

（2）编制简单工件的工艺路线；

（3）手工编制简单的加工程序并执行。

（二）对于高级数控铣床操作工

1. 较复杂数控工艺设计与程序编制

（1）按照工艺文件的要求，完成较复杂工件的加工；

（2）编制较复杂工件的工艺路线；

（3）手工编制较复杂的加工程序并执行；

（4）应用 CAD/CAM 软件编程并加工。

2. 现场技术问题的分析处理

（1）加工状态的监控及紧急情况的处理；

（2）加工的中断及恢复；

（3）阅读数控铣床各类报警信息，处理一般报警故障；

（4）工件加工中产生废品的原因分析与解决。

（三）对于技师

1. 现场质量管理

（1）进行产品抽样检验，建立质量管理图并进行统计分析；

（2）数控加工工艺和加工程序的优化建议。

2. 技术指导与管理

（1）指导数控铣床中、高级操作工工作；

（2）制定数控铣床操作规章制度；

（3）协助有关人员进行计划、调度及人员管理。

第八章　数控车工职业资格鉴定样题

第一节　中级理论考核样题

一、单项选择（第 1 题～第 79 题。选择一个正确的答案，将相应的字母填入题内的括号中。每题 1 分，满分 80 分。）

1. 数控系统常用的两种插补功能是（　　）。

A. 直线插补和圆弧插补　　B. 直线插补和抛物线插补

C. 圆弧插补和抛物线插补　　D. 螺旋线插补和抛物线插补

2. CNC 系统的 RAM 常配有高能电池，配备电池的作用是（　　）。

A. 保护 RAM 不受损坏　　B. 保护 CPU 和 RAM 之间传递信息不受干扰

C. 没有电池，RAM 就不能工作　　D. 系统断电时，保护 RAM 中的信息不丢失

3. G41 指令的含义是（　　）。

A. 直线插补　　B. 圆弧插补　　C. 刀具半径右补偿　　D. 刀具半径左补偿

4. 光栅尺是（　　）。

A. 一种能够准确地直接测量位移的工具

B. 一种数控系统的功能模块

C. 一种能够间接检测直线位移或角位移的伺服系统反馈元件

D. 一种能够间接检测直线位移的伺服系统反馈元件

5. 数控机床的坐标系，根据 ISO 标准，在编程时采用（　　）的规则。

A. 刀具相对静止而工件运动　　B. 工件相对静止而刀具运动

C. 工件随工作台运动　　D. 刀具随主轴移动

6. 数控机床的 T 指令是指（　　）。

A. 主轴功能　　B. 辅助功能　　C. 进给功能　　D. 刀具功能

7. 在开环的 CNC 系统中（　　）。

A. 不需要位置反馈环节　　B. 可要也可不要位置反馈环节

C. 需要位置反馈环节　　D. 除要位置反馈外，还要速度反馈

8. 加工箱体类零件平面时，应选择的数控机床是（　　）。

A. 数控车床　　B. 数控铣床　　C. 数控钻床　　D. 数控镗床

9. 定位基准有粗基准和精基准两种，选择定位基准应力求基准重合原则，即（　　）统一。

A. 设计基准，粗基准和精基准　　B. 设计基准，粗基准和工艺基准

C. 设计基准，工艺基准和编程原点　　D. 设计基准，精基准和编程原点

10. 采用铣刀进行平面轮廓加工时，要求加工后表面无进出刀痕迹，加工切入时采用（　　）方向切入。

A. 垂直于工件轮廓切入　　B. 沿工件轮廓切面切入

C. 垂直于工件表面切入　　　　D. A，B 方向都可

11. 通常情况下，平行于机床主轴的坐标轴是（　　）。

A. X 轴　　B. Z 轴　　C. Y 轴　　D. 不确定

12. 程序原点是编程员在数控编程过程中定义在工件上的几何基准点——称为工件原点，加工开始时要以当前主轴位置为参照点设置工件坐标系，所用的 G 指令是（　　）。

A. G92　　B. G90　　C. G91　　D. G93

13. 精加工时应首先考虑（　　）。

A. 零件的加工精度和表面质量　　B. 刀具的耐用度

C. 生产效率　　D. 机床的功率

14. 数控机床的位置精度主要指标有（　　）。

A. 定位精度和重复定位精度　　B. 分辨率和脉冲当量

C. 主轴回转精度　　D. 几何精度

15. 回转体零件车削后，端面产生垂直度误差主要原因是（　　）。

A. 主轴有轴向跳动　　B. 主轴前后支承孔不同轴

C. 主轴支承轴颈有圆度误差　　D. 主轴有径向跳动

16. 用于主轴旋转速度控制的代码是（　　）。

A. T　　B. G　　C. S　　D. F

17. 对曲率变化较大和精度要求较高的曲面精加工，常用（　　）的行切法加工。

A. 两轴半坐标联动　　B. 三轴坐标联动

C. 四轴坐标联动　　D. 五轴坐标联动

18. 在切断、加工深孔或用高速钢刀具加工时，宜选择（　　）的进给速度。

A. 较高　　B. 较低

C. 数控系统设定的最低　　D. 数控系统设定的最高

19. 地址编码 A 的意义是（　　）。

A. 围绕 X 轴回转运动的角度尺寸　　B. 围绕 Y 轴回转运动的角度尺寸

C. 平行于 X 轴的第二尺寸　　D. 平行于 Y 轴的第二尺寸

20. F152 表示（　　）。

A. 主轴转速为 152r/min　　B. 主轴转速为 152mm/min

C. 进给速度为 152r/min　　D. 进给速度为 152mm/min

21. 编程员在数控编程过程中，定义在工件上的几何基准点称为（　　）。

A. 机床原点　　B. 绝对原点　　C. 工件原点　　D. 装夹原点

22. 在数控机床上设置限位开关起的作用是（　　）。

A. 线路开关　　B. 过载保护　　C. 欠压保护　　D. 位移控制

23. 在数控机床的加工过程中，要进行测量刀具和工件的尺寸、工件调头、手动变速等固定的手工操作时，需要运行（　　）指令。

A. M00　　B. M98　　C. M02　　D. M03

24. 对于非圆曲线加工，一般用直线和圆弧逼近，在计算节点时，要保证非圆曲线和逼近直线或圆弧之法向距离小于允许的程序编制误差，允许的程序编制误差一般取零件公差的（　　）。

A. 1/2～1/3　　B. 1/3～1/5　　C. 1/5～1/10　　D. 等同值

25. 下列指令中，属于非模态代码的指令是（　　）。

A. G90　　B. G91　　C. G04　　D. G54

26. 刀具长度补偿值的地址用（　　）。

A. D　　B. H　　C. R　　D. J

27. 在数控机床上，下列划分工序的方法中错误的是（　　）。

A. 按所用刀具划分工序　　B. 以加工部位划分工序

C. 按粗、精加工划分工序　　D. 按不同的加工时间划分工序

28. 下列确定加工路线的原则中正确的说法是（　　）。

A. 加工路线最短　　B. 使数值计算简单

C. 加工路线应保证被加工零件的精度及表面粗糙度

D. A、B、C 同时兼顾

29. 数控机床的加工动作是由（　　）规定的。

A. 输入装置　　B. 步进电机　　C. 伺服系统　　D. 力 H-F 程序

30. 数控机床的脉冲当量是指（　　）。

A. 数控机床移动部件每分钟位移量　　B. 数控机床移动部件每分钟进给量

C. 数控机床移动部件每秒钟位移量　　D. 每个脉冲信号使数控机床移动部件产生的

31. MDI 方式是指（　　）。

A. 自动加工方式　　B. 手动输入方式　　C. 空运行方式　　D. 单段运行

32. 为方便编程，数控加工的工件尺寸应尽量采用（　　）。

A. 局部分散标注　　B. 以同一基准标注　　C. 对称标注　　D. 任意标注

33. 下列较适合在数控机床上加工的内容是（　　）。

A. 形状复杂、尺寸繁多、画线与检测困难的部位

B. 毛坯上的加工余量不太充分或不太稳定的部位

C. 需长时间占机人工调整的粗加工内容

D. 简单的粗加工表面

34. 编排数控加工工序时，采用一次装夹工位上多工序集中加工原则的主要目的是（　　）。

A. 减少换刀时间　　B. 减少空运行时间

C. 减少重复定位误差　　D. 简化加工程序

35. 下列加工内容中，应尽可能在一次装夹中完成加工的是（　　）。

A. 有同轴度要求的内外圆柱面　　B. 几何形状精度要求较高的内外圆柱面

C. 表面质量要求较高的内外圆柱面　　D. 尺寸精度要求较高的内外圆柱面

36. 工件夹紧的三要素是（　　）。

A. 夹紧力的大小、夹具的稳定性、夹具的准确性

B. 夹紧力的大小、夹紧力的方向、夹紧力的作用点

C. 工件变形小、夹具稳定可靠、定位准确

D. 夹紧力要大、工件稳定、定位准确

37. 在工件毛坯上增加工艺凸耳的目的是（　　）。

A. 美观　　B. 提高工件刚度　　C. 制作定位工艺孔　　D. 方便下刀

38. 数控机床开机时，一般要进行回参考点操作，其目的是要（　　）。

A. 换刀，准备开始加工　　B. 建立机床坐标系

C. 建立局部坐标系　　D. A、B、C 都是

39. 下列孔加工中，（　　）孔是起钻孔定位和引正作用的。

A. 麻花钻　　B. 中心钻　　C. 扩孔钻　　D. 锪钻

40. 在粗加工和半精加工时一般要留加工余量，如果加工尺寸 200mm，加工精度 IT7，下列半精加工余量中（　　）相对更为合理。

A. 10mm　　B. 0.5mm　　C. 0.01mm　　D. 0.005mm

41. 加工中心与其他数控机床的主要区别是（　　）。

A. 有刀库和自动换刀装置　　B. 机床转速高

C. 机床刚性好　　D. 进刀速度高

42. 数控机床长期不使用时，（　　）。

A. 应断电并保持清洁

B. 应每周通电一至两次，每次空运转一小时

C. 应清洗所有过滤器、油箱并更换润滑油

D. 应放松所有预紧装置

43. 数控机床开机时，一般要首先进行（　　）操作。

A. 回参考点　　B. 换刀，准备开始加工

C. 建立局部坐标系　　D. A、B、C 都是

44. 数控机床进给传动系统中不能用链传动是因为（　　）。

A. 平均传动比不准确　　B. 瞬时传动比是变化的

C. 噪声大　　D. 不牢靠

45. 下列检测装置中，用于直接测量直线位移的检测装置为（　　）。

A. 绝对式旋转编码器　　B. 增量式旋转编码器

C. 旋转变压器　　D. 光栅尺

46. 半闭环控制伺服进给系统的检测元件一般安装在（　　）。

A. 工作台上　　B. 丝杠一端　　C. 工件上　　D. 导轨上

47. 在逐点比较法直线插补中，若偏差函数等于零，表明刀具在直线的（　　）。

A. 上方　　B. 下方　　C. 起点　　D. 直线上

48. G71 是（　　）。

A. 单一循环指令　　B. 直线插补指令

C. 仿形循环指令　　D. 外圆粗车循环指令

49. 任何一个未被约束的物体，在空间具有（　　）个自由度。

A. 5　　B. 3　　C. 4　　D. 6

50. 编制数控加工中心加工程序时，为了提高加工精度，一般采用（　　）。

A. 精密专用夹具　　B. 流水线作业法

C. 工序分散加工法　　D. 一次装夹，多工序集中

51. 数控机床配置的自动测量系统可以测量工件的坐标系、工件的位置度以及（　　）。

A. 粗糙度　　B. 尺寸精度

C. 圆柱度　　D. 机床的定位精度

52.（　　）属于点位控制数控机床。

A. 数控车床　　B. 数控钻床　　C. 数控铣床　　D. 加工中心

53. 程序编制中首件试切的作用是（　　）。

A. 检验零件图样的正确性

B. 检验零件工艺方案的正确性

C. 检验程序单或控制介质的正确性，并检验是否满足加工精度要求

D. 仅检验数控穿孔带的正确

54. G00 U50、O W-20、0 表示（　　）。

A. 刀具按进给速度移至机床坐标系 X＝50mm，Y＝－20mm 点

B. 刀具快速移至机床坐标系 X＝50mm，Y＝－20mm 点

C. 刀具快速向 X 正方向移动 50mm，Y 负方向移动 20mm

D. 编程错误

55. 数控机床使用的刀具必须具有较高强度和耐用度，车削加工的刀具中，最能体现这两种特性的刀具材料是（　　）。

A. 硬质合金　　B. 高速钢　　C. 工具钢　　D. 陶瓷刀片

56. 数控机床的控制装置包括（　　）。

A. 伺服电机和驱动系统

B. 程序载体和光电阅读机

C. 信息处理、输入输出装置

D. 位移、速度检测装置和反馈系统

57. 数控机床中，采用滚珠丝杠副消除轴向间隙的目的主要是（　　）。

A. 提高反向传动精度　　B. 增大驱动力矩

C. 减少摩擦力矩　　D. 提高使用寿命

58. 数控车床上最常用的导轨是（　　）。

A. 滑动导轨　　B. 静压导轨　　C. 贴塑导轨　　D. 塑料导轨

59. 在 CIMS 中，涉及 CAD、CAM、CAPP 等各种（　　）。

A. 系统工程　　B. 管理科学

C. 现代机械制造技术　　D. 计算机辅助技术

60. 对于既要车外圆又要车内孔的零件（　　）。

A. 先车孔后车外圆　B. 先外圆后内孔　C. 同时进行　　D. 无所谓

61. 曲面加工常用（　　）。

A. 键槽刀　　B. 锥形刀　　C. 盘形刀　　D. 球形刀

62. 切削用量中对切削温度影响最大的是（　　）。

A. 切削深度　　B. 进给量

C. 切削速度　　D. A、B、C 一样大

63. 数控车床刀具补偿有（　　）。

A. 刀具半径补偿　　B. 刀具长度补偿

C. 刀尖半径补偿　　D. A、B 两者都没有

64. 划分加工工序，下面哪种说法是错误的（　　）。

A. 按零件装夹定位方式划分　B. 按粗精加工划分
C. 按所用刀具划分　D. 按加工面的大小划分

65. 关于车削中心编程，下面哪种说法是错误的（　　）。
A. 进行合理的工艺分析　B. 自动换刀要有足够的空间
C. 尽量采用工序不集中　D. 尽量采用工序集中

66. 在工件坐标系中设置的数值是（　　）。
A. 工件坐标系的原点相对机床坐标系原点偏移量
B. 刀具的长度偏差值　C. 工件坐标系的原点
D. 工件坐标系原点相对对刀点的偏移量

67. 数控机床采用伺服电机实现无级变速仍采用齿轮传动主要目的是增大（　　）。
A. 输入速度　B. 输入扭矩　C. 输出速度　D. 输出扭矩

68. 指令 G42 的含义是（　　）。
A. 刀具半径右补偿　B. 刀具半径补偿功能取消
C. 刀具长度补偿功能取消　D. 刀具长度正补偿

69.（　　）夹紧机构不仅结构简单，容易制造，而且自锁性能好，夹紧力大，是夹具上用得最多的一种夹紧机构。
A. 斜楔形　B. 螺旋　C. 偏心　D. 铰链

70. 粗加工时，选定了刀具和切削用量后，有时需要校验（　　），以保证加工顺利进行。
A. 刀具的硬度是否足够　B. 机床功率是否足够
C. 刀具的刚度是否足够　D. 机床床身的刚度

71. 数控机床有不同的运动形式，需要考虑工件与刀具相对运动关系及坐标系方向，编写程序时，采用（　　）的原则进行编写。
A. 刀具固定不动，工件移动　B. 工件固定不动，刀具移动
C. 分析机床运动关系后再根据实际情况确定
D. 由机床说明书确定

72. 插补运算的任务是确定刀具的（　　）。
A. 速度　B. 加速度　C. 运动轨迹　D. 运动距离

73. 在数控加工中，影响切削速度的因素很多，其中最主要的影响因素是（　　）。
A. 工件材料　B. 刀具材质　C. 刀具形状　D. 冷却液的使用

74. 不属于插补运算的四个节拍（　　）。
A. 偏差判别　B. 坐标进给　C. 运动轨迹　D. 终点判别

75. 在数控加工中，影响刀具寿命的因素很多，其中最主要的影响因素是（　　）。
A. 切削速度　B. 切削深度　C. 进给量　D. 刀具角度

76. 数控加工中接近（进刀）速度为从（　　）。
A. 快速下刀高度切入工件前　B. 起止高度切入工件后
C. 慢速下刀高度切入工件前　D. 安全高度切入工件后

77. 在工序卡图上，用来确定本工序所加工后的尺寸、形状、位置的基准称为（　　）基准。

A. 装配　　B. 测量　　C. 定位　　D. 工序

78. 确定机床坐标系时，一般（　　）。

A. 采用笛卡儿坐标系　　B. 采用极坐标系

C. 用左手法则判断　　D. 先确定 X、Y 轴，然后确定 Z 轴

79. 下列说法正确的是（　　）。

A. 编程零点和设计基准是一回事

B. 编程零点和设计基准不是一回事，但必须重合

C. 编程零点和设计基准最好重合

D. 编程零点和设计基准不能重合

二、判断题（第 80 题～第 99 题。将判断结果填入括号中。正确的填“√”，错误的填“×”。每题 1 分，满分 20 分。）

80. G00、G01 指令都能使机床坐标轴准确到位，因此它们都是插补指令。（　　）

81. 圆弧插补用半径编程时，当圆弧所对应的圆心角大于 180°时半径取负值。（　　）

82. 不同的数控机床可能选用不同的数控系统，但数控加工程序指令都是相同的。（　　）

83. 数控机床按控制系统的特点可分为开环、闭环和半闭环系统。（　　）

84. 在开环和半闭环数控机床上，定位精度主要取决于进给丝杠的精度。（　　）

85. 点位控制系统不仅要控制从一点到另一点的准确定位，还要控制从一点到另一点的路径。（　　）

86. 常用的位移执行机构有步进电机、直流伺服电机和交流伺服电机。（　　）

87. 通常在命名或编程时，不论何种机床，都一律假定工件静止刀具移动。（　　）

88. 数控机床适用于单品种，大批量的生产。（　　）

89. 一个主程序中只能有一个子程序。（　　）

90. 子程序的编写方式必须是增量方式。（　　）

91. 数控机床的常用控制介质就是穿孔纸带。（　　）

92. 程序段的顺序号，根据数控系统的不同，在某些系统中可以省略的。（　　）

93. 绝对编程和增量编程不能在同一程序中混合使用。（　　）

94. 数控机床在输入程序时，不论何种系统坐标值不论是整数和小数都不必加入小数点。（　　）

95. RS232 主要作用是用于程序的自动输入。（　　）

96. 车削中心必须配备动力刀架。（　　）

97. Y 坐标的圆心坐标符号一般用 K 表示。（　　）

98. 非模态指令只能在本程序段内有效。（　　）

99. X 坐标的圆心坐标符号一般用 K 表示。（　　）

第二节　高级理论考核样题

一、单项选择（第 1 题～第 80 题。选择一个正确的答案，将相应的字母填入题内的括号中。每题 1 分，满分 80 分）

1. 保持工作环境清洁有序不正确的是（　　）。

A. 整洁的工作环境可以振奋职工精神

B. 优化工作环境

C. 工作结束后再清除油污

D. 毛坯、半成品按规定堆放整齐

2. 环境不包括（　　）。

A. 海洋　　B. 文物遗迹

C. 季节变化　　D. 风景名胜区

3. 企业的质量方针不是（　　）。

A. 工艺规程的质量记录　　B. 每个职工必须贯彻的质量准则

C. 企业的质量宗旨　　D. 企业的质量方向

4. 不属于岗位质量措施与责任的是（　　）。

A. 岗位的质量责任即岗位的质量要求

B. 岗位工作要按工艺规程的规定进行

C. 明确不同班次之间相应的质量问题的责任

D. 明确岗位工作的质量标准

5. 多孔插盘装在车床主轴上，转盘上有 12 个等分的、精度很高的（　　）插孔，它可以对 2、3、4、6、8、12 线蜗杆进行分线。

A. 安装　　B. 定位　　C. 圆锥　　D. 矩形

6. 蜗杆的齿形角是在通过蜗杆的剖面内，轴线的面与（　　）之间的夹角。

A. 端面　　B. 大径　　C. 齿侧　　D. 齿根

7. 根据多线蜗杆在轴向和圆周上等距分布的特点，分线方法有轴向分线法和（　　）分线法两种。

A. 圆周　　B. 角度　　C. 齿轮　　D. 自动

8. 车削轴向模数 m_x 等于 3 的双线蜗杆，如果车床小滑板刻度盘每格为 0.05mm，小滑板应转过的格数为（　　）。

A. 123.528　　B. 188.496　　C. 169.12　　D. 147.321

9. 回转精度高、（　　）、承载能力大是数控顶尖具有的优点。

A. 转速低　　B. 定心差　　C. 转速快　　D. 顶力小

10. 为保证数控自定心中心架夹紧零件的中心与机床（　　），须使用试棒和百分表调整。

A. 导轨平行　　B. 主轴中心重合

C. 刀架平行　　D. 尾架平行

11.（　　）适用于加工普通机床难加工、质量也难保证的工件。

A. 专用机床　　B. 数控机床

C. 精密机床　　D. 不能判断

12. 在数控机床上安装工件，当工件批量不大时，应尽量采用（　　）卡具。

A. 专用卡具　　B. 气动卡具

C. 组合卡具　　D. 液动卡具

13. 以下（　　）不是选择进给量的主要依据。

A. 工件加工精度　　B. 工件粗糙度
C. 机床精度　　D. 工件材料

14.（　　）不适合将复杂加工程序输入到数控装置。
A. 纸带　　B. 磁带　　C. 电脑　　D. 键盘

15. 在 FANUC 系统中，调出刀具参数使用（　　）键。
A. POS　　B. PRGAM　　C. OFFET　　D. MENU

16. FANUC 数控系统中，子程序调用指令为（　　）。
A. M97　　B. M98　　C. M99　　D. M00

17. 在 FANUC 系统中，（　　）是螺纹循环指令。
A. G32　　B. G23　　C. G92　　D. G90

18. 机械效率值永远是（　　）。
A. 大于 1　　B. 小于 1　　C. 等于 1　　D. 负数

19. 机床的切削精度检查，实质上是对机床（　　）在切削加工条件下的一项综合检查。
A. 综合精度　　B. 主轴精度
C. 几何精度和定位精度　　D. 刀具精度

20.（　　）是数控机床运动轴移动的最小位移单位，其值取的越小，零件的加工精度越高。
A. 伺服电压　　B. 脉冲当量
C. 编码器的分辨率　　D. 数控轴的数量

21. 在同一尺寸段内，尽管基本尺寸不同，但只要公差等级相同，其标准公差值就（　　）。
A. 可能相同　　B. 一定相同
C. 一定不同　　D. 无法判断

22. KTH300-6 表示一种（　　）可锻铸铁。
A. 黑心　　B. 白心　　C 黄心　　D. 球光体

23. 按（　　）不同可将齿轮传动分为圆柱齿轮传动和圆锥齿轮传动两类。
A. 齿轮形状　　B. 用途　　C. 结构　　D. 大小

24.（　　）的工件不适用于在数控机床上加工。
A. 普通机床难加工　　B. 毛坯余量不稳定
C. 精度高　　D. 形状复杂

25. 一个零件程序除了加工某个零件外，还能对加工与其相似的其他零件有参考价值可提高（　　）编程能力。
A. 机床原点　　B. 换刀点
C. 工件原点　　D. 以上都不是

26. 数控机床的快速进给速率选择的倍率对手动脉冲发生器的速率（　　）。
A. 25%有效　　B. 50%有效
C. 无效　　D. 100%有效

27. 使用（　　）可测量深孔件的圆度精度。

A. 测微仪　　　　　　B. 游标卡尺

C. 塞规　　　　　　　D. 内径百分表

28. 用偏移尾座法车圆锥时若尾座偏移量不正确，会产生（　　）误差。

A. 轴线的直线度　　　B. 圆柱度

C. 圆度　　　　　　　D. 同轴度

29. 铰孔时为了保证孔的尺寸精度，铰刀的制造公差约为被加工孔公差的（　　）。

A. 1/2　　　　　　B. 1/3　　　　　　C. 1/4　　　　　　D. 1/5

30. 数控机床的主轴速度控制盘对主轴速率的控制范围是（　　）。

A. 60%～120%　　　B. 70%～150%

C. 50%～100%　　　D. 60%～200%

31. 三相笼型电动机适用于（　　）。

A. 不要求调速的场合　B. 恒转速的场合

C. 启动频率的场合　　D. 平滑调速的场合

32. 在一定的生产条件下，以最少（　　）和最低的成本费用，按生产计划的规定生产出合格的产品是制定工艺规程应遵循的原则。

A. 电力消耗　　　　　B. 劳动消耗

C. 材料消耗　　　　　D. 物资消耗

33. 数控机床进给系统采用齿轮传动副时，应该有消隙措施，其消除的是（　　）。

A. 齿轮轴向间隙　　　B. 齿顶间隙

C. 齿根间隙　　　　　D. 齿侧间隙

34. 乏线蜗杆零件图常采用（　　），剖面图（移卅剖面）和局部放大的表达方法。

A. 主视图　　　　　　B. 轴测图

C. 剖视图　　　　　　D. 向视图

35. 主轴箱中（　　）通过轴承在主轴箱体上实现轴向定位。

A. 离合器　　　　　　B. 空套齿轮

C. 固定齿轮　　　　　D. 滑移齿轮

36. 识读（　　）的要求是了解它的名称、用途、性能、结构和工作原理。

A. 装配图　　　　　　B. 零件图

C. 工序图　　　　　　D. 以上均对

37. （　　）是规定产品或零件制造工艺过程和操作方法的工艺文件。

A. 机械加工工艺规程　B. 机械加工工艺手册

C. 机械加工工艺教材　D. 机械加工工艺内容

38. 确定加工顺序和工序内容、加工方法、划分加工阶段、安排热处理、检验及其他辅助工序是（　　）的主要工作。

A. 拟定工艺路线　　　B. 拟定加工方法

C. 填写工艺文件　　　D. 审批工艺文件

39. 为保证数控自定心中心架夹紧零件的中心与机床主轴中心重合，须使用（　　）调整。

A. 杠杆表和百分表　　B. 试棒和百分表

C. 千分尺和试棒　　D. 千分尺和杠杆表

40. 数控车床的外圆车刀通过（　　）安装在转塔刀架的转塔刀盘上。

A. 刀柄套　　B. 定位环

C. 刀柄座　　D. 定位套

41. 根据 ISO 标准中，G01 是（　　）指令。

A. 绝对坐标　　B. 外圆循环

C. 直线插补　　D. 坐标系设定

42. 程序段 G74 Z－80.0 Q20.0 F0.15 中，Z－80.0 的含义是（　　）。

A. 钻孔深度　　B. 阶台长度

C. 走刀长度　　D. 以上均错

43. 数控车床刀台换刀动作的圆滑性是（　　）需要检查保养的内容。

A. 每天　　B. 每周

C. 每个月　　D. 六个月

44. FANUC 系统中，（　　）指令是子程序结束指令。

A. M33　　B. M99　　C. M98　　D. M32

45. 液压系统中双出杆液压缸活塞杆与（　　）处采用 V 型密封圈密封。

A. 活塞　　B. 压盖　　C. 缸盖　　D. 缸体

46. 数控机床的尾座套筒开关在（　　）位置时，套筒向前运动。

A. M CODE　　B. BACK

C. COOLANT ON　　D. FORWARD

47. FANUC 系统中，（　　）指令是 X 轴镜像指令。

A. M06　　B. M10　　C. M21　　D. M22

48. 以下功能指令中，与 M00 指令功能相类似的指令是（　　）。

A. M01　　B. M02　　C. M03　　D. M04

49. （　　）是间断端面切削循环指令，用于外沟槽加工。

A. G75　　B. G71　　C. G72　　D. G73

50. 数控机床手动进给时，模式选择开关应放在（　　）。

A. JOGFEED　　B. MDI

C. ZERO RETURN　　D. HANDLE　FEED

51. Master Cam 中通过多条交错曲线绘制曲面可用（　　）命令。

A. 旋转曲面　　B. 牵引曲面

C. 昆氏曲面　　D. 扫描曲面

52. 数控机床冷却液的开关在 COOLANT ON 位置时，是由（　　）控制冷却液的开关。

A. 关闭　　B. 程序　　C. 手动　　D. M08

53. 数控机床（　　）开关的英文是 DRY RUN。

A. 位置记录　　B. 机床锁定　　C. 试运行　　D. 单段运行

54. 数控机床的系统软件（　　）。

A. 由工件加工工艺人员编写　　B. 由机床操作人员编写

C. 存放在数控系统的 RAM 中　　D. 由数控系统设计人员编写

55. 双偏心工件是通过偏心部分（　　）与基准之间的距离来检测偏心部分与基准部分轴线间的关系。

A. 轴线　　B. 基准线　　C. 最低点　　D. 最高点

56. 检验箱体工件上的立体交错孔的垂直度时，在基准棒上装一百分表，测头顶在测量心棒的圆柱面上，旋转（　　）后再测，即可确定两孔轴线在测量长度内的垂直度误差。

A. 60°　　B. 360°　　C. 180°　　D. 270°

57. 车削轴类零件时，如果车床刚性差，滑板镶条太松，传动零件不平衡，在车削过程中会引起振动，使工件（　　）达不到要求。

A. 圆柱度　　B. 圆度　　C. 表面粗糙度　　D. 尺寸精度

58. 铰孔时，如果车床尾座偏移，铰出孔的（　　）。

A. 孔口会扩大　　B. 圆度超差　　C. 尺寸精度超差　　D. 同轴度超差

59. 第一台工业用数控机床在（　　）生产出来的。

A. 1948 年　　B. 1952 年　　C. 1954 年　　D. 1958 年

60. 点位控制机床可以是（　　）。

A. 数控车床　　B. 数控铣床　　C. 数控冲床　　D. 数控加工中心

61. 只有间接测量机床工作台的位移量的伺服系统是（　　）。

A. 开环伺服系统　　B. 半闭环伺服系统

C. 闭环伺服系统　　D. 混合环伺服系统数控机床

62. 中档数控机床的分辨率一般为（　　）。

A. 0.1mm　　B. 0.01mm　　C. 0.001mm　　D. 0.0001mm

63. 进给伺服系统对（　　）不产生影响。

A. 进给速度　　B. 运动位置　　C. 加工精度　　D. 主轴转速

64. 直线控制的数控车床可以加工（　　）。

A. 圆柱面　　B. 圆弧面　　C. 圆锥面　　D. 螺纹

65.（　　）伺服系统的控制精度最高。

A. 开环　　B. 半闭环　　C. 闭环　　D. 混合环

66. 第四代是指（　　）以后采用小型计算机的计算机数控系统（CNC）。

A. 1952 年　　B. 1965 年　　C. 1980 年　　D. 1970 年

67. 高档数控机床的联动轴数一般为（　　）。

A. 2 轴　　B. 3 轴　　C. 4 轴　　D. 5 轴

68.（　　）不属于数控机床。

A. 加工中心　　B. 车削中心　　C. 组合机床　　D. 计算机绘图仪

69. 非模态指令是指（　　）。

A. 一经在程序段中指定，直到出现同组代码时才会失效的代码

B. 续效功能的代码

C. 只在该程序段有效的代码

D. 不能独立使用的代码

70. 塑料滑动导轨比滚动导轨（　　）。

A. 摩擦因数小、抗振性好　　B. 摩擦因数大、抗振性差

C. 摩擦因数大、抗振性好　　D. 摩擦因数小、抗振性差

71. 主轴增量式编码器的 A、B 相脉冲信号可作为（　　）。

A. 主轴转速的检测　　B. 主轴正、反转的判断

C. 作为准停信号　　D. 手摇脉冲发生器信号

72. 对于闭环的进给伺服系统，可采用（　　）作为检测装置。

A. 增量式编码　　B. 绝对式编码

C. 圆光栅　　D. 长光栅

73. 在测量过程中，不会有累积误差，电源切断后信息不会丢失的检测元件是（　　）。

A. 增量式编码器　　B. 绝对式编码器

C. 圆磁栅　　D. 磁尺

74. 自动换刀的数控镗铣床上，主轴准停是为保证（　　）而设置的。

A. 传递切削转矩　　B. 镗刀不划伤已加工表面

C. 主轴换刀时，准确周向停止　　D. 刀尖与主轴的周向定位

75. 皮带直接带动的主传动与经齿轮变速的主传动相比，其（　　）。

A. 主轴的传动精度高　　B. 振动与噪声大

C. 恒功率调速范围大　　D. 输出转矩大

76. 以下不属于数控技术发展方向的是（　　）。

A. 高速化　　B. 通用化　　C. 智能化　　D. 高精度化

77. FMS 指的是（　　）。

A. 数控机床　　B. 计算机数控系统

C. 柔性加工单元　　D. 柔性制造系统

78. 在 FANUC 数控系统中准备功能一般由 G 和（　　）数字组成。

A. 1 位　　B. 2 位　　C. 3 位　　D. 4 位

79. 在 FANUC 数控车床系统中，G70 指（　　）。

A. 外径、内径粗加工循环指令　　B. 端面粗加工循环指令

C. 闭合车削循环指令　　D. 精加工循环指令

80. 在切削基面内测量的车刀角度有（　　）。

A. 前角　　B. 主偏角　　C. 楔角　　D. 刃倾角

二、判断题（第 81 题～第 100 题。将判断结果填入括号中，正确的填“√”，错误的填“×”。每题 1 分，满分 20 分）

81. 伺服系统的性能不会影响数控机床加工零件的表面粗糙度。（　　）

82. 数控机床上的轴仅仅是指机床部件直线运动方向。（　　）

83. 大惯量直流电动机的转子惯量大，小惯量直流电动机的转子惯量小。（　　）

84. 闭环伺服系统数控机床不直接测量机床工作台的位移量。（　　）

85. 数控加工中心必须具有刀库或自动换刀装置。（　　）

86. 半闭环进给伺服系统只能采用增量式检测装置。（　　）

87. 光栅尺是属于绝对式检测装置。（　）
88. 数控车床可以是点位控制数控机床。（　）
89. 分辨率在 0.0001mm 的数控机床属于高档数控机床。（　）
90. 增量式光电脉冲编码器的 C 相脉冲可以判断检测轴的转动方向。（　）
91. 闭环进给伺服系统必须采用绝对式检测装置。（　）
92. 中心架如发热厉害，须及时调整三个支撑爪与工件接触表面的间隙。（　）
93. α 表示材料的线膨胀系数，单位是℃。（　）
94. 车曲轴中间曲柄颈时，应采用三爪卡盘装夹。（　）
95. 大螺距的梯形螺纹加工时，最少准备两把刀。（　）
96. 三针测量法测量梯形螺纹时，量针选用公式是：0.618P。（　）
97. 螺旋传动主要由螺杆、螺母和螺栓组成。（　）
98. 碳素工具钢的常用牌号是 W18Cr4V。（　）
99. 千分尺测微螺杆的移动量一般为 25mm。（　）
100. 变压器在改变电压的同时，也改变了电流和频率。（　）

第三节　中级数控车工操作考核样题

（1）操作考核零件图，如图 8-1 所示。

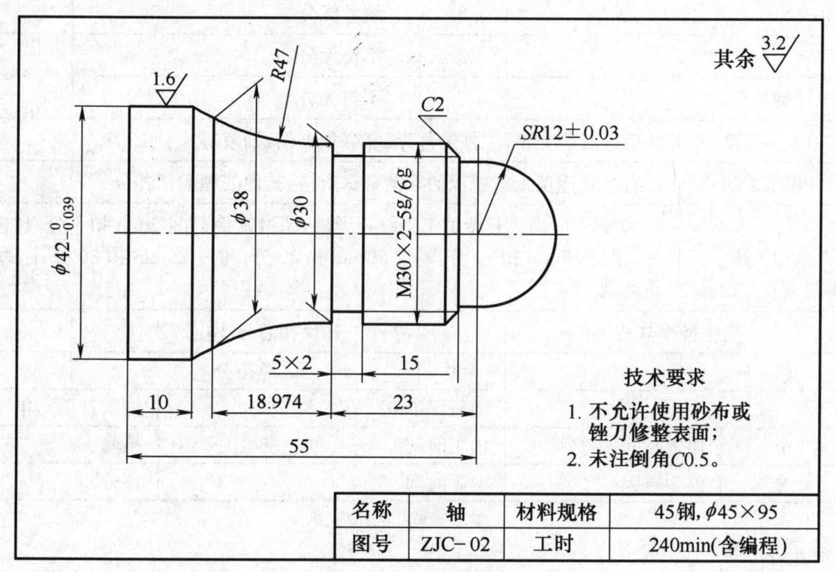

图 8-1　中级数控车工操作题

（2）考核目的

1）能根据零件图的要求，合理选择进刀路线及切削用量。

2）会编制单线及多线圆柱螺纹的加工程序。

3）能控制螺纹的尺寸精度和表面粗糙度。

(3) 编程操作加工时间

1) 编程时间：90min（占总分30%）。

2) 操作时间：150min（占总分70%）。

(4) 评分表，见表8-1。

表8-1　数控车工技能测评分表

检测项目	序号	技术要求	配分	评分标准	检测结果	得分
外圆	1	$\phi42_{-0.039}^{0}$　Ra1.6	8/4	超差0.01扣4分、降级无分		
	2	$\phi38$　锥面Ra3.2	6/4	超差扣分		
	3	$\phi30$	6	超差扣分		
圆弧	4	SR12±0.03　Ra3.2	8/4	超差、降级无分		
	5	R47　Ra3.2	8/4	超差、降级无分		
螺纹	6	M30×2−5g/6g　大径	5	超差无分		
	7	M30×2−5g/6g 中径	8	超差0.01扣4分		
	8	M30×2−5g/6g　两侧Ra3.2	8	降级无分		
	9	M30×2−5g/6g　牙形角	5	不符无分		
沟槽	10	5×2　两侧Ra3.2	4/4	超差、降级无分		
长度	11	55	3	超差无分		
	12	33	3	超差无分		
	13	15	3	超差无分		
	14	10	3	超差无分		
倒角	15	C2	2	不符无分		
	16	未注倒角	2	不符无分		
其他	17	工件完整	工件必须完整，工件局部无缺陷(如夹伤、划痕等)			
	18	程序编制	有严重违反工艺规程的取消考试资格，其他问题酌情扣分			
	19	加工时间	100min后尚未开始加工则终止考试，超过定额时间5min扣1分，超过10min扣5分，超过15min扣10分，超过20min扣20分，超过25min扣30分，超过30min则停止考试			
	20	安全操作规程		违反扣总分10分/次		
总评分			100	总得分		

零件名称		图号ZJC-02	加工日期　年　月　日
加工开始　时　分	停工时间　分钟	加工时间	检测
加工结束　时　分	停工原因	实际时间	评分

(5) 准备通知单，见表8-2。

表8-2　数控车工技能测试准备通知单

序号	名称	规格	数量	备注
1	千分尺	0～25mm	1	
2	千分尺	25～50mm	1	
3	游标卡尺	0～150mm	1	
4	螺纹千分尺	25～50mm	1	

续表

序　号	名　称	规　格	数　量	备　注
5	半径规	R1～R6.5 mm	1	
6		R47mm	1	
7	刀具	端面车刀	1	
8		外圆车刀	2	
9		螺纹车刀 60°	1	
10		切槽、切断车刀	1	宽 4～5mm，长 23mm
11	其他辅具	1. 垫刀片若干、油石等		
12		2. 铜皮(厚 0.2mm，宽 25mm×长 60mm)		
13		3. 其他车工常用辅具		
14	材料	45 钢 ϕ45×95		
15	数控车床	CK6136		
16	数控系统	华中数控世纪星、SINUMERIK802S 或 FANUC-0i		

第四节　高级数控车工操作考核样题

（1）如图 8-2 所示是轴套配合件，其材料为 45 号钢，ϕ55mm×180mm 的棒料。

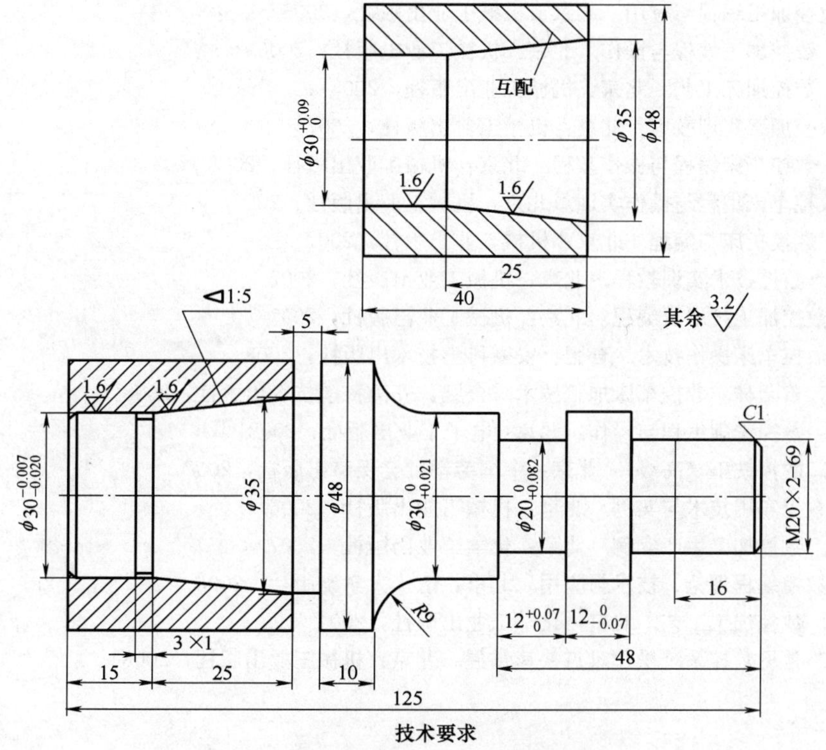

图 8-2　高级数控车工操作题

(2) 准备要求

1) 选用机床为 FANUC 0i 系统 CKA6140 型数控车床。

2) 材料为 ϕ50mm×110mm 的 45 圆钢。

3) 工具、量具、夹具参照表 8-2 准备。

(3) 考核内容

1) 考核要求

① 考件经加工后，各尺寸符合图样要求。

② 考件经加工后，形位公差要求符合图样要求。

③ 考件经加工后，各表面粗糙度符合图样要求。

2) 时间定额　考件时间定额为 180min。

3) 安全文明生产

① 正确执行安全技术操作规程。

② 按企业有关文明生产规定，做到工作地整洁，工件、工具摆放整齐。

参考文献

[1] 沈建峰. 数控车工（高级）. 北京：机械工业出版社，2006

[2] 韩鸿鸾. 数控铣工（高级）. 北京：机械工业出版社，2006

[3] 王军. 数控加工编程与应用. 北京：机械工业出版社，2009

[4] 陆曲波. 数控加工编程与操作. 北京：机械工业出版社，2006

[5] 宋书善. 数控加工工艺. 北京：机械工业出版社，2008

[6] 翟斌. 数控加工实训教程. 北京：机械工业出版社，2007

[7] 查正卫. 数控车床编程与操作教程. 北京：机械工业出版社，2008

[8] 陈华. 数控车床编程与操作实训. 北京：机械工业出版社，2006

[9] 仲兴国. 数控机床与编程. 北京：机械工业出版社，2007

[10] 宋建国. 数控技术实训教程. 北京：机械工业出版社，2007

[11] 杨洋. 数控加工技术及编程. 北京：机械工业出版社，2007

[12] 邵刚. 数控车床操作技术. 合肥：安徽科学技术出版社，2008

[13] 孙智俊，黄云林. 数控车床加工技术. 合肥：安徽科学技术出版社，2008

[14] 王爱玲. 数控铣削编程与操作. 北京：电子工业出版社，2008

[15] 宋放之. 数控铣工（高级）. 北京：中国劳动社会保障出版社，2008

[16] 聂蕾. 数控实用技术与实例. 北京：机械工业出版社，2006

[17] 沈建峰. 数控加工生产实例. 北京：化学工业出版社，2007

[18] 黄翔. 数控编程理论、技术与应用. 北京：清华大学出版社，2006

[19] 徐宏海. 数控加工工艺. 北京：化学工业出版社，2004

[20] 冯志刚. 常见数控系统操作难点快速掌握. 北京：机械工业出版社，2008